电子通信行业职业技能等级认定指导丛书

广电和通信设备电子装接工（初、中、高级工）指导教程

工业和信息化部教育与考试中心	组	编
	景凤霞	主 编
	安立军	副主编
陈光华　陈　强　郝金艳　辛　建	参	编
王　毅　林　蓉　宋春杨		
李瑞华　李　瑞　刘建平	审	核

电子工业出版社
Publishing House of Electronics Industry
北京·BEIJING

内 容 简 介

本书以《国家职业技能标准——广电和通信设备电子装接工》为依据，紧紧围绕"以企业需求为导向，以职业能力为核心"的编写理念，力求突出职业技能培训特色，满足职业技能培训与等级认定的需要。

本书可作为广电和通信设备电子装接工（初、中、高级工）职业技能培训与等级认定用书，也可供相关人员参加在职培训、岗位培训使用。

未经许可，不得以任何方式复制或抄袭本书之部分或全部内容。
版权所有，侵权必究。

图书在版编目（CIP）数据

广电和通信设备电子装接工（初、中、高级工）指导教程 / 工业和信息化部教育与考试中心组编. —北京：电子工业出版社，2021.6
ISBN 978-7-121-41183-0

Ⅰ. ①广… Ⅱ. ①工… Ⅲ. ①通信设备－设备安装－技术培训－教材 Ⅳ. ①TN914

中国版本图书馆 CIP 数据核字（2021）第 093789 号

责任编辑：蒲　玥
印　　刷：北京盛通商印快线网络科技有限公司
装　　订：北京盛通商印快线网络科技有限公司
出版发行：电子工业出版社
　　　　　北京市海淀区万寿路 173 信箱　　邮编：100036
开　　本：787×1092　1/16　印张：22.5　字数：576 千字
版　　次：2021 年 6 月第 1 版
印　　次：2021 年 9 月第 2 次印刷
定　　价：59.80 元

凡所购买电子工业出版社图书有缺损问题，请向购买书店调换。若书店售缺，请与本社发行部联系，联系及邮购电话：（010）88254888，88258888。
质量投诉请发邮件至 zlts@phei.com.cn，盗版侵权举报请发邮件到 dbqq@phei.com.cn。
本书咨询联系方式：（010）88254485，puyue@phei.com.cn。

前 言

当今世界，科学技术迅猛发展，产业技术更新换代。随着电子信息产业的转型升级，整个产业对人才培养也提出了新的要求。为促进电子信息产业人才培养与产业需求相衔接，助力"制造强国"、"网络强国"建设，工业和信息化部教育与考试中心组织专家以工业和信息化部、人力资源和社会保障部发布的电子信息产业相关职业标准为依据，结合电子信息产业新标准、新技术、新工艺等电子行业现行技术技能特点，编写了这套电子行业职业技能等级认定指导丛书。

这套书内容包括电子产品制版工、印制电路制作工、液晶显示器件制造工、半导体芯片制造工、半导体分立器件和集成电路装调工、计算机及外部设备装配调试员、广电和通信设备电子装接工、广电和通信设备调试工八个职业。

这套书的编写紧贴国家职业技能标准和企业工作岗位技能要求，以职业技能等级认定为导向，以培养符合企业岗位需求的各级别技术技能人才为目标，以行业通用工艺技术规程为主线，以相关专业知识为基础，以现行职业操作规范为核心，按照国家职业技能标准规定的职业层级，分级别编写职业能力相关知识内容。图书内容力求通俗易懂、深入浅出、灵活实用地让读者掌握本职业的主要技术技能要求，以满足企业技术技能人才培养与评价工作的需要。

这套书的编写团队主要由企业一线的专业技术人员及长期从事职业能力水平评价工作的院校骨干教师组成，确保图书内容能在职业技能、工艺技术及专业知识等方面得到最佳组合，并突出技能人员培养与评价的特殊需求。

这套书适用于电子行业职业技能等级认定工作，也可作为电子行业企业岗位培训教材以及职业院校、技工院校电子类专业的教学用书。

本书由工业和信息化部教育与考试中心组织，北京电子控股有限责任公司具体编写，并经过相关部门领导和专家的最后审定。本书在编写过程中得到了北京电子控股有限责任公司、中国航天科工集团第三研究院第三十五研究所、北京电子信息技师学院、北京兆维电子（集团）有限责任公司、北京北广科技股份有限公司、北京信息职业技术学院、中国航天科工集团第二研究院六九九厂、中国航天科工集团第三研究院第八三五九所、北京牡丹电子集团、北京自动化控制设备研究所、北京市第五十一职业技能鉴定所，以及部分专家、学者和广大工程技术人员的大力支持和帮助，特此表示感谢。

参加本书编写和编审的主要人员有景凤霞、安立军、陈光华、陈强、郝金艳、王毅、辛建、李瑞华、林蓉、宋春杨、李瑞、刘建平等。

限于编者的水平以及受时间等外部条件影响，书中难免存在疏漏之处，恳请使用本书的企业、培训机构及读者批评指正。

工业和信息化部教育与考试中心

目 录

第1章 职业道德 ··· 1

1.1 职业道德的概念 ··· 1
1.2 职业道德的五个基本要求 ·· 1
    1.2.1 爱岗敬业 ··· 1
    1.2.2 诚实守信 ··· 2
    1.2.3 办事公道 ··· 2
    1.2.4 服务群众 ··· 2
    1.2.5 奉献社会 ··· 2
1.3 职业道德的作用 ··· 2
    1.3.1 社会道德的具体化使从业者的道德品质得到提升 ············· 3
    1.3.2 推动市场经济健康有序发展 ··· 3
    1.3.3 推动社会进步、提高国民综合素质 ······························· 3
练习题 ··· 3
答案 ··· 4

第2章 法律法规 ··· 5

2.1 《中华人民共和国产品质量法》相关知识 ···························· 5
    2.1.1 《产品质量法》的适用范围 ··· 5
    2.1.2 产品质量的监督 ··· 5
    2.1.3 生产者、销售者的产品质量责任和义务 ······················· 7
2.2 《中华人民共和国标准化法》相关知识 ································ 7
    2.2.1 标准的制定 ·· 8
    2.2.2 标准的实施 ·· 8
    2.2.3 标准的监督管理 ··· 9
2.3 《中华人民共和国计量法》相关知识 ···································· 9
    2.3.1 《计量法》的适用范围 ·· 9
    2.3.2 计量基准器具的使用条件 ·· 10
    2.3.3 计量标准器具的使用条件 ·· 10
    2.3.4 计量检定 ·· 10
    2.3.5 计量监督 ·· 10
2.4 《中华人民共和国劳动法》相关知识 ·································· 11
    2.4.1 劳动者的权利与义务 ·· 11
    2.4.2 促进就业 ·· 11

2.4.3 劳动合同和集体合同 ... 11
2.4.4 劳动安全卫生 ... 12
2.4.5 职业培训 ... 12
2.4.6 社会保险和福利 ... 12
2.4.7 劳动争议 ... 12
2.5 《中华人民共和国环境保护法》相关知识 ... 13
2.5.1 监督管理 ... 13
2.5.2 保护和改善环境 ... 13
2.5.3 防治环境污染和其他公害 ... 14
2.5.4 法律责任 ... 14
练习题 ... 15
答案 ... 16

第3章 基础知识 ... 17
3.1 机械、电气识图的基础知识 ... 17
3.1.1 机械制图的基本规定 ... 17
3.1.2 简单机械图纸的识读 ... 18
3.1.3 电路图的构成要素 ... 20
3.1.4 常见元器件符号 ... 21
3.2 常用电工、电子元器件的基础知识 ... 23
3.2.1 电阻器知识 ... 23
3.2.2 电容器知识 ... 29
3.2.3 电感器知识 ... 33
3.2.4 变压器知识 ... 35
3.2.5 半导体元器件知识 ... 36
3.2.6 表面安装元器件知识 ... 43
3.3 常用电路的基础知识 ... 49
3.3.1 直流电路 ... 49
3.3.2 基尔霍夫定律 ... 52
3.3.3 二端网络定理 ... 54
3.3.4 电磁感应 ... 55
3.3.5 正弦交流电路 ... 61
3.4 计算机应用的基础知识 ... 66
3.4.1 计算机的组成 ... 66
3.4.2 数制及转换 ... 69
3.4.3 计算机病毒 ... 71
3.5 电气、电子测量的基础知识 ... 73
3.5.1 测量与计量 ... 73
3.5.2 电子测量 ... 74

3.5.3　测量误差 ·············· 76
3.6　电子电路的基础知识 ················ 77
　　　3.6.1　无线电波通信的基础知识 ·········· 77
　　　3.6.2　串/并联谐振电路 ············· 84
　　　3.6.3　整流/滤波电路 ·············· 87
　　　3.6.4　放大电路 ················ 90
　　　3.6.5　脉冲、逻辑门电路 ············ 94
3.7　安全用电与文明生产 ················ 100
　　　3.7.1　安全用电 ················ 100
　　　3.7.2　文明生产 ················ 108
练习题 ························· 108
答案 ·························· 110

第4章　PCB组装—初级工 ················ 111

4.1　通孔元器件知识 ··················· 111
　　　4.1.1　检查外观质量 ·············· 111
　　　4.1.2　电气性能筛选 ·············· 112
4.2　元器件引线的预处理与搪锡 ············· 113
　　　4.2.1　元器件引线的预处理 ·········· 113
　　　4.2.2　元器件引线搪锡 ············· 113
4.3　元器件引线成形 ··················· 117
　　　4.3.1　元器件引线成形的要求 ·········· 117
　　　4.3.2　元器件引线成形的方法 ·········· 121
4.4　电烙铁焊接技术 ··················· 125
　　　4.4.1　电烙铁的握法 ·············· 125
　　　4.4.2　电烙铁的分类 ·············· 126
　　　4.4.3　烙铁头的结构 ·············· 127
　　　4.4.4　烙铁头损耗机理分析与常见缺陷及处理方法 ·· 131
　　　4.4.5　电烙铁的特性与参数 ·········· 133
4.5　焊料与助焊剂 ···················· 134
　　　4.5.1　焊料 ··················· 134
　　　4.5.2　助焊剂 ················· 135
4.6　手工焊接 ····················· 141
　　　4.6.1　焊接原理 ················ 141
　　　4.6.2　手工焊接的具体流程 ·········· 141
4.7　元器件的安装 ···················· 144
4.8　焊点质量判断 ···················· 145
练习题 ························· 148
答案 ·························· 149

第5章 导线加工 ... 151

- 5.1 导线下线 ... 151
  - 5.1.1 常用线材的基础知识 ... 151
  - 5.1.2 屏蔽线知识 ... 154
  - 5.1.3 导线质量检查与存储 ... 155
- 5.2 线缆组件制作工艺 ... 156
  - 5.2.1 线缆组件制作的工艺流程及一般要求 ... 156
  - 5.2.2 线缆标识 ... 158
- 5.3 线缆下线 ... 164
- 5.4 导线端头处理 ... 165
  - 5.4.1 导线屏蔽层处理 ... 165
  - 5.4.2 剥线工具选用及质量要求 ... 168
- 5.5 导线端头搪锡的方法及要求 ... 172
- 5.6 导线与接线端子的焊接要求 ... 174
- 5.7 线缆组件制作技术 ... 176
- 5.8 线缆压接 ... 181
- 5.9 线缆组件封装工艺 ... 187
- 5.10 线缆组件的检验及周转、运输、存储要求 ... 189
- 练习题 ... 190
- 答案 ... 191

第6章 螺纹连接 ... 193

- 6.1 螺纹连接工艺概述 ... 193
- 6.2 常用螺纹紧固件及其选用 ... 193
  - 6.2.1 螺纹的基础知识 ... 193
  - 6.2.2 常用螺钉 ... 195
  - 6.2.3 螺母的形状、名称、特点、用途及规格 ... 196
  - 6.2.4 螺柱和螺栓的形状、名称、特点、用途及规格 ... 197
  - 6.2.5 垫圈的形状、名称、特点、用途及规格 ... 198
- 6.3 螺纹连接紧固件的测量量具 ... 199
  - 6.3.1 钢直尺 ... 199
  - 6.3.2 游标卡尺 ... 199
- 6.4 装配工具 ... 201
  - 6.4.1 手动螺钉旋具 ... 201
  - 6.4.2 电动螺钉旋具 ... 202
  - 6.4.3 螺母旋具 ... 202
  - 6.4.4 扳手 ... 202
- 6.5 螺纹连接的方法 ... 203
  - 6.5.1 金属工件及非金属工件螺纹连接的拧紧 ... 203

6.5.2　螺纹连接的防止松动的措施 ·············· 204
　　6.5.3　几种螺纹连接的方法 ·············· 206
　　6.5.4　典型零部件安装示例 ·············· 206
练习题 ·············· 208
答案 ·············· 209

第7章　PCB组装—中级工 ·············· 210

7.1　通孔元器件引线搪锡 ·············· 210
7.2　通孔元器件引线成形 ·············· 210
7.3　波峰焊接 ·············· 212
　　7.3.1　波峰焊接工艺流程概述 ·············· 212
　　7.3.2　工艺流程分解 ·············· 213
7.4　选择性波峰焊接 ·············· 216
7.5　浸焊 ·············· 216
7.6　PCB安装 ·············· 217
练习题 ·············· 220
答案 ·············· 221

第8章　线束与射频电缆组件制作技术 ·············· 222

8.1　导线选用 ·············· 222
8.2　线束制作的要求 ·············· 222
　　8.2.1　线束制作的一般要求 ·············· 222
　　8.2.2　整机布线原则 ·············· 223
8.3　线束制作 ·············· 224
　　8.3.1　线束制作概述 ·············· 224
　　8.3.2　线束绑扎 ·············· 224
8.4　射频电缆 ·············· 229
　　8.4.1　射频电缆的分类 ·············· 229
　　8.4.2　射频连接器 ·············· 231
　　8.4.3　制作射频电缆组件的设备、工具和工装 ·············· 231
　　8.4.4　射频同轴电缆组件的制作 ·············· 236
练习题 ·············· 239
答案 ·············· 239

第9章　静电防护 ·············· 241

9.1　无处不在的静电 ·············· 241
9.2　静电放电 ·············· 243
　　9.2.1　静电放电的危害 ·············· 243
　　9.2.2　静电引起的半导体元器件的损伤 ·············· 244

	9.2.3	半导体元器件损伤的形式	245
9.3	静电防护等级及标识		246
	9.3.1	ESD 敏感度级别	246
	9.3.2	静电防护标识	246
	9.3.3	常见静电防护失效的原因	247
9.4	预防静电放电的方法		248
9.5	静电防护管理体系认证		248
9.6	静电防护管理		249
	9.6.1	防静电（EPA）工作区要求	249
	9.6.2	防静电操作设施要求	249
	9.6.3	人员管理要求	252
	9.6.4	元器件的包装	253
	9.6.5	生产线上常见的 ESD 风险和典型静电源	254
	9.6.6	产品周转	254
练习题			255
答案			255

第 10 章　PCB 的制造　257

10.1	PCB 原材料		257
	10.1.1	PCB 的分类	257
	10.1.2	PCB 用基材性能	259
	10.1.3	覆铜箔基材结构	260
10.2	基材类型介绍		260
	10.2.1	覆铜箔板	260
	10.2.2	PCB 的组成	263
10.3	布线		264
10.4	PCB 的制作		266
练习题			267
答案			268

第 11 章　PCB 组装—高级工　270

11.1	元器件焊接前的处理		270
	11.1.1	特殊元器件处理工艺	270
	11.1.2	工装的概念及使用方法	270
11.2	PCB 手工焊接		273
	11.2.1	助焊剂与焊料匹配选用	273
	11.2.2	表面贴装元器件焊接的工艺方法	273
	11.2.3	PCB 焊点质量判断	274
11.3	PCB 清洗工艺方法		275

11.4　PCB 焊接实例 277
11.5　PCB 的检查与返修 282
　　11.5.1　多引线插装元器件拆焊工艺要求 282
　　11.5.2　PCB 组件返修质量控制工艺要求 283
　　11.5.3　自动光学检测仪（AOI）的操作工艺要求 285
11.6　PCB 表面贴装技术 286
　　11.6.1　锡膏涂覆工艺要求 286
　　11.6.2　点胶机操作工艺要求 287
　　11.6.3　贴片机操作工艺要求 288
　　11.6.4　再流焊机操作工艺要求 291
练习题 293
答案 294

第 12 章　光纤与网线 295

12.1　光纤 295
　　12.1.1　光纤的分类及结构 295
　　12.1.2　光纤跳线 298
12.2　光纤跳线制作 299
12.3　光纤续接工艺 304
　　12.3.1　光纤冷接头续接工艺 304
　　12.3.2　光纤续接的具体流程 306
　　12.3.3　光纤续接常用工具和材料 307
　　12.3.4　光纤跳线的测量 310
　　12.3.5　光纤维护 311
12.4　网线 313
12.5　网线的制作流程及方法 315
练习题 321
答案 321

第 13 章　整机装配 322

13.1　现场生产文件准备 322
13.2　整机装配要求 323
　　13.2.1　力矩设置工艺要求 323
　　13.2.2　机电元器件、组件、部件、整件安装工艺要求 324
13.3　产品检查要求 325
13.4　质量证明文件 325
13.5　830T 数字万用表装配 326
练习题 333
答案 334

第 14 章　多余物控制 ·· 335

14.1　多余物的产生及预防 ····································· 335
14.1.1　从设计、工艺、装配、检验等各环节预防多余物 ············· 335
14.1.2　生产过程中多余物的控制要求 ·························· 337
14.2　多余物的检查方法 ····································· 341
练习题 ·· 342
答案 ·· 343

参考文献 ·· 345

第1章 职业道德

1.1 职业道德的概念

可以将职业理解为人们在社会中所从事的作为谋生手段的工作。从社会角度来看,职业是劳动者获得的社会角色,劳动者对社会承担一定的义务和责任,并获得相应的报酬。

从国民经济活动所需的人力资源角度来看,职业是指不同性质、不同内容、不同形式、不同操作的专门劳动岗位。

道德是社会意识形态之一,是人们共同生活及其行为的准则和规范。道德通过社会或一定阶级的舆论对社会生活起一定的约束作用。

职业道德是同人们的职业活动紧密联系的符合职业特点要求的道德准则、道德情操与道德品质的总和,它既是对本职人员在职业活动中的行为标准和要求,又是职业对社会所负的道德责任与义务。职业道德是指人们在职业生活中的具体体现,是职业品德、职业纪律、专业胜任能力及职业责任等的总称,属于自律范围,它通过公约、守则对职业生活中的某些方面加以规范。

1.2 职业道德的五个基本要求

《中华人民共和国公民道德建设实施纲要》中明确指出:要大力提倡爱岗敬业、诚实守信、办事公道、服务群众、奉献社会为主要内容的职业道德,鼓励人们在工作中做一名好的建设者。因此,我国现阶段各行各业普遍适用的职业道德基本内容为爱岗敬业、诚实守信、办事公道、服务群众、奉献社会。

1.2.1 爱岗敬业

通俗地说,爱岗敬业就是"干一行、爱一行",它是人类社会所有职业道德的一条核心规范。它要求从业者既要热爱自己所从事的职业,又要以恭敬的态度对待自己的工作岗位。爱岗敬业是职责,也是成才的内在要求。

所谓爱岗,就是热爱自己的本职工作,并为做好本职工作尽心竭力。爱岗是对人们工作态度的一种普遍要求,即要求从业者以正确的态度对待各种职业劳动,努力培养热爱自己所从事工作的幸福感、荣誉感。

所谓敬业,就是用一种恭敬严肃的态度来对待自己的职业。在任何时候,用人单位都只会倾向于选择那些既有真才实学,又踏踏实实工作的人。这就要求从业者只有养成干一行、爱一行、钻一行的职业精神,专心致志搞好工作,才能实现敬业的深层次含义,并在平凡的岗位上创造出奇迹。

1.2.2 诚实守信

诚实就是实事求是地待人做事,不弄虚作假。在职业行为中,最基本的体现就是诚实。每一名从业者,只有为社会多做工作、多创造物质或精神财富,并付出卓有成效的劳动,社会给予的回报才会越多,即多劳多得。

守信要求从业者要讲求信誉。它要求每名从业者在工作中严格遵守国家的法律法规和本职工作的条例或纪律,要求做到秉公办事、坚持原则、不谋私,实事求是、信守诺言,对工作精益求精,注重产品质量和服务质量,并同弄虚作假、坑害人民的行为进行斗争。

1.2.3 办事公道

所谓办事公道,就是指从业人员在处理问题时,要站在公正的立场上,按照同一标准和同一原则办事的职业道德规范。也就是说,处理各种职业事务要公道正派、不偏不倚、客观公正、公平公开,对不同的服务对象要一视同仁、秉公办事,不因职位高低、贫富亲疏的不同而区别对待。例如,一名服务员接待顾客不以貌取人,不管是面对衣着华贵的大老板,还是面对衣着平平的乡下人,都能一视同仁,热情服务,这就是办事公道;无论是对于那些一次购买上万元商品的大主顾,还是对于一次只购买价值几元的小商品的人,同样周到接待,这就是办事公道。

1.2.4 服务群众

服务群众是指听取群众意见、了解群众需要、为群众着想,端正服务态度、改进服务措施、提高服务质量。做好本职工作是服务人民最直接的体现。要有效地履职尽责,就必须坚持工作的高标准。工作的高标准是单位建设的客观需要,是强烈的事业心和责任感的具体体现,也是履行岗位责任的必然要求。

1.2.5 奉献社会

奉献社会是社会主义职业道德的最高境界和最终目的。奉献社会是职业道德的出发点和归宿。奉献社会就是要履行对社会、对他人的义务,自觉、努力地为社会、为他人做出贡献。当社会利益与局部利益、个人利益发生冲突时,要求每位从业人员把社会利益放在首位。

奉献社会是指忘我的全身心投入事业中,这不仅需要从业者有明确的信念,还要有崇高的行动。当一个人任劳任怨,不计较个人得失,甚至不惜献出自己的生命从事某项事业时,他关注的其实是这一事业对人类、对社会的意义。

1.3 职业道德的作用

一般来讲,社会的正常运转必须借助各种职业活动的有机联系来有序地进行。同样,社会的道德对整个社会生活的调控也必须依靠职业道德作用的正常发挥。职业道德在整个社会生活中主要有如下作用。

1.3.1　社会道德的具体化使从业者的道德品质得到提升

社会道德的原则是比较抽象的，只有把抽象的原则具体化、个性化，才能在社会生活中产生积极的作用。职业道德就是把社会道德具体化并进行有针对性的操作应用。例如，工人在电子产品的生产过程中，本着对产品质量负责、对用户负责的精神，严格执行产品的生产工艺，认真焊好每个焊点、装好每颗螺钉、调试好每项产品技术指标等。

职业道德使从业者的道德品质得到提升：从业者通过职业道德的具体实践，逐步改变或加深他们在家庭教育、学校教育和社会影响下初步形成的道德观。从业者个人的道德修养随着职业道德的具体实践逐步得到调整、充实、提升。

1.3.2　推动市场经济健康有序发展

市场经济的发展遵循价值规律。因此，如果违反了价值规律，市场经济就会遭到破坏，从事经济活动的人们就会遭到惩罚。人们看到，在市场经济发展过程中，由于一些人私欲膨胀、利令智昏而导致了很多严重的社会问题，如敷衍了事、弄虚作假等丑恶现象曾一度泛滥成灾。对此，人们终于在自身所受的种种伤害中接受了深刻的教训，并采取了多种方式来抵制这些丑恶现象。例如，采用防伪措施、提高质量认定标准、保护知识产权等；作为消费者，更加注重自己的权益保护，关注企业的品牌效应，追求三 A 级信誉、五星级服务等。以上这些都和职业道德密切相关，最终使不讲职业道德的企业和个人受到惩罚或制裁，从而可以使我国的市场经济更加健康有序地发展。

1.3.3　推动社会进步、提高国民综合素质

生产和科技的进步及由此带来的职业活动领域的拓展，无疑会使人们的社会公共生活及家庭生活与自己的职业生活紧密地联系在一起。因此，职业道德的作用和影响也就显得更加重要了。具体而言，职业道德可以使行业的风气不断地改善，使整个社会的生产和服务质量不断地提高，进而带动整个社会环境的不断优化。另外，职业道德还为全体国民素质的提高创造了良好的客观环境。这和广大从业者在自身道德实践上的主观努力是分不开的。这些积极效应逐步扩展到整个社会，使全体国民都受到正能量的教育和熏陶，由此逐步提高了国民的综合素质。

练　习　题

单项选择题

1. 干一行爱一行，在职业道德的规范要求中属于（　　）。
   A．奉献社会　　　　B．服务群众　　　　C．诚实守信　　　　D．爱岗敬业

2. （　　）是社会主义职业道德的最高境界和最终目的。
A．奉献社会　　B．服务群众　　C．诚实守信　　D．爱岗敬业

3. 遵守职业道德是对每位从业者的要求，从业者在职业工作中表里如一、言行一致、遵守劳动纪律，这属于职业道德中的（　　）。
A．爱岗敬业　　B．诚实守信　　C．服务群众　　D．奉献社会

4. 个人能否按照道德要求去做，关键在于（　　）。
A．内心信念　　B．舆论监督　　C．法律意识　　D．评价方式

判断题（正确的画√，错误的画×）

1. 爱岗敬业是职业道德的基础，是社会主义职业道德倡导的首要规范。（　　）
2. 诚信是企业集体和从业者工作的高标准。（　　）
3. 做好本职工作是服务人民最直接的体现。要有效地履职尽责，就必须坚持工作的高标准。（　　）
4. 职业道德是指人们在日常生活中的具体体现。（　　）

答　　案

单项选择题

1．D　　2．A　　3．B　　4．A

判断题（正确的画√，错误的画×）

1．√　　2．×　　3．√　　4．×

第 2 章 法 律 法 规

2.1 《中华人民共和国产品质量法》相关知识

《中华人民共和国产品质量法》是为了加强对产品质量的监督管理，提高产品质量水平，明确产品质量责任，保护消费者的合法权益，维护社会经济秩序而制定的。

1993 年 2 月 22 日第七届全国人民代表大会常务委员会第三十次会议通过了我国第一部《中华人民共和国产品质量法》。

2000 年 7 月 8 日，第九届全国人民代表大会常务委员会第十六次会议通过了《关于修改<中华人民共和国产品质量法>的决定》，对《中华人民共和国产品质量法》进行了第一次修正。

2009 年 8 月 27 日，第十一届全国人民代表大会常务委员会第十次会议通过了《关于修改部分法律的决定》，对《中华人民共和国产品质量法》进行了第二次修正。

2018 年 12 月 29 日第十三届全国人民代表大会常务委员会第七次会议通过了《关于修改〈中华人民共和国产品质量法〉等五部法律的决定》，对《中华人民共和国产品质量法》（以下简称《产品质量法》）进行了第三次修正，这是当前的最新版本。

2.1.1 《产品质量法》的适用范围

凡是在中华人民共和国境内从事产品生产、销售活动，必须遵守本法。本法所称产品是指经过加工、制作，用于销售的产品。

建设工程不适用本法规定，但是，建设工程使用的建筑材料、建筑构配件和设备，属于前款规定的产品范围的，适用本法规定。

《产品质量法》规定，生产者、销售者依照本法规定承担产品质量责任。

2.1.2 产品质量的监督

国务院市场监督管理部门主管全国产品质量监督工作。国务院有关部门在各自的职责范围内负责产品质量监督工作。

县级以上地方市场监督管理部门主管本行政区域内的产品质量监督工作。县级以上地方人民政府有关部门在各自的职责范围内负责产品质量监督工作。

各级人民政府工作人员和其他国家机关工作人员不得滥用职权、玩忽职守或者徇私舞弊，包庇、放纵本地区、本系统发生的产品生产、销售中违反本法规定的行为，或者阻挠、干预依法对产品生产、销售中违反本法规定的行为进行查处。

（1）《产品质量法》规定，国家根据国际通用的质量管理标准，推行企业质量体系认证制度。企业根据自愿原则可以向国务院市场监督管理部门认可的或者国务院市场监督管理部门授权的部门认可的认证机构申请企业质量体系认证。经认证合格的,由认证机构颁发企业质量体系认证证书。

国家参照国际先进的产品标准和技术要求,推行产品质量认证制度。企业根据自愿原则可以向国务院市场监督管理部门认可的或者国务院市场监督管理部门授权的部门认可的认证机构申请产品质量认证。经认证合格的,由认证机构颁发产品质量认证证书,准许企业在产品或者其包装上使用产品质量认证标志。

（2）《产品质量法》规定,国家对产品质量实行以抽查为主要方式的监督检查制度,对可能危及人体健康和人身、财产安全的产品,影响国计民生的重要工业产品以及消费者、有关组织反映有质量问题的产品进行抽查。抽查的样品应当在市场上或者企业成品仓库内的待销产品中随机抽取。监督抽查工作由国务院市场监督管理部门规划和组织。县级以上地方市场监督管理部门在本行政区域内也可以组织监督抽查。法律对产品质量的监督检查另有规定的,依照有关法律的规定执行。

国家监督抽查的产品,地方不得另行重复抽查;上级监督抽查的产品,下级不得另行重复抽查。

根据监督抽查的需要,可以对产品进行检验。检验抽取样品的数量不得超过检验的合理需要,并不得向被检查人收取检验费用。监督抽查所需检验费用按照国务院规定列支。

生产者、销售者对抽查检验的结果有异议的,可以自收到检验结果之日起十五日内向实施监督抽查的产品质量监督部门或者其上级市场监督管理部门申请复检,由受理复检的市场监督管理部门作出复检结论。

（3）《产品质量法》规定,依照本法规定进行监督抽查的产品质量不合格的,由实施监督抽查的市场监督管理部门责令其生产者、销售者限期改正。逾期不改正的,由省级以上人民政府市场监督管理部门予以公告;公告后经复查仍不合格的,责令停业,限期整顿;整顿期满后经复查产品质量仍不合格的,吊销营业执照。

（4）《产品质量法》规定,县级以上市场监督管理部门根据已经取得的违法嫌疑证据或者举报,对涉嫌违反本法规定的行为进行查处时,可以行使下列职权:对当事人涉嫌从事违反本法的生产、销售活动的场所实施现场检查;向当事人的法定代表人、主要负责人和其他有关人员调查、了解与涉嫌从事违反本法的生产、销售活动有关的情况;查阅、复制当事人有关的合同、发票、帐簿以及其他有关资料;对有根据认为不符合保障人体健康和人身、财产安全的国家标准、行业标准的产品或者有其他严重质量问题的产品,以及直接用于生产、销售该项产品的原辅材料、包装物、生产工具,予以查封或者扣押。

（5）《产品质量法》第十九条规定,产品质量检验机构必须具备相应的检测条件和能力,经省级以上人民政府市场监督管理部门或者其授权的部门考核合格后,方可承担产品质量检验工作。法律、行政法规对产品质量检验机构另有规定的,依照有关法律、行政法规的规定执行。

（6）《产品质量法》第二十一条规定,产品质量检验机构、认证机构必须依法按照有关标准,客观、公正地出具检验结果或者认证证明。

产品质量认证机构应当依照国家规定对准许使用认证标志的产品进行认证后的跟踪检查;对不符合认证标准而使用认证标志的,要求其改正;情节严重的,取消其使用认证标志的资格。

（7）《产品质量法》第二十二条规定，消费者有权就产品质量问题，向产品的生产者、销售者查询；向市场监督管理部门及有关部门申诉，接受申诉的部门应当负责处理。

（8）《产品质量法》第二十四条规定，国务院和省、自治区、直辖市人民政府的市场监督管理部门应当定期发布其监督抽查的产品的质量状况公告。

2.1.3 生产者、销售者的产品质量责任和义务

生产者应当对其生产的产品质量负责。产品质量应当符合下列要求。

（1）具备产品应当具备的使用性能，但是，对产品存在使用性能的瑕疵作出说明的除外。

（2）符合在产品或者其包装上注明采用的产品标准，符合以产品说明、实物样品等方式表明的质量状况。

（3）产品或者其包装上的标识必须真实，并符合下列要求：有产品质量检验合格证明；有中文标明的产品名称、生产厂厂名和厂址；根据产品的特点和使用要求，需要标明产品规格、等级、所含主要成份的名称和含量的，用中文相应予以标明；需要事先让消费者知晓的，应当在外包装上标明，或者预先向消费者提供有关资料；限期使用的产品，应当在显著位置清晰地标明生产日期和安全使用期或者失效日期；使用不当，容易造成产品本身损坏或者可能危及人身、财产安全的产品，应当有警示标志或者中文警示说明。

（4）易碎、易燃、易爆、有毒、有腐蚀性、有放射性等危险物品以及储运中不能倒置和其他有特殊要求的产品，其包装质量必须符合相应要求，依照国家有关规定作出警示标志或者中文警示说明，标明储运注意事项。

（5）生产者不得生产国家明令淘汰的产品。

（6）生产者不得伪造产地，不得伪造或者冒用他人的厂名、厂址。

（7）生产者不得伪造或者冒用认证标志等质量标志。

（8）生产者生产产品，不得掺杂、掺假，不得以假充真、以次充好，不得以不合格产品冒充合格产品。

2.2 《中华人民共和国标准化法》相关知识

《中华人民共和国标准化法》是为了加强标准化工作，提升产品和服务质量，促进科学进步保障人身健康和生命财产安全，维护国家安全，生态环境安全，提高经济社会发展水平而制定的法律。

《中华人民共和国标准化法》由中华人民共和国第七届全国人民代表大会常务委员会第五次会议于1988年12月29日通过，自1988年4月1日起施行。

最新版本的《中华人民共和国标准化法》（以下简称《标准化法》）由中华人民共和国第十二届全国人民代表大会常务委员会第三十次会议于2017年1月4日修订通过，自2018年1月1日起施行。

2.2.1 标准的制定

制定标准应当有利于科学合理利用资源,推广科学技术成果,增强产品的安全性、通用性、可替换性,提高经济效益、社会效益、生态效益,做到技术上先进、经济上合理。禁止利用标准实施妨碍商品、服务自由流通等排除、限制市场竞争的行为。

1. 制定标准的范围

《标准化法》规定,对农业、工业、服务业以及社会事业等领域需要统一的技术要求,应当制定标准。

2. 标准的类型

1)国家标准

对保障人身健康和生命财产安全、国家安全、生态环境安全以及满足经济社会管理基本需要的技术要求,应当制定强制性国家标准。

国务院有关行政主管部门依据职责负责强制性国家标准的项目提出、组织起草、征求意见和技术审查。国务院标准化行政主管部门负责强制性国家标准的立项、编号和对外通报。国务院标准化行政主管部门应当对拟制定的强制性国家标准是否符合前款规定进行立项审查,对符合前款规定的予以立项。

对满足基础通用、与强制性国家标准配套、对各有关行业起引领作用等需要的技术要求,可以制定推荐性国家标准。推荐性国家标准由国务院标准化行政主管部门制定。

2)行业标准

对没有推荐性国家标准,需要在全国某个行业范围内统一的技术要求,可以制定行业标准。行业标准由国务院有关行政主管部门制定,报国务院标准化行政主管部门备案。

3)地方标准

为满足地方自然条件、风俗习惯等特殊技术要求,可以制定地方标准。

地方标准由省、自治区、直辖市人民政府标准化行政主管部门制定;设区的市级人民政府标准化行政主管部门根据本行政区域的特殊需要,经所在地省、自治区、直辖市人民政府标准化行政主管部门批准,可以制定本行政区域的地方标准。地方标准由省、自治区、直辖市人民政府标准化行政主管部门报国务院标准化行政主管部门备案,由国务院标准化行政主管部门通报国务院有关行政主管部门。

4)企业标准

企业可以根据需要自行制定企业标准,或者与其他企业联合制定企业标准。国家支持在重要行业、战略性新兴产业、关键共性技术等领域利用自主创新技术制定团体标准、企业标准。

2.2.2 标准的实施

(1)不符合强制性标准的产品、服务,不得生产、销售、进口或者提供。

(2)出口产品、服务的技术要求,按照合同的约定执行。

(3)企业研制新产品、改进产品,进行技术改造,应当符合本法规定的标准化要求。

(4）国务院标准化行政主管部门根据标准实施信息反馈、评估、复审情况，对有关标准之间重复交叉或者不衔接配套的，应当会同国务院有关行政主管部门作出处理或者通过国务院标准化协调机制处理。

（5）县级以上人民政府应当支持开展标准化试点示范和宣传工作，传播标准化理念，推广标准化经验，推动全社会运用标准化方式组织生产、经营、管理和服务，发挥标准对促进转型升级、引领创新驱动的支撑作用。

2.2.3 标准的监督管理

（1）县级以上人民政府标准化行政主管部门、有关行政主管部门依据法定职责，对标准的制定进行指导和监督，对标准的实施进行监督检查。

（2）国务院有关行政主管部门在标准制定、实施过程中出现争议的，由国务院标准化行政主管部门组织协商；协商不成的，由国务院标准化协调机制解决。

（3）国务院有关行政主管部门、设区的市级以上地方人民政府标准化行政主管部门未依照本法规定对标准进行编号、复审或者备案的，国务院标准化行政主管部门应当要求其说明情况，并限期改正。

（4）任何单位或者个人有权向标准化行政主管部门、有关行政主管部门举报、投诉违反本法规定的行为。标准化行政主管部门、有关行政主管部门应当向社会公开受理举报、投诉的电话、信箱或者电子邮件地址，并安排人员受理举报、投诉。对实名举报人或者投诉人，受理举报、投诉的行政主管部门应当告知处理结果，为举报人保密，并按照国家有关规定对举报人给予奖励。

2.3 《中华人民共和国计量法》相关知识

《中华人民共和国计量法》是为了加强计量监督管理，保障国家计量单位制的统一和量值的准确可靠，有利于生产、贸易和科学技术的发展，适应社会主义现代化建设的需要，维护国家、人民的利益而制定的法律，于1985年9月6日的第六届全国人民代表大会常务委员会第十二次会议通过。

2018年10月26日第十三届全国人民代表大会常务委员会第六次会议通过了《关于修改<中华人民共和国野生动物保护法>等十五部法律的决定》，对《中华人民共和国计量法》（以下简称《计量法》）进行了第五次修正后的。

2.3.1 《计量法》的适用范围

在中华人民共和国境内，建立计量基准器具、计量标准器具、进行计量检定，制造、修理、销售、使用计量器具，必须遵守本法。国务院计量行政部门对全国计量工作实施统一监督管理。县级以上地方人民政府计量行政部门对本行政区内的计量工作实施统一监督管理。

2.3.2 计量基准器具的使用条件

（1）对计量基准器具的使用应该制定完善的管理制度。

（2）计量基准器具必须经国家鉴定合格、在具有正常工作所需的环境条件下，由称职的保存、维护人员使用。

（3）非经国务院计量行政部门批准，任何单位和个人不得拆卸、改装计量基准，或者自行中断其计量检定工作。

（4）计量基准的量值应当与国际上的量值保持一致。国务院计量行政部门有权废除技术水平落后或者工作状况不适应需要的计量基准。

符合上述条件的，经国务院计量行政部门审批并颁发计量基准证书后，方可使用。

2.3.3 计量标准器具的使用条件

（1）必须具有完善的管理制度。

（2）经计量检定合格。

（3）在正常工作所需的环境条件下，由具有称职的保存、维护、人员使用。

2.3.4 计量检定

（1）使用实行强制检定的计量标准的单位和个人，应当向主持考核该项计量标准的有关人民政府计量行政部门申请周期检定。

（2）使用实行强制检定的工作计量器具的单位和个人，应当向当地县（市）级人民政府计量行政部门指定的计量检定机构申请周期检定。当地不能检定的，向上一级人民政府计量行政部门指定的计量检定机构申请周期检定。

（3）企业、事业单位应当配备与生产、科研、经营管理相适应的计量检测设施，制定具体的检定管理办法和规章制度，规定本单位管理的计量器具明细目录及相应的检定周期，保证使用的非强制检定的计量器具定期检定。

（4）计量检定工作应当符合经济合理、就地就近的原则，不受行政区划和部门管辖的限制。

2.3.5 计量监督

计量监督由国务院计量行政部门和县级以上地方人民政府计量行政部门贯彻实施。

（1）制定和协调计量事业的发展规划，建立计量基准和社会公用计量标准，组织量值传递。

（2）对制造、修理、销售、使用计量器具实施监督。

（3）进行计量认证，组织仲裁检定，调解计量纠纷。

（4）监督检查计量法律、法规的实施情况，对违反计量法律、法规的行为，按照有关规定进行处理。

2.4 《中华人民共和国劳动法》相关知识

《中华人民共和国劳动法》是为了保护劳动者的合法权益，调整劳动关系，建立和维护适应社会主义市场经济的劳动制度，促进经济发展和社会进步，根据宪法制定的。

1994年7月5日，第八届全国人民代表大会常务委员会第八次会议通过了《中华人民共和国劳动法》。

2009年8月27日，第十一届全国人民代表大会常务委员会第十次会议通过了《全国人民代表大会常务委员会关于修改部分法律的决定》，对《中华人民共和国劳动法》进行了第一次修正。

2018年12月29日，第十三届全国人民代表大会常务委员会第七次会议通过了《关于修改<中华人民共和国劳动法>等七部法律的决定》，对《中华人民共和国劳动法》进行了第二次修正。

2.4.1 劳动者的权利与义务

劳动者享有平等就业和选择职业的权利、取得劳动报酬的权利、休息休假的权利、获得劳动安全卫生保护的权利、接受职业技能培训的权利、享受社会保险和福利的权利、提请劳动争议处理的权利以及法律规定的其他劳动权利。

劳动者应当完成劳动任务，提高职业技能，执行劳动安全卫生规程，遵守劳动纪律和职业道德。

2.4.2 促进就业

国家通过促进经济和社会发展，创造就业条件，扩大就业机会。

国家鼓励企业、事业组织、社会团体在法律、行政法规规定的范围内兴办产业或者拓展经营，增加就业。

国家支持劳动者自愿组织起来就业和从事个体经营实现就业。

地方各级人民政府应当采取措施，发展多种类型的职业介绍机构，提供就业服务。

劳动者就业，不因民族、种族、性别、宗教信仰不同而受歧视。

妇女享有与男子平等的就业权利。在录用职工时，除国家规定的不适合妇女的工种或者岗位外，不得以性别为由拒绝录用妇女或者提高对妇女的录用标准。

残疾人、少数民族人员、退出现役的军人的就业，法律、法规有特别规定的，从其规定。

2.4.3 劳动合同和集体合同

劳动合同是劳动者与用人单位确立劳动关系、明确双方权利和义务的协议。建立劳动关系应当订立劳动合同。

订立和变更劳动合同，应当遵循平等自愿、协商一致的原则，不得违反法律、行政法规的规定。

劳动合同依法订立即具有法律约束力，当事人必须履行劳动合同规定的义务。

2.4.4 劳动安全卫生

用人单位必须建立、健全劳动安全卫生制度，严格执行国家劳动安全卫生规程和标准，对劳动者进行劳动安全卫生教育，防止劳动过程中的事故，减少职业危害。

劳动安全卫生设施必须符合国家规定的标准。新建、改建、扩建工程的劳动安全卫生设施必须与主体工程同时设计、同时施工、同时投入生产和使用。

用人单位必须为劳动者提供符合国家规定的劳动安全卫生条件和必要的劳动防护用品，对从事有职业危害作业的劳动者应当定期进行健康检查。

从事特种作业的劳动者必须经过专门培训并取得特种作业资格。

劳动者在劳动过程中必须严格遵守安全操作规程。

劳动者对用人单位管理人员违章指挥、强令冒险作业，有权拒绝执行；对危害生命安全和身体健康的行为，有权提出批评、检举和控告。

国家建立伤亡事故和职业病统计报告和处理制度。县级以上各级人民政府劳动行政部门、有关部门和用人单位应当依法对劳动者在劳动过程中发生的伤亡事故和劳动者的职业病状况，进行统计、报告和处理。

2.4.5 职业培训

国家通过各种途径，采取各种措施，发展职业培训事业，开发劳动者的职业技能，提高劳动者素质，增强劳动者的就业能力和工作能力。

各级人民政府应当把发展职业培训纳入社会经济发展的规划，鼓励和支持有条件的企业、事业组织、社会团体和个人进行各种形式的职业培训。

用人单位应当建立职业培训制度，按照国家规定提取和使用职业培训经费，根据本单位实际，有计划地对劳动者进行职业培训。

从事技术工种的劳动者，上岗前必须经过培训。

国家确定职业分类，对规定的职业制定职业技能标准，实行职业资格证书制度，由经备案的考核鉴定机构负责对劳动者实施职业技能考核鉴定。

2.4.6 社会保险和福利

国家发展社会保险事业，建立社会保险制度，设立社会保险基金，使劳动者在年老、患病、工伤、失业、生育等情况下获得帮助和补偿。

社会保险水平应当与社会经济发展水平和社会承受能力相适应。

社会保险基金按照保险类型确定资金来源，逐步实行社会统筹。用人单位和劳动者必须依法参加社会保险，缴纳社会保险费。

2.4.7 劳动争议

用人单位与劳动者发生劳动争议，当事人可以依法申请调解、仲裁、提起诉讼，也可以协商解决。调解原则适用于仲裁和诉讼程序。

解决劳动争议，应当根据合法、公正、及时处理的原则，依法维护劳动争议当事人的合法权益。

劳动争议发生后，当事人可以向本单位劳动争议调解委员会申请调解；调解不成，当事人一方要求仲裁的，可以向劳动争议仲裁委员会申请仲裁。当事人一方也可以直接向劳动争议仲裁委员会申请仲裁。对仲裁裁决不服的，可以向人民法院提起诉讼。

在用人单位内，可以设立劳动争议调解委员会。劳动争议调解委员会由职工代表、用人单位代表和工会代表组成。劳动争议调解委员会主任由工会代表担任。

劳动争议经调解达成协议的，当事人应当履行。

2.5 《中华人民共和国环境保护法》 相关知识

《中华人民共和国环境保护法》是为了保护和改善环境，防治污染和其他公害，保障人体健康，推进生态文明建设，促进经济社会可持续发展而制定的。1989年12月26日，本法于第七届全国人民代表大会常务委员会第十一次会议通过。

2014年4月24日，第十二届全国人民代表大会常务委员会第八次会议通过了《关于修改部分法律的决定》，对《中华人民共和国环境保护法》进行了修订。

本法所称环境，是指影响人类生存和发展的各种天然的和经过人工改造的自然因素的总体，包括大气、水、海洋、土地、矿藏、森林、草原、湿地、野生动物、自然遗迹、人文遗迹、自然保护区、风景名胜区、城市和乡村等。

本法适用于中华人民共和国领域和中华人民共和国管辖的其他海域。

2.5.1 监督管理

国务院环境保护主管部门制定国家环境质量标准。省、自治区、直辖市人民政府对国家环境质量标准中未作规定的项目，可以制定地方环境标准，并报国务院环境保护主管部门备案。

国务院环境保护主管部门根据国家环境质量标准和国家经济、技术条件，制定国家污染物排放标准。省、自治区、直辖市人民政府对国家污染物排放标准中未作规定的项目，可以制定地方污染物排放标准；对国家污染物排放标准中已作规定的项目，可以制定严于国家污染物排放标准。

地方污染物排放标准应当报国务院环境保护主管部门备案。

国家建立、健全环境监测制度。国务院环境保护主管部门制定监测规范，会同有关部门组织监测网络，统一规划国家环境质量监测站（点）的设置，建立监测数据共享机制，加强对环境监测的管理。

2.5.2 保护和改善环境

地方各级人民政府应当根据环境保护目标和治理任务，采取有效措施，改善环境质量。

各级人民政府对具有代表性的各种类型的自然生态系统区域，珍稀、濒危的野生动物自然分布区域，重要的水源涵养区域，具有重大科学文化价值的地质构造、著名溶洞和化石分布区、冰川、火山、温泉等自然遗迹，以及人文遗迹、古树名木，应当采取措施予以保护，严禁破坏。

在国务院、国务院有关部门和省、自治区、直辖市人民政府规定的风景名胜区、自然保护区和其他需要特别保护的区域内，不得建设污染环境的工业生产设施；建设其他设施，其污染物排放不得超过规定的排放标准。已经建成的设施，其污染物排放超过规定排放标准的，限期治理。

各级人民政府应当加强对农业环境的保护，促进农业环境保护新技术的使用，加强对农业污染源的监测预警，统筹有关部门采取措施，防治土壤污染和土地沙化、盐渍化、贫瘠化、石漠化、地面沉降以及防治植被破坏、水土流失、水体富营养化、水源枯竭、种源灭绝等生态失调现象，推广植物病虫害的综合防治。

国务院和沿海地方人民政府应当加强对海洋环境的确保护。向海洋排放污染物、倾倒废弃物，进行海岸工程和海洋工程建设，应当符合法律法规规定和有关标准，防止和减少对海洋环境的污染损害。

城乡建设应当结合当地自然环境的特点，保护植被、水域和自然景观，加强城市园林、绿地和风景名胜区的建设与管理。

2.5.3　防治环境污染和其他公害

企业应当优先使用清洁能源，采用资源利用率高、污染物排放量少的工艺、设备以及废弃物综合利用技术和污染物无害化处理技术，减少污染物的产生。

建设项目中防治污染的措施，应当与主体工程同时设计、同时施工、同时投产使用。防治污染的设施应当符合经批准的环境影响评价文件的要求，不得擅自拆除或者闲置。

排放污染物的企业事业单位和其他生产经营者，应当采取措施，防治在生产建设或者其他活动中产生的废气、废水、废渣、粉尘、恶臭气体、放射性物质以及噪声、振动、光辐射、电磁辐射等对环境的污染和危害。

排放污染物的企业事业单位，应当建立环境保护责任制度，明确单位负责人和相关人员的责任。

在发生或者可能发生突发环境事件时，企业事业单位应当立即采取措施处理，及时通报可能受到危害的单位和居民，并向环境保护主管部门和有关部门报告。

2.5.4　法律责任

违反本法规定，有下列行为之一的，环境保护行政主管部门或者其他依照法律规定行使环境监督管理权的部门可以根据不同情节，给予警告或者处以罚款。

（1）拒绝环境保护行政主管部门或者其他依照法律规定行使环境监督管理权的部门现场检查或者在被检查时弄虚作假的。

（2）据报或者谎报国务院环境保护行政主管部门规定的有关污染物排放申报事项的。

（3）不按国家规定缴纳超标准排污费的。

（4）引进不符合我国环境保护规定要求的技术和设备的单位使用的。

建设项目的防止污染设施没有建成或者没有达到国家规定的要求，投入生产或者使用的，由批准该建设项目的环境影响报告书的环境保护行政主管部门责令停止生产或者使用,可以并处罚款。

未经环境保护行政主管部门同意,擅自拆除或者闲置防治污染的设施,污染物排放超过规定的排放标准的,由环境保护行政主管部门责令重新安装使用,并处罚款。

对违反本法规定,造成环境污染事故的企业事业单位,有环境保护行政主管部门或者其他依照法律规定行使环境监督管理权的部门根据所造成的危害后果处以罚款;情节严重的,对有关责任人员由其所在单位或者政府主观机关给予行政处分。

对经限期治理逾期未完成治理任务的企业事业单位,除依照国家规定加收超标准排污费外,可以根据所造成的危害后果处以罚款,或者责令停业、关闭。

练 习 题

单项选择题

1. 对保障人身健康和生命财产安全、国家安全、生态环境安全以及满足经济社会管理基本需要的技术要求,应当制定（　　）。
   A. 强制性国家标准　　B. 国家标准　　C. 地方标准　　D. 地方标准

2. 对造成环境严重污染的企业事业单位,应该（　　）。
   A. 限期治理　　　　　B. 提前治理　　C. 批评　　　　D. 罚款

3. 劳动者就业,不因民族、种族、性别、宗教信仰不同而（　　）。
   A. 受限制　　　　　　B. 受歧视　　　C. 受制约　　　D. 受照顾

4. 计量基准器具必须经（　　）鉴定合格、在具有正常工作所需要的环境条件下,由称职的保存、维护、人员使用。
   A. 单位　　　　　　　　　　　　　　　B. 企业
   C. 行政主管部门　　　　　　　　　　　D. 国家

判断题（正确的画√,错误的画×）

1. 国家监督抽查的产品,地方不得另行重复抽查;上级监督抽查的产品,下级不得另行重复抽查。（　　）
2. 《产品质量法》中的规定适用于国内各项建设工程。（　　）
3. 行业标准由国务院有关行政主管部门制定,报国务院标准化行政主管部门备案。（　　）
4. 企业可以根据需要自行制定企业标准,或者与其他企业联合制定企业标准。（　　）
5. 计量基准的量值可以与国际上的量值存在一定差距。（　　）
6. 计量监督由县级以上地方人民政府计量行政部门贯彻实施。（　　）
7. 劳动合同依法订立即具有法律约束力,当事人必须履行劳动合同规定的义务。（　　）
8. 劳动安全卫生设施必须符合单位规定的标准。（　　）
9. 建设项目中防治污染的措施,必须与主体工程同时设计、同时施工、同时投产使用。（　　）

10．防治污染的设施确有必要拆除或者闲置的，可以自行拆除。（　　）

答　案

单项选择题

1．A　2．A　3．B　4．D

判断题（正确的画√，错误的画×）

1．√　2．×　3．√　4．√　5．×　6．×　7．√　8．×　9．√
10．×

第 3 章 基 础 知 识

3.1 机械、电气识图的基础知识

3.1.1 机械制图的基本规定

1. 图纸幅面

图纸幅面优先采用表 3-1 中规定的幅面尺寸,表中 B 为图纸的宽度,L 为图纸的长度,a 为装订边的宽度,c 为图纸有装订边时图框线外周边的宽度,e 为图纸无装订边时图框线外周边的宽度。

表 3-1 图纸幅面　　　　　　　　　　　　　　　　　　　　单位:mm

代号	A0	A1	A2	A3	A4	A5
$B\times L$	841×1189	594×841	420×594	297×420	210×297	148×210
a	25					
c	10			5		
e	20		10			

A0 图纸幅面为 841mm×1189mm≈$1m^2$,将 A0 幅面对折裁开,可得两张 A1 幅面的图纸,其余各种图纸幅面都依此成对开关系。

2. 比例

图样中机件要素的线性尺寸与实际机件相应要素的线性尺寸之比称为比例。画图时应根据零件的大小和结构复杂程度选用表 3-2 中规定的比例。

表 3-2 比例

与实物相同	1:1
缩小的比例	1:1.5　1:2　1:2.5　1:3　1:4　1:5　1:6　1:10　1:1.5×10^n 1:2×10^n　1:2.5×10^n　1:3×10^n　1:4×10^n　1:5×10^n　1:6×10^n　1:10×10^n
放大的比例	2:1　2.5:1　4:1　5:1　1×10^n:1　2×10^n:1　2.5×10^n:1　4×10^n:1　5×10^n:1

3. 字体

图样中书写的汉字、数字和字母都必须做到字体端正、笔画清楚、排列整齐、间隔均匀。汉字应写成长仿宋体,并应采用国家正式公布推行的简化字;斜体数字与字母的字头向右倾斜,且与水平线约成 75°夹角。

4. 图线

图样中的图形是由各种图线构成的。图线及应用如表 3-3 所示,其中图线宽度（d）应按图样的类别和尺寸在下列数值（单位为 mm）系列中选取：0.13、0.18、0.25、0.35、0.5、0.7、1.0、1.4、2.0。

表 3-3 图线及应用

图线名称	线 形	代 码	图线宽度	图线的用途
粗实线	——————	01	d	可见轮廓线、过渡线
细实线	——————	01	$0.25d$	尺寸线、尺寸界线、剖面线、引出线
波浪线	～～～～	07	$0.25d$	断裂极限处的边界线、视图和剖视图的分界线
双折线	—／—／—	07	$0.25d$	
虚线	- - - - - -	02	$0.25d$	不可见轮廓线、过渡线
细点画线	—·—·—·—	10	$0.25d$	轴线、对称中心线
粗点画线	—·—·—·—	10	d	有特殊要求的线或表面的表示线
双点画线	—··—··—	13	$0.25d$	极限位置的轮廓线、假想投影轮廓线

各种图线的应用举例如图 3-1 所示。

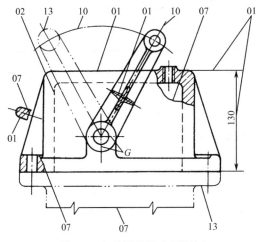

图 3-1 各种图线的应用举例

5. 图样尺寸的基本规则

在图样中,用图形表达零件的形状,用标注的尺寸表示零件的大小。因此,识读尺寸和标注尺寸应该严格遵守国家标准中对尺寸注法的有关规定。

3.1.2 简单机械图纸的识读

1. 投影

投影是射线通过物体向预设的平面投射得到图形的方法。投影法可以把空间的三维物体转换成平面上的二维图形。如图 3-2 所示,射线称为投射线,预设的平面称为投影面，物体在投影面上得到的图形称为投影。

2．投影法分类

1）中心投影法

投射线均从一点出发的投影法称为中心投影法，如图 3-3 所示，由图可见，随着投射中心 S、投影面 P 与 $\triangle ABC$ 的相对位置的变化，$\triangle abc$ 的形状、大小也会发生变化。因此，中心投影法不能反映原物体的真实形状和大小。但是用中心投影法绘制的图的立体感较强。

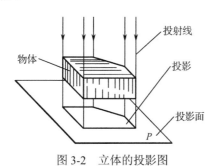

图 3-2　立体的投影图　　　　图 3-3　中心投影法

2）平行投影法

投射线相互平行的投影法称为平行投影法，如图 3-4 所示。

在确定的投射方向下，空间的一个点在某投影面上的平行投影是唯一确定的。

在平行投影法中，因为投射线互相平行，所以改变物体对投影面的距离，所得投影的大小和形状不会改变。平行投影法又分为斜角投影和正投影。

斜角投影：投射线倾斜于投影面的投影称为斜角投影，如图 3-5 所示。

正投影：投射线垂直于投影面的投影称为正投影，如图 3-6 所示。机械制图主要按正投影绘制图形。

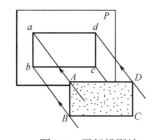 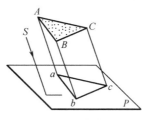 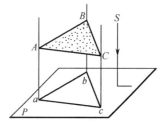

图 3-4　平行投影法　　　图 3-5　斜角投影　　　图 3-6　正投影

如图 3-7 所示，正投影中的三面正投影能满足工程技术界对图形与物体形状保持一一对应的要求，其图形清晰、准确，同时，其几何元素之间的相对位置容易测量，因此在工程制图中被广泛应用。

3．三视图

根据国家标准《机械制图》的规定，物体的图形按正投影法绘制，并采用第一分角投影法，即将物体置于第一分角中（位于观察者和相应的投影面之间），然后进行投影。

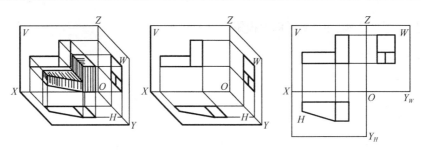

图 3-7 三面正投影

物体在正投影面上的投影称为主视图（或称正视图），在水平投影面上的投影称为俯视图（或称水平视图），在侧投影面上的投影称为左视图（或称侧视图），如图 3-8 所示。

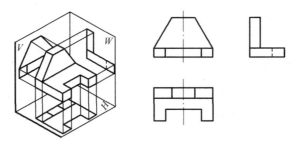

图 3-8 物体的三视图

根据三视图的形成规律可知，俯视图在主视图的正下方，左视图在主视图的正右方；主视图反映了物体的长度和高度，俯视图反映了物体的长度和宽度，左视图反映了物体的高度和宽度。由此可归纳出三视图的投影规律为：主视图、俯视图长对正；主视图、左视图高平齐；俯视图、左视图宽相等，如图 3-9 所示。

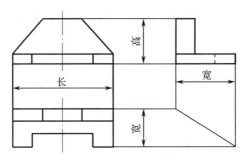

图 3-9 三视图的投影规律

3.1.3 电路图的构成要素

电路图又称电路原理图，是一种反映无线电和电子设备中各元器件的电气连接情况的图。通过对电路图进行分析和研究，可以了解无线电和电子设备的电路结构与工作原理。一张完整的电路图是由若干要素构成的，这些要素主要包括图形符号、文字符号及注释性字符等。下面以调频无线话筒电路图（见图 3-10）为例对电路图进行进一步的说明。

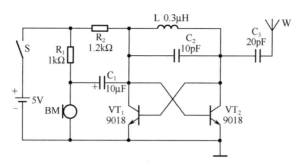

图 3-10 调频无线话筒电路图

1．图形符号

图形符号是构成电路图的主体。在图 3-10 中，各种图形符号代表了组成调频无线话筒的各个元器件。例如，小长方形"▭"表示电阻器，两道短杠"⊣⊢"表示电容器，连续的半圆形"⌒⌒⌒"表示电感器等。各个元器件图形符号之间用连线连接起来，这样就可以反映出调频无线话筒的电路结构了，即构成了调频无线话筒的电路图。

2．文字符号

文字符号是构成电路图的重要组成部分。为了进一步强调图形符号的性质，也为了方便分析、理解和阐述电路图，在各个元器件的图形符号旁标注有该元器件的文字符号。例如，在图 3-10 中，文字符号 R 表示电阻器，C 表示电容器，L 表示电感器，VT 表示晶体管等。在一张电路图中，相同的元器件往往会有许多个，此时需要用文字符号将它们加以区分，一般是在该元器件文字符号的后面加上序号。例如，在图 3-10 中，电阻器有两个，分别标注为 R_1、R_2；电容器有三个，分别标注为 C_1、C_2、C_3；晶体管有两个，分别标注为 VT_1、VT_2。

3．注释性字符

注释性字符用来说明元器件的数值大小或具体型号，通常标注在图形和文字符号旁。例如，在图 3-10 中，通过注释性字符我们可以知道：电阻器 R_1 的阻值为 1kΩ；电容器 C_1 的电容值为 10uF；晶体管 VT_1、VT_2 的型号为 9018 等。注释性字符是我们分析电路工作原理，特别是定量地分析、研究电路工作状态所不可缺少的。

3.1.4 常见元器件符号

组成电路图的符号可以分为两部分：一部分是各种元器件和组件的符号，包括图形符号和文字符号；另一部分是导线、波形、轮廓等绘图符号。这些符号是绘制和解读电路图的基础语言。我国现行的图形符号和文字符号的国家标准已与国际标准全面接轨。熟悉并牢记国家标准规定的电路图符号是看懂电路图的基础。时代在前进，技术在发展，文字符号常常会随时间、专业而有所区别，图形符号也会有所增加，大家要不断学习，做到与时俱进。

1．无源元件类

现行常用的无源元件有电阻器、电容器、电感器等。常用的无源元件图形符号和文字符号如表 3-4 所示。

表 3-4 常用的无源元件图形符号和文字符号

名　称	图形符号	文字符号	说　明
电阻器	 —▭—	R	一般符号
带滑动触点电位器	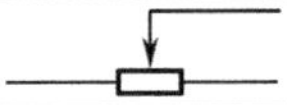	RP	带箭头的为动接点
压敏电阻器	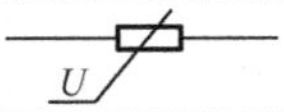 U	RV	图形符号中的 U 可用 V 代替
热敏电阻器	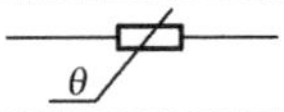 θ	RT	图形符号中的 θ 可用 t^0 代替
磁敏电阻器	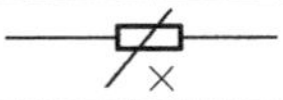	R	—
光敏电阻器		R	—
电容器		C	一般符号
极性电解电容器		C	表示出正极
双联同轴可变电容器	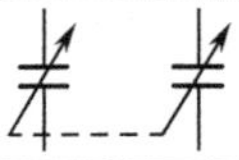	C	可增加同调联数
电感器、绕圈、绕组、扼流圈		L	
有铁芯的双绕组变压器	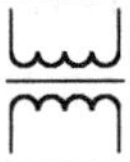	T	次级绕组可增加
绕组间有屏蔽的铁芯变压器	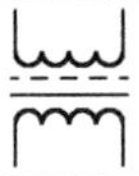	T	—
中心抽头变压器		T	—
自耦变压器	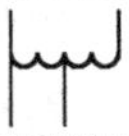	T	—

2. 半导体类器件

常用的半导体类器件包括晶体二极管、晶体三极管、场效应管、光电器件等。半导体类器件图形符号和文字符号如表 3-5 所示。

表 3-5 半导体类器件图形符号和文字符号

名　称	图形符号	文字符号	说　明
晶体二极管		VD	一般符号，左为正极，右为负极
发光二极管		VD	左为正极，右为负极
稳压二极管		VD	左为正极，右为负极
光电二极管		VD	左为正极，右为负极

续表

名　称	图形符号	文字符号	说　明
PNP 型晶体管		VT	左为基极 b，上为集电极 c，下为发射极 e
NPN 型晶体管		VT	左为基极 b，上为集电极 c，下为发射
光电三极管		VT	上为集电极 c，下为发射极 e
N 沟道结型场效应管		VT	左为栅极 G，上为漏极 D，下为源极 S
P 沟道结型场效应管		VT	左为栅极 G，上为漏极 D，下为源极 S
P 沟道增强型绝缘栅场效应管		VT	左为栅极 G，上为漏极 D，下为源极 S
N 沟道增强型绝缘栅场效应管		VT	左为栅极 G，上为漏极 D，下为源极 S
P 沟道耗尽型绝缘栅场效应管		VT	左为栅极 G，上为漏极 D，下为源极 S
N 沟道耗尽型绝缘栅场效应管		VT	左为栅极 G，上为漏极 D，下为源极 S
光电二极管型光耦合器		V	左为发光二极管，上为阳极，下为阴极；右为光敏二极管，上为阴极，下为阳极。
光电三极管型光耦合器		V	左为发光二极管，上为阳极，下为阴极；右为光敏三极管，上为 c，中为 e，下为 b。

3.2　常用电工、电子元器件的基础知识

3.2.1　电阻器知识

在电子电路中，常用的电阻器一般分为固定式电阻器和可变式电阻器（电位器）。

1．电阻器的命名方法

导电体对电流的阻碍作用称为电阻器（简称电阻），用符号 R 表示，单位为欧姆、千欧姆、兆欧姆，分别用 Ω、kΩ、MΩ 表示。电阻器的电路符号如图 3-11 所示。电阻器是构成电路的基本元件之一，在电路中起稳定电流、电压的作用，可以作为分压器、分流器使用，还可以作为消耗电能的负载电阻器。固定式电阻器如图 3-12 所示。

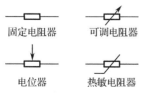

图 3-11　电阻器的电路符号

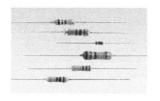

图 3-12　固定式电阻器

按照制作材料和工艺，固定式电阻器可分为膜式电阻器（碳膜 RT、金属膜 RJ、合成膜 RH 和氧化膜 RY）、实心电阻器（有机 RS 和无机 RN）、金属线绕电阻器（RX）、特殊电阻器（MG 型光敏电阻器、MF 型热敏电阻器）。其中，膜式电阻器的阻值范围较大，但功率范围不太大；金属线绕电阻器的阻值范围不大，但功率范围较大。SJ-73 规定，电阻器的产品型号一般由四部分组成，各部分的意义如表 3-6（不适用于敏感电阻器）所示，如 RJ71 表示金属膜精密电阻器。

表 3-6 电阻器的产品型号各部分的意义

第 一 部 分		第 二 部 分		第 三 部 分		第 四 部 分
主 称		材 料		分 类		序 号
R	电阻器	T	碳膜	1、2	普通	用数字表示，表示同类产品中的不同品种，以区分产品的外形尺寸和性能指标等
		H	合成碳膜	3	超高频	
		S	有机实心	4	高阻	
		N	无机实心	5	高温	
		J	金属膜	6、7	精密	

2．电阻器的主要参数

电阻器的主要参数有两个：标称阻值和偏差、标称功率。还有最高工作温度、极限工作电压、噪声、高频特性和温度系数等参数。

1）标称阻值和偏差

标称阻值是直接标在电阻体上的阻值，偏差是实际阻值与标称阻值的误差。表 3-7 是常用电阻器偏差的等级。

表 3-7 常用电阻器偏差的等级

偏 差	±0.5%	±1%	±2%	±5%	±10%	±20%
级 别	005	01	02	I	II	III

国家规定了一系列的阻值作为产品的标准。不同误差等级的电阻器有不同数目的标称阻值。误差越小的电阻器，其标称阻值的数目越多。表 3-8 中的标称阻值可以乘以 10、100、1000、10k、100k。例如，1.0 这个标称阻值就有 1.0Ω、10.0Ω、100.0Ω、1.0kΩ、10.0kΩ、100.0kΩ、1.0MΩ、10.0MΩ。为了便于生产和使用，电阻器的生产是根据标称阻值系列进行的。

表 3-8 普通固定电阻器标称阻值系列

偏 差	标称阻值系列
±5%	1.0 1.1 1.2 1.3 1.5 1.6 1.8 2.0 2.2 2.4 2.7 3.0 3.3 3.6 3.9 4.3 4.7 5.1 5.6 6.2 6.8 7.5 8.2 9.1
±10%	1.0 1.2 1.5 1.8 2.2 2.7 3.3 3.9 4.7 5.6 6.8 8.2
±20%	1.0 1.5 2.2 3.3 4.7 6.8

不同的电路对电阻器的偏差有不同的要求。对于一般的电子电路，采用 I 级或 II 级

就可以了。在电路中，一般都标注电阻器的标称阻值。如果不是标称阻值，则可以根据电路要求选择和它相近的电阻器。

电阻器的标称阻值和偏差一般都直接标在电阻体上，其标志方法可分为以下几种。

（1）直标法：是指在产品的表面直接标出产品的主要参数和技术指标的方法。

电阻器直标法的单位有 Ω、kΩ、MΩ（1MΩ=1000kΩ=10^6Ω）。

如图 3-13 所示，电阻器的标称阻值为 470Ω，误差为±5%。

图 3-13　电阻器直标法

（2）文字符号法：是将需要标志的主要参数与技术指标用文字、数字符号有规律地组合标在产品表面的方法。电阻器的标志规定如下：欧姆用 R 表示、千欧姆用 k 表示、兆欧姆用 M 表示。例如，阻值为 68 欧姆、偏差为±5%的电阻器的文字符号标志为 R68J，其中 J 表示偏差为±5%；阻值为 8.2 千欧姆、偏差为±10%的电阻器的文字符号标志为 8k2K，其中 K 表示偏差为±10%。

（3）色标法：是指用不同的颜色表示元件不同参数的方法。在电阻体上，用四道或五道色环表示阻值和偏差。规定如下：第一道色环代表的数是阻值的第一位有效数字；第二道色环代表的数是阻值的第二位有效数字；第三道色环代表的数是阻值的乘数，为 10^n（n 为颜色表示的数字）；第四道色环代表的数是元件的偏差。阻值的单位为Ω。电阻器色标符号规定如表 3-9 所示。

表 3-9　电阻器色标符号规定

代表意义	色 环 颜 色											
	银	金	黑	棕	红	橙	黄	绿	蓝	紫	灰	白	无
有效数字	—	—	0	1	2	3	4	5	6	7	8	9	—
乘数（数量级）	10^{-2}	10^{-1}	10^0	10^1	10^2	10^3	10^4	10^5	10^6	10^7	10^8	10^9	—
阻值偏差/%	±10	±5	—	±1	±2	—	—	±0.5	±0.25	±0.1	—	+50、−20	±20

如图 3-14 所示，此电阻器的阻值为$(22×10^2±5\%)$Ω。

图 3-14　电阻器色标法

精密电阻器的五道色环标志与四道色环标志相似，只是它有三位有效数字。规定如下：第一道色环代表的数是阻值的第一位有效数字；第二道色环代表的数是阻值的第二位有效数字；第三道色环代表的数是阻值的第三位有效数字；第四道色环代表的数是阻值的乘数，为 10^n（n 为颜色表示的数字）；第五道色环代表的数是阻值的偏差。精密电阻器的五道色标法如图 3-15 所示，阻值为$(330×10^2±1\%)$Ω。

图 3-15　精密电阻器的五道色标法

在色标电阻器上,第一道色环的识别方法如下:在四道色环中,第四道色环一般是金色或银色,由此可推出第一道色环。在五道色环中,第一道色环与电阻器的引脚距离最短,由此可识别出第一道色环。采用色环标志的电阻器的颜色醒目、标志清晰、不易褪色,从不同的角度都能看清阻值和偏差。目前国际上广泛采用的是色标法。

2）标称功率

电阻的标称功率即额定功率,是指在直流或交流电路中,当大气压力为 86~106kPa 时,产品在规定的工作温度（(-55~125)℃）下长时间连续工作时元件允许的最大功率。

3. 常用固定式电阻器的功能

1）碳膜电阻器

碳膜电阻器有良好的稳定性,负温度系数小,能够在 70℃的温度下长期工作,高频特性好,受电压频率影响较小,噪声电动势较小,脉冲负荷稳定,阻值范围大（一般为 1Ω~10MΩ）,额定功率有 1/8W、1/4W、1/2W、1W、2W、5W、10W 等,其制作容易,生产成本低,广泛应用在电视机、音响等家电产品中。碳膜电阻器实物外形如图 3-16 所示。

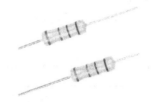

图 3-16　碳膜电阻器实物外形

2）金属膜电阻器

金属膜电阻器除具有碳膜电阻器的特点外,还具有比较好的耐高温特性（能够在 125℃的高温下长期工作）,当环境温度升高后,其阻值随温度的变化很小金属膜电阻器的工作频率较宽、高频特性好、精度高,但成本稍高、温度系数小。该电阻器在精密仪表和要求较高的电子系统中使用。金属膜电阻器实物外形如图 3-17 所示。

图 3-17　金属膜电阻器实物外形

3）金属氧化膜电阻器

金属氧化膜电阻器与金属膜电阻器的性能和形状基本相同,并且具有更高的耐压、耐热性能。金属氧化物的化学稳定性好,具有较好的力学性能,硬度大、耐磨性好、不易损伤。金属氧化膜电阻器的功率大,可高达数百 kW。另外,金属氧化膜电阻器还具有阻值范围小、温度系数比金属膜电阻器的温度系数大、稳定性高等特点。金属氧化膜电阻器实物外形如图 3-18 所示。

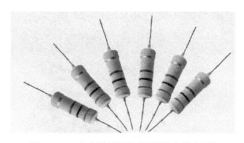

图 3-18　金属氧化膜电阻器实物外形

4）线绕电阻器

线绕电阻器是用康铜、锰铜等特殊的合金做成细丝绕在绝缘管上制作而成的，其外面有一层保护层，保护层有一般釉质和防潮釉质两种。这种电阻器具有阻值精确，电气性能良好，工作可靠、稳定，温度系数小，耐热性好，功率较大的优点。但是它也存在阻值不大、成本较高的缺点。线绕电阻器适用于功率要求较大的电路，有的可用于要求使用精密电阻器的地方。但因其存在电感，所以不宜用于高频电路中。线绕电阻器的实物外形如图 3-19 所示。

图 3-19　线绕电阻器的实物外形

5）压敏电阻器

压敏电阻器（简称 VSR）的阻值随加在它两端的电压大小的变化而变化。当加在压敏电阻器两端的电压小于一定值时，压敏电阻器的阻值就会很大；当加在它两端的电压大到一定程度时，压敏电阻器的阻值会迅速减小。压敏电阻器在电路中的文字符号为 R 或 RV。压敏电阻器的实物外形如图 3-20 所示。

图 3-20　压敏电阻器的实物外形

压敏电阻器广泛应用于家用电器及其他电子产品中，起过电压保护、防雷、抑制浪涌电流、吸收尖峰脉冲、限幅、高压灭弧、消噪、保护半导体元器件等作用。

6）光敏电阻器

光敏电阻器是利用半导体的光电导效应制成的一种特殊电阻器，通常由光敏层、玻璃基片和电极等组成。光敏电阻器的电阻值能随外界光照强弱（明暗）的变化而变化。在无光照射时，呈高阻状态；当有光照射时，其电阻值迅速减小。光敏电阻器在电路中用字母 R 或 RL、RG 表示。光敏电阻器的实物外形如图 3-21 所示。

图 3-21　光敏电阻器的实物外形

由于光敏电阻器对光线有特殊的敏感性，因此广泛应用于各种自动控制电路（如自动照明灯控制电路、自动报警电路等）、家用电器（如电视机中的亮度自动调节、照相机中的自动曝光控制等）及测量仪器中。

4．可变式电阻器（电位器）的种类及参数

电位器的阻值连续可调，在电子产品中，经常用它进行阻值、电位的调节。

电位器对外有三个引出端，其中两个为固定端，一个为滑动端（也称滑动触头）。滑动端在两个固定端之间的电阻体上做机械运动，使其与固定端之间的电阻值发生变化。碳膜电位器如图 3-22 所示，当转动电位器的转轴时，滑动片在电阻体上滑动，滑动片与两定片之间的阻值发生变化。当滑动片与一个定片之间的阻值增大时，滑动片与另一个定片之间的阻值就会减小。

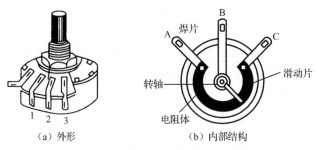

(a) 外形　　　(b) 内部结构

1、3、C—固定端；2、B—滑动端；A—供电端

图 3-22　碳膜电位器

1）电位器的种类

电位器的种类很多，按材料不同分为碳膜电位器、线绕电位器、金属膜电位器、碳质实芯电位器、玻璃釉电位器等；按结构不同分为单圈式和多圈式电位器、单联式和双联式电位器；按调节方式不同分为旋转式（或转轴式）和直滑式电位器；按有无开关分为开关电位器和无开关电位器。

2）电位器的主要技术参数

（1）标称阻值：标注在电位器表面的阻值，即电位器两个固定端之间的电阻值。

（2）额定功率：电位器两个固定端上允许消耗的最大功率。

(3) 滑动噪声：当电位器的滑动端在电阻体上滑动时，滑动端触点与电阻体接触产生的噪声。滑动噪声要求越小越好。

(4) 分辨率：电位器对输出量可实现的最精细的调节能力。一般线绕电位器的分辨率较差。

(5) 阻值变化规律：有按线性变化、指数变化或对数变化等形式。

3) 常用电位器及其作用

(1) 碳膜电位器。

碳膜电位器是用经过研磨的炭黑、石墨、石英等材料涂敷于基体表面而成的，该工艺简单，是目前应用较广泛的电位器，其实物外形如图 3-23 所示。它的优点是分辨力高、耐磨性好、寿命较长；阻值范围宽，为 100Ω～4.7MΩ；功率一般低于 2W，有 1/8W、1/2W、1W、2W 等。若功率为 3W，则电位器的体积会显得很大。碳膜电位器的缺点是电流噪声大、非线性大；耐潮性及阻值稳定性差；精度较差，一般为±20%。

(2) 线绕电位器。

线绕电位器是由康铜丝或镍铬合金丝作为电阻体，并把它绕在绝缘骨架上制作而成的。它的优点是接触电阻小、精度高、温度系数小，主要用来分压、调整电路工作点等。它的缺点是分辨力较差、阻值偏低、高频特性差、可靠性差、不适用于高频电路。线绕电位器的实物外形如图 3-24 所示。

图 3-23 碳膜电位器的实物外形

图 3-24 线绕电位器的实物外形

3.2.2 电容器知识

电容器（简称电容）是构成电路的基本元件之一，在电子设备中大量使用。电容器是一种存储电能的元件，具有阻低频信号、通高频信号的特点，广泛应用在隔直、耦合、旁路、滤波、调谐回路、能量转换、控制电路等方面。

电容器用 C 表示，单位有法拉（F）、微法拉（μF）、皮法拉（pF），$1F=10^6 μF=10^{12} pF$。常用电容器的电路符号如图 3-25 所示。

图 3-25 常用电容器的电路符号

1. 电容器的分类

电容器可分为固定式和可变式两大类。其中，可变式又分为半可变式和可变式。按介质分，电容器有空气介质、液体介质和固体介质三种。

常见的固定式电容器有空气电容器、云母电容器、瓷片电容器、薄膜电容器、玻璃釉电容器、漆膜电容器、电解电容器及油电容器等；常见的可变式电容器有空气介质可变电容器和固体介质（云母、塑料薄膜）可变电容器。

国家标准 GB/T 2470—1995 规定，电容器的产品型号一般由四部分组成，各部分的意义如表 3-10 所示。

表 3-10 电容器产品型号各部分的意义

第一部分		第二部分		第三部分					第四部分
主 称		材 料		分 类					序 号
C	电容器	A	钽电解	数字代号	意义				用数字表示,表示同类产品中的不同品种,以区分产品的外形尺寸和性能指标等
		B	非极性有机薄膜		瓷介电容器	云母电容器	有机介质电容器	电解电容器	
		C	高频陶瓷	1	圆形	非密封	非密封	箔式	
		D	铝电解	2	管形（圆柱）	非密封	非密封	箔式	
		E	其他材料电解	3	迭片	密封	密封	烧结粉非固体	
		G	合金电解	4	多层（多石）	独石	密封	烧结粉固体	
		H	复合介质	5	穿心	—	穿心	—	
		I	玻璃釉	6	支柱式	—	交流	交流	
		J	金属化纸	7	交流	标准	片式	无极性	
		L	极性有机薄膜	8	高压	高压	高压	—	
		N	铌电解	9	—	—	特殊	特殊	
		O	玻璃膜	G	高功率				
		Q	漆膜						
		T	低频陶瓷						
		V	云母纸						
		Y	云母						
		Z	纸						

2. 电容器的主要参数

电容器的主要参数有标称容量和偏差、额定直流工作电压、绝缘电阻等。还有温度系数、电容器的损耗、频率特性等参数。

1）标称容量和偏差

标称容量和偏差是标志在电容器上的名义容量，电容器的容量也有一个系列；不同材料制造的电容器的标称容量系列也不一样。常见电容器的偏差分为三级：Ⅰ级为±5%，Ⅱ级为±10%，Ⅲ级为±20%。电容器的容量误差分为绝对误差和相对误差，通常用字符表示。绝对误差通常用于小容量的电容器，以电容量值的绝对误差表示，单位为 pF，其中字符

B 代表±0.1pF、C 代表±0.25pF、D 代表±0.5pF、Y 代表±1pF、A 代表±1.5pF、V 代表±5pF。相对误差以标称容量的偏差百分数表示，其中字符 D 代表±0.5%、P 代表±0.625%、F 代表±1%、R 代表±1.25%、G 代表±2%、U 代表±3.5%、J 代表±5%、K 代表±10%、M 代表±20%、S 代表±50%/-20%、Z 代表±80%/-20%。

2）额定直流工作电压

额定直流工作电压是指电容器在电路中规定的工作温度范围内可连续工作而不被击穿的最高电压。它应是加在电容器两极间的直流电压及脉动电压的和。电容器的额定工作电压也有一个电压值系列。

3）电容器的标称容量、偏差及耐压表示方法

（1）直标法。

直标法是指在产品的表面直接标志出产品的主要参数和技术指标的方法。如图 3-26 所示，此电容器的标称容量为 33(1±5%)μF、耐压为 32V。

（2）文字符号法。

文字符号法是将需要标志的主要参数与技术指标用文字、数字符号有规律地组合标志在产品的表面。如图 3-27 所示，此电容器的标称容量为 1000pF，写成 1n。

图 3-26　电容器的直标法　　　　图 3-27　电容器的文字符号法

（3）色标法。

电容器的色标法规定类似电阻器的色标法规定，其单位为 pF。电解电容器的工作电压也可以用色点表示：6.3V 用棕色，10V 用红色，16V 用灰色，且色点应标在正极处。

（4）数码表示法。

电容器的数码表示法是指用 3 位数码表示电容的容量，前两位表示有效数字，第三位表示在前两位后面添加的"0"的个数，单位为 pF，但当第三个数字为 9 时，表示 10^{-1}。在微法拉级容量中，小数点用 R 表示。例如，339K 表示电容的容量为 $33×10^{-1}(1±10\%)$pF，4R7K 表示电容的容量为 4.7(1±10%)μF。

4）绝缘电阻

绝缘电阻是评价一个电容器好坏的主要参数。绝缘电阻是指电容器两极间的电阻，在数值上等于加在电容器两端的直流电压与通过电容器的直流漏电流的比值，也称漏电阻，表明电容器漏电的大小。绝缘电阻的大小取决于电容器的介质性质，一般单位在兆欧姆级以上。绝缘电阻越小，电容器漏电越严重。电容器漏电会引起能量损耗，这种损耗不仅影响电容器的寿命，还会影响电路的正常工作。因此，电容器的绝缘电阻越大越好。

3．常用电容器的结构与特点

几种常用电容器的结构与特点如表 3-11 所示。

表 3-11　几种常用电容器的结构与特点

种　类	结构与特点	实物图片
铝电解电容器	它以氧化膜为介质、有正负极之分、容量大（0.47～10 000μF）、能耐受大的脉动电流、容量误差大、泄漏电流大；不宜使用在 25kHz 以上频率低频旁路、信号耦合、电源滤波中；介电常数较大，为 7～10；耐压不高，额定电压为 6.3～450V；价格便宜	
钽电解电容器	用烧结的钽块作为正极，电解质使用固体二氧化锰。它的温度特性、频率特性和可靠性均优于普通电解电容器，特别是漏电流极小、损耗低、绝缘电阻大、储存性良好、寿命长、容量误差小、体积小。与铝电解电容器相比，其可靠性高、稳定性好。额定电压为 6.3～125V，价格贵	
金属化纸介电容器	它用真空蒸发的方法在涂有漆的纸上蒸发一层厚度为 0.01μm 的薄金属膜作为电极。它体积小、容量大，在相同容量下，比纸介电容器的体积小；自愈能力强，但稳定性能、老化性能、绝缘电阻都比瓷介电容器、云母电容器、塑料膜电容器差，适用于对频率和稳定性要求不高的电路	
涤纶电容器	它的介质为涤纶薄膜，外形有金属壳密封的，有塑料壳密封的。电容器的容量大、体积小，其中金属膜电容器的体积更小；耐热性、耐湿性好，耐压强度大；由于材料的成本不高，所以制作成本低、价格便宜；稳定性较差，适用于稳定性要求不高的地方	
瓷介电容器	它用陶瓷材料作为介质，在陶瓷片上覆银制成电极，并焊上引线，其外层常涂有各种颜色的保护漆，以表示温度系数。例如，白色和红色表示负温度系数；灰色、蓝色表示正温度系数。它的耐热性好、稳定性好、耐腐蚀性好、绝缘性能好、介质损耗小、温度系数范围宽；原材料丰富、结构简单、便于开发新产品；容量较小、机械强度小	
可变式电容器	单联可变电容器只有一个可变式电容器	
	双联可变电容器由两个可变式电容器组合在一起，手动调节时两个可变式电容器的容量同步调节	
	微调电容器又称半可变电容器，其容量变化范围比可变式电容器小很多，电容量可在某一小范围内调整，并可在调整后固定于某个电容值。瓷介微调电容器的 Q 值高，体积小，通常可分为圆管式及圆片式两种。云母和聚苯乙烯介质的电容器通常都采用弹簧式滑动片，结构简单，但稳定性较差。线绕瓷介微调电容器是通过拆铜丝（外电极）来改变电容量的，故其容量只能变小，不适合在需要反复调试的场合使用。它主要用于调谐电路，通常情况下与可变式电容器一起使用，一般体积比较大，有滑动片与定片之分	

3.2.3 电感器知识

电感器（简称电感）由导线一圈接一圈地绕在绝缘管上，导线彼此互相绝缘，绝缘管可以是空心的，也可以包含铁芯或磁粉芯。它是构成电路的基本元件之一，在电路中有阻碍交流电通过的特性。电感器的基本特征之一是通低频、阻高频，在交流电路中常用作扼流、降压、交联、负载等。电感器用 L 表示，单位有亨利（H）、毫亨利（mH）、微亨利（μH），$1H=10^3 mH=10^6 μH$。

1．电感器的种类及命名方法

电感器主要是指各种线圈。变压器、延迟线滤波器等元件通常也被归为电感类。

1）电感线圈

（1）按电感形式分类：固定电感、可变电感。

（2）按导磁体性质分类：空心线圈、铁氧体线圈、铁芯线圈、铜芯线圈。

（3）按工作性质分类：天线线圈、振荡线圈、扼流线圈、陷波线圈、偏转线圈。

（4）按绕线结构分类：单层线圈、多层线圈、蜂房式线圈。

2）变压器

变压器是变换电压、电流和阻抗的器件。它的种类较多，一般按工作频率分为低频变压器、中频变压器、高频变压器。

（1）低频变压器：分为音频变压器和电源变压器，主要用在阻抗变换和电压变换（降压、升压）上。

（2）中频变压器：适用的频率范围从几千 Hz 到几十 MHz。它是超外差式接收机中的重要元件，又叫中周，起选频、耦合等作用，在很大程度上决定了接收机的灵敏度、选择性和通频带。

（3）高频变压器：一般又分为耦合线圈和调谐线圈。其中，调谐线圈与电容器可组成串/并联谐振回路，起选频等作用。天线线圈、振荡线圈都是高频线圈。

3）电感器型号的命名方法

（1）电感线圈型号的命名方法。

电感线圈的产品型号由以下四部分组成。

第一部分：主称，用字母表示（L 表示线圈，ZL 表示高频扼流圈）。

第二部分：特征，用字母表示（G 表示高频）。

第三部分：型式，用字母表示（X 表示小型）。

第四部分：区别代号，用字母表示。

（2）变压器型号的命名方法。

变压器型号的产品型号由以下三部分组成。

第一部分：主称，用字母表示。

第二部分：功率，用数字表示，计量单位用伏安（VA）或 W 表示，但 RB 型变压器除外。

第三部分：序号，用数字表示。

变压器型号中主称部分的字母表示的意义如表 3-12 所示。

表 3-12　变压器型号中主称部分的字母表示的意义

字　母	意　义	字　母	意　义
CB	音频输出变压器	RB	音频输入变压器
DB	电源变压器	SB 或 ZB	音频（定阻式）输送变压器
GB	高压变压器	SB 或 EB	音频（定压式或自耦式）变压器
HB	灯丝变压器	—	—

（3）中频变压器型号的命名方法。

中频变压器的产品型号由以下三部分组成。

第一部分：主称，用字母表示。

第二部分：尺寸，用数字表示。

第三部分：级数，用数字表示。

中频变压器型号各部分字母和数字表示的意义如表 3-13 所示。

表 3-13　中频变压器型号各部分字母和数字表示的意义

主　称		尺　寸		级　数	
字母	名称、特征、用途	数字	外形尺寸/mm	数字	用于中放级数
T	中频变压器	1	7×7×12	1	第一级
L	线圈或振荡线圈	2	10×10×14	2	第二级
T	磁性瓷芯式	3	12×12×16	3	第三级
F	调幅收音机用	4	20×25×36	—	—
S	短波段	—	—	—	—

2．线圈的主要参数

电感器的参数主要有电感量及偏差、额定工作电流、品质因数等。

1）电感量及偏差

电感量也叫自感系数，是表示线圈产生自感应能力的一个物理量，其大小取决于线圈匝数、线径、几何尺寸和介质等。

电感器的标称电感量和偏差的常见标志方法有直标法和色标法，其标志方式与电阻的标志方式相似。常见的电感器标志如图 3-28 所示。

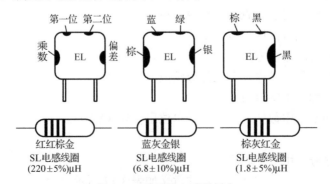

图 3-28　常见的电感器标志

2）额定工作电流

额定工作电流是指电感器在工作电路中（在规定的温度下）连续地正常工作时的最大工作电流。额定工作电流是各种扼流圈、电感线圈选用的一个主要参数之一。

3）品质因数

品质因数是表示线圈质量的量，是指线圈在某一频率的交流电下工作时呈现出来的感抗与等效损耗电阻之比：$Q = X_L/R$。

在谐振电路中，线圈的 Q 值越高，回路的损耗越小，因而电路的效率越高、选择性越好。

3.2.4 变压器知识

变压器是利用电感线圈间的互感现象工作的，在电路中常用作电压变换、阻抗变换等。变压器也是一种电感器，由一次绕组、二次绕组、铁芯或磁芯等组成。

1）变压器的分类

按导磁材料分类，变压器可分为硅钢片变压器、低频磁芯变压器、高频磁芯变压器；按用途分类，变压器可分为电源变压器和隔离变压器、调压器、输入/输出变压器、脉冲变压器；按工作频率分类，变压器可分为低频变压器、中频变压器和高频变压器。各类变压器示意图如图 3-29 所示，其电路符号如图 3-30 所示。

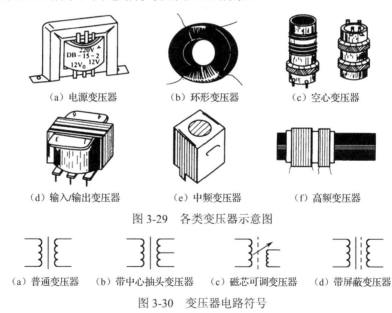

（a）电源变压器　　（b）环形变压器　　（c）空心变压器

（d）输入/输出变压器　　（e）中频变压器　　（f）高频变压器

图 3-29　各类变压器示意图

（a）普通变压器　（b）带中心抽头变压器　（c）磁芯可调变压器　（d）带屏蔽变压器

图 3-30　变压器电路符号

2）常用变压器

（1）低频变压器。

低频变压器常用的有音频变压器和电源变压器。音频变压器可分为输入变压器和输出变压器两种。低频变压器在放大电路中的主要作用是耦合、倒相、阻抗匹配等。要求音频变压器的频率特性好、漏感小、分布电容小。

电源变压器（见图 3-31）能将工频市电（交流 220V）转换为各种电路要求的电压。

它结构简单、易于绕制,广泛应用在各类电子产品中。

(2)中频变压器。

中频变压器(旧称中周变压器,简称中周)如图3-32所示,一般由磁芯、线圈、支架、底座、磁帽、屏蔽外壳组成。通过上下调节变压器磁帽,电感量发生改变,使电路谐振在某个特定频率上。中频变压器在电路中起选频、耦合、阻抗变换等作用。中频变压器广泛应用于调幅、调频收音机等电子产品中。

(3)高频变压器。

高频变压器即高频线圈,通常是指工作于射频范围的变压器。如图3-33所示,收音机的磁性天线就是将线圈绕制在磁棒上,并与一只可变电容器组成调谐回路的。其中,磁性天线线圈分为中波磁性天线线圈和短波磁性天线线圈;磁棒一般用磁导率较高的铁氧体材料制成,以集聚磁力线、增强感应电势、提高选择性,磁棒越长,灵敏度越高。

图3-31 电源变压器

图3-32 中频变压器

图3-33 高频变压器

3)变压器的选用

(1)选用原则。

选用变压器一定要了解变压器的输出功率、输入和输出电压,以及所接负载需要的功率。

根据电路要求选择其输出电压与标称电压相符,其绝缘电阻值应大于500Ω,对于要求较高的电路应大于1000Ω。

根据变压器在电路中的作用合理选用,必须清楚其引线与电路中各点的对应关系。

(2)选用注意事项。

选用的变压器要与负载电路相匹配,同时要留出一定的功率裕量,输出电压应与负载的供电部分的交流输入电压相同。

在选用中频变压器时,最好选用同型号、同规格的中频变压器,否则很难正常工作。另外,还应对其各绕组进行检测,看是否有断路或短路。

在选用时,可通过观察变压器的外貌来检查其是否异常。例如,引线是否断裂、脱焊,绝缘材料是否有烧焦痕迹,铁芯紧固螺杆是否松动,硅钢片有无锈蚀,线圈是否有外露等。

3.2.5 半导体元器件知识

半导体元器件主要包括晶体二极管、晶体三极管和集成电路。

1. 晶体二极管

晶体二极管是具有明显单向导电特性或非线性伏安特性的半导体二极器件，由 PN 结、引线和管壳构成。

1）二极管的结构和符号

二极管的类型很多，按制造二极管的材料分，有硅二极管和锗二极管；按结构又分为面接触型二极管和点接触型二极管。如图 3-34 所示，点接触型二极管的 PN 结面积很小，结电容小，多用于高频检波及脉冲数字电路中，作为开关元件；面接触型二极管的 PN 结面积大，结电容大，多用于低频整流电路中。

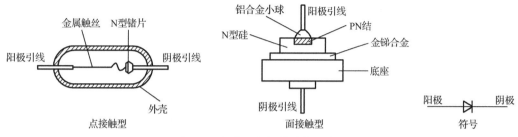

图 3-34　晶体二极管的结构和符号

二极管通常按用途分为检波二极管、混频二极管、开关二极管、稳压二极管、整流二极管、光电二极管、发光二极管、变容二极管、阻尼二极管等；按工作原理分为隧道二极管、变容二极管、雪崩二极管等。常见二极管的外形如图 3-35 所示。

图 3-35　常见二极管的外形

2）二极管的伏安特性

二极管的伏安特性是指晶体二极管两端所加电压与流过它的电流之间的关系曲线，分正向特性和反向特性，如图 3-36 所示。

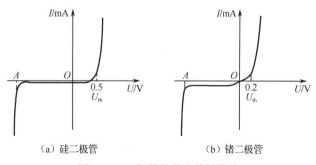

图 3-36　二极管的伏安特性曲线

当正向电压超过 U_{th}（U_{th} 为门限电压）时，电流急剧增大，硅二极管的 U_{th} 约为 0.5V，锗二极管的 U_{th} 为 0.1～0.2V。当加反向电压时，由于少数载流子的漂移运动，再加上制造工艺的缺陷引起的漏电电流，形成了一个很小的反向电流 I_R（又称反向饱和电流）。对于小功率硅二极管，I_R 为零点几微安，锗二极管的 I_R 为十几微安，并随温度升高而变大。当反向电压继续升高，到达 A 点时，二极管电流突然猛增，这种现象称为二极管的反向击穿，这一点的电压称为反向击穿电压 U_{BR}。若在二极管电路中串有限流电阻，则在击穿后，当外加电压断开后，二极管可以恢复特性，但如果电流太大，致使二极管过热而烧毁，就不能再使用了，这种现象称为热击穿。

描述二极管的主要参数有最大平均整流电流 I_F、最大反向工作电压 U_R、最大反向电流 I_R、最高工作频率 f_M 等。

3）特殊二极管

（1）稳压（二极）管。

稳压管是一种用特殊工艺制造的面接触型晶体二极管。稳压管稳压时工作在反向击穿状态，即其稳定电压就是反向击穿电压。常常利用稳压管的反向电流在很大范围内变化，而端电压变化很小的特性实现稳压功能。稳压管的伏安特性曲线和符号如图 3-37 所示。

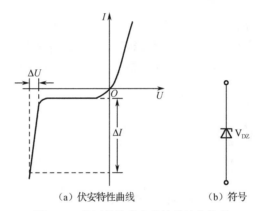

(a) 伏安特性曲线　　(b) 符号

图 3-37　稳压管的伏安特性曲线和符号

稳压管的主要参数有稳定电压 U_Z、稳定电流 I_Z、电压温度系数 C_T、动态电阻 r_Z、额定功率 P_Z 和最大稳定电流 I_{ZM} 等。

（2）发光二极管。

发光二极管（Light Emitting Diode，LED）的电路符号如图 3-38 所示。它是一种通以正向电流就会发光的二极管。发光二极管利用自由电子和空穴复合时能产生光的半导体制成，采用不同的材料，可分别得到红色光、黄色光、绿色光、橙色光和红外光。发光二极管的伏安特性与普通二极管的伏安特性相似，不过其正向导通电压较大。发光二极管的光亮度随正向电流的增大而增强，工作电流为几毫安到几十毫安，典型工作电流在 10mA 左右。发光二极管的反向击穿电压一般大于 5V，为使器件稳定、可靠地工作，一般使其工作在 5V 以下。发光二极管主要作为显示器件，可单个使用，也常被制成七段数码显示器和矩阵式显示器件。

2. 晶体三极管

半导体三极管通常是指对信号有放大和开关作用的，且具有三个或四个电极的半导体元器件。它在电子电路中起着很重要的作用，应用广泛。根据结构及工作原理的不同，半导体三极管可分为双极型和单极型两种类型。部分晶体三极管的外形如图 3-39 所示。

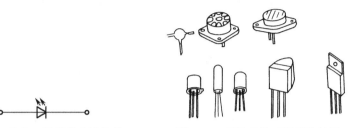

图 3-38　发光二极管的电路符号　　　　图 3-39　部分晶体三极管的外形

1）晶体三极管的结构和符号

双极型半导体三极管通常称为晶体三极管，即日常所说的三极管、晶体管或 BJT，有电子、空穴两种载流子参与导电。它利用基极电流控制集电极电流，是一种电流控制型器件。晶体三极管按照所用半导体材料不同，分为硅管和锗管；按照结构不同，分为 NPN 型管和 PNP 型管。晶体三极管的结构示意图和符号如图 3-40 所示。

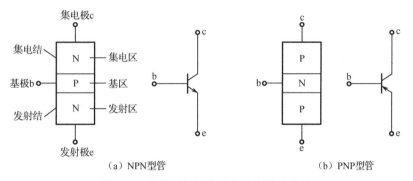

（a）NPN型管　　　　　　　　　　（b）PNP型管

图 3-40　晶体三极管的结构示意图和符号

无论是 NPN 型管还是 PNP 型管，均包含三个区：发射区、基区和集电区，并相应地引出了三个电极：发射极（e）、基极（b）和集电极（c）。另外，在三个区的两两交界处有两个 PN 结，分别称为发射结和集电结。因偏置的条件不同，晶体三极管有放大、截止和饱和三种工作状态。

晶体三极管按工作频率、开关速度、噪声电平、功率容量及其他性能分，有低频小功率、低频大功率、高频低噪声、微波低噪声、高频大功率、高频小功率、超高速开关、功率开关、高速功率开关等类型。

2）晶体三极管的电流放大作用及放大条件

晶体三极管的主要特点是具有电流放大作用，因此可构成放大器、振荡器等各种功能的电路。晶体三极管各极电流分配关系如图 3-41 所示。晶体三极管各极电流关系式如下：

$$I_e = I_c + I_b \tag{3-1}$$

$$I_c = \beta I_b \tag{3-2}$$

式中，β 为直流电流放大系数。

晶体三极管是一种电流控制器件，放大时只需改变基极电流 I_b 即可控制集电极电流 I_c。晶体三极管放大的条件是发射结处于正向偏置、集电结处于反向偏置。如果发射结和集电结同时处于正向偏置，则晶体三极管处于饱和状态；若两者同时处于反向偏置，则截止。在实际放大电路中，晶体三极管有三种连接方式（组态），如图 3-42 所示。

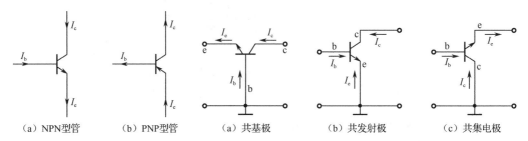

图 3-41 晶体三极管各极电流分配关系　　图 3-42 晶体三极管的三种组态

3）晶体三极管的主要参数

晶体三极管的主要参数有直流电流放大系数 β、极间反向电流 I_{CBO}、I_{CEO}，极限参数 I_{CM}、$U_{(BR)CEO}$、P_{CM} 等。其中，β、I_{CBO}、I_{CEO} 表示管子性能的优劣，β 越大，管子的电流放大能力越强，但实用中 β 也不宜过高，一般选用 β 为 40～120 的管子；I_{CBO}、I_{CEO} 的大小反映晶体三极管的温度稳定性，其值越小，受温度的影响越小，晶体三极管就越稳定，硅管的 I_{CBO}、I_{CEO} 远小于锗管的 I_{CBO}、I_{CEO}，因此实用中多用硅管；极限参数表示管子的安全工作范围，晶体三极管工作时应满足 $I_c<I_{CM}$、$u_{CE}<U_{(BR)CEO}$、$P_c<P_{CM}$。温度对晶体三极管的导通电压、β 和 I_{CBO} 的影响较大，当温度升高时，导通电压降低，β、I_{CBO} 增大。

3. 国内半导体元器件型号的命名方法

国家标准 GB/T 249—2017 规定，国产半导体元器件型号由五部分组成，各部分的意义如表 3-14 所示。

表 3-14　国产半导体型号组成及其意义

第 一 部 分		第 二 部 分		第 三 部 分				第四部分	第五部分
用阿拉伯数字表示器件的电极数		用汉语拼音字母表示材料和极性		用汉语拼音字母表示器件的类别				用阿拉伯数字表示登记序号	用汉语拼音表示规格号
数字	意义	字母	意义	字母	意义	字母	意义		
2	二极管	A	N 型锗材料	P	小信号管	Z	整流管		
		B	P 型锗材料	H	混频管	L	整流堆		
		C	N 型硅材料	V	检波管	S	隧道管		
		D	P 型硅材料	W	电压调整管和电压基准管	K	开关管		
		E	化合物或合金材料	C	变容管	N	噪声管		

续表

第一部分	第二部分	第三部分				第四部分	第五部分
用阿拉伯数字表示器件的电极数	用汉语拼音字母表示材料和极性	用汉语拼音字母表示器件的类别					
3 三极管	A　PNP 型锗材料	S	限幅管	T	晶闸管	用阿拉伯数字表示登记序号	用汉语拼音表示规格号
	B　NPN 型锗材料	X	低频小功率管	Y	体效应管		
	C　PNP 型硅材料	G	高频小功率管	B	雪崩管		
	D　NPN 型硅材料	D	低频大功率管	J	阶跃恢复管		
	E　化合物或合金材料	A	高频大功率管	—	—		

例如，2CZ56 为 N 型硅材料整流二极管；3DG6 为 NPN 型高频小功率三极管；3CK8 为 PNP 型开关三极管。

4．集成电路

集成电路是指利用半导体工艺和薄膜工艺将一些晶体管、电阻器、电容器、电感器及连线等制作在同一硅片上，形成结构上紧密联系的且具有特定功能的电路或系统，并将其封装在特定的管壳中。集成电路与分立元器件相比，具有体积小、质量轻、成本低、功耗少、可靠性高和电气性能优良等特点。

1）集成电路的分类

集成电路按其结构和工艺方法的不同，可以分为半导体集成电路、薄膜集成电路、厚膜集成电路和混合集成电路。其中发展最快、品种最多、产量最大、应用最广的是半导体集成电路。半导体集成电路的分类如表 3-15 所示。

表 3-15　半导体集成电路的分类

按功能分	数字集成电路	门电路	与门、或门、非门、与非门、或非门、与或非门、异或门
		触发器	R-S 触发器、J-K 触发器、D 触发器、锁定触发器等
		存储器	随机存储器（RAM）、只读存储器（ROM）、移位寄存器等
		功能部件	译码器、数据选择器、半加器、全加器、奇偶校验器等
		微处理器	单片机、CPU
	模拟集成电路	线性电路	直流运算放大器、通用运算放大器、音频放大器、高频放大器、宽频放大器等
		非线性电路	电压比较器、直流稳压电源、读出放大器、模数变换器、模拟乘法器、晶闸管触发器等
按有源器件分	双极型		DTL：二极管.晶体管逻辑电路　　　TTL：晶体管.晶体管逻辑电路 HTL：高抗干扰逻辑电路　　　　　ECL：射极耦合逻辑电路 ECL：射极耦合逻辑电路　　　　　IEL：集成注入逻辑电路
	MOS 型 （单极型）		PMOS：P 沟道增强型绝缘栅场效应管集成电路 NMOS：N 沟道增强型绝缘栅场效应管集成电路 CMOS：互补对称型绝缘栅场效应管集成电路
	BiMOS 型		BiPMOS：双极与 PMOS 兼容集成电路 BiNMOS：双极与 NMOS 兼容集成电路 BiCMOS：双极与 CMOS 兼容集成电路

续表

按集成度分	小规模（SSI）	2～50 个元器件/芯片
	中规模（MSI）	50～5000 个元器件/芯片
	大规模（LSI）	5000～10 万个元器件/芯片
	超大规模（VLSI）	10 万～100 万个元器件/芯片
	特大规模（ULSI）	大于 100 万个元器件/芯片

2）集成电路型号的命名

国家标准 GB 3430—89 规定，半导体集成电路的型号由五部分组成，其组成部分的符号及意义如表 3-16 所示。

表 3-16 半导体集成电路的型号组成及其意义

第零部分		第一部分		第二部分	第三部分		第四部分	
用字母表示器件符号（国家标准）		用字母表示器件的类型		用阿拉伯数字和字符表示器件的系列和品种代号	用字母表示器件的工作温度范围		用字母表示器件的封装	
符号	意义	符号	意义		符号	意义	符号	意义
C	符合国家标准	T	TTL 电路	由 3 位阿拉伯数字表示(001～999)①	C	0～70℃	F	多层陶瓷扁平
		H	HTL 电路		G	−25～70℃	B	塑料扁平
		E	ECL 电路		L	−25～85℃	D	多层陶瓷双列直插
		C	CMOS 电路		E	−40～85℃	P	塑料双列直插
		F	线性放大器		R	−55～85℃	J	黑瓷双列直插
		D	音响、电视电路		M	−55～125℃	K	金属菱形
		W	稳压器				T	金属圆形
		J	接口电路				C	陶瓷片状载体
		B	非线性电路				E	塑料片状载体
		M	存储器				H	黑瓷扁平
		μ	微型机电路				G	网格阵列
		AD	A/D 转换器				SOI	小引线封装
		DA	D/A 转换器				C	塑料芯片载体封装
		SC	通信专用电路				PCC	陶瓷芯片载体封装
		SS	敏感电路				—	—

① 其中 TTL 分为：

54/74×××国际通用系列

54/74H×××高速系列

54/74L×××低功耗系列

54/74S×××肖特基系列

54/74LS×××低功耗肖特基系列

54/74AS×××先进肖特基系列

54/74ALS×××先进低功耗肖特基系列

54/74F×××高速系列

CMOS 分为：

4000 系列

54/74HC×××高速 CMOS，有缓冲输出级，输入输出为 CMOS 电平

54/74HCT×××高速 CMOS，有缓冲输出级，输入 TTL 电平，输出 CMOS 电平

54/74HCU×××高速 CMOS，不带输出缓冲级

54/74AC×××改进型高速 CMOS

54/74ACT×××改进型高速 CMOS，输入 TTL 电平，输出 CMOS 电平

3）集成电路引脚识别

集成电路引脚排列顺序的标志一般有色点、凹槽、管键及封装时压出的圆形标志。对于双列直插集成块，引脚识别方法是：将集成电路水平放置，引脚向下，标志朝向左边，左下角第一个引脚为1脚，然后按逆时针方向数，依次为2、3……，如图3-43（a）、（c）所示。

对于单列直插集成电路，在放置时，也让引脚向下，标志朝向左边，从左下角第一个引脚到最后一个引脚依次为1、2、3……，如图3-43（b）所示。

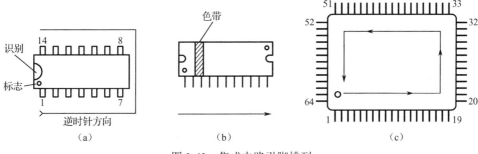

图3-43　集成电路引脚排列

3.2.6　表面安装元器件知识

随着电子技术的飞速发展及电子工艺制造技术的不断提高，电子元器件逐渐向体积小型化、制造安装自动化方向发展，从而出现了表面安装元件（SMC）和表面安装器件（SMD），又称贴片式元器件。这种元器件是无引线或短引线的新型微小型元器件，在安装时无须在印制电路板（也称印制板，PCB）上打孔，可以直接安装在PCB表面。采用这种元器件焊装的电路具有密度高、可靠性高、抗震性好、高频特性好、便于自动化生产、成本低等优点。

1. 表面安装元器件的分类

表面安装元器件按外形可分为矩形、圆柱形和异形三种；按元器件功能可分为无源元件（电阻器、电容器等）、有源元件（晶体管、集成电路等）和机电类三种。表面安装元器件种类如表3-17所示。

表3-17　表面安装元器件种类

种　　类	矩　　形	圆　柱　形
电阻器	厚膜电阻器、薄膜电阻器、敏感电阻器	碳膜电阻器、金属膜电阻器
电容器	陶瓷电容器、云母电容器、薄膜电容器、电解电容器、微调电容器	陶瓷电容器、钽电解电容器
电感器	线绕电感器、叠层电感器、可变电感器	线绕电感器
电位器	电位器、微调电位器	—
敏感元件	热敏电阻器、压敏电阻器、磁敏电阻器	—
二极管	塑封整流二极管、稳压二极管、开关二极管、齐纳二极管、变容二极管	玻璃封装二极管
晶体管	塑封晶体管、三极管、塑封场效应管	
集成电路	扁平封装、芯片载体	
其他	开关、连接器、继电器、薄型微电动机	

2. 表面安装元件

1）电阻器

表面安装电阻器属于表面安装的无源元件，一般按两种方式进行分类：按特性及材料分类，有厚膜电阻器、薄膜电阻器、大功率线绕电阻器；按外形结构分类，有矩形片式电阻器、圆柱形电阻器、异形电阻器。

（1）矩形片式电阻器。

① 结构。

矩形片式电阻器的结构如图3-44所示，由基板、电阻膜、保护膜、电极四大部分组成。

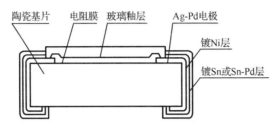

图3-44 矩形片式电阻器的结构

基板：大都采用Al_2O_3陶瓷制成，它必须具有良好的电绝缘性，还应在高温下具有良好的导热性、电气性能和机械强度等。

电阻膜：将二氧化钌（RuO_2）电阻浆料印制在陶瓷基板上经烧结而成。由于RuO_2成本比较高，所以近年来又采用了一些低成本的电阻浆料以降低成本，如碳化物系（WC-W）和Cu系材料等。

保护膜：一般是用低熔点的玻璃浆料覆盖在电阻膜上经烧结而成的。它主要保护电阻体并使电阻体表面具有绝缘性。

电极：为了使电阻器具有良好的可焊性和可靠性，电极一般采用三层结构：内层电极连接电阻体的内部电极，应选择与电阻膜接触电阻小且与陶瓷基板结合力强的材料，一般用Ag-Pd合金印刷、烧制而成；中间层电极是镀Ni（镍）层，又称阻挡层，主要作用是防止内电极脱落；外层电极为可焊层，应具有良好的可焊性，一般采用铅锡合金制成（Sn-Pb）。

② 形状和尺寸。

矩形片式电阻器外形尺寸如图3-45所示。片式电阻器在实用中多以形状尺寸（长×宽）命名，图3-45给出的是额定功率为1/4W的电阻器的尺寸。片式电阻器尺寸代码与额定功率如表3-18所示。

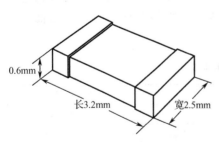

图3-45 矩形片式电阻器外形尺寸

表3-18 片式电阻器尺寸代码与额定功率

EIA代码	实际尺寸/mm（长×宽）	尺寸代码	额定功率值/W	EIA代码	实际尺寸/mm（长×宽）	尺寸代码	额定功率值/W
0402	1.0×1.5	1005	1/16	0805	2.0×1.25	2012	1/10
0603	1.55×0.8	1608	1/16	1206	3.1×1.55	3216	1/8

续表

EIA 代码	实际尺寸/mm（长×宽）	尺寸代码	额定功率值/W	EIA 代码	实际尺寸/mm（长×宽）	尺寸代码	额定功率值/W
1210	3.2×2.5	3225	1/4	2512	6.3×3.15	6432	1
2010	5.0×2.5	5025	1/2				

注：目前应用较广泛的是 EIA 代码。

③ 型号命名方法。

矩形片式电阻器的命名方法与所有片式元件的命名方法一样，目前尚没有统一的标准，各生产厂商自成系统。下面介绍两种常见的命名方法：国内 RI11 型矩形片式电阻器与美国电子工业协会（EIA）系列的命名方法，如图 3-46 所示。

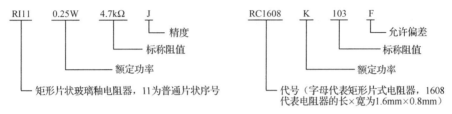

图 3-46 RI11 型矩形片式电阻器与美国电子工业协会系列的命名方法

（2）圆柱形电阻器。

圆柱形电阻器是由带引线电阻器去掉引线演变而来的，其电阻体是在高铝陶瓷基体上涂金属膜或碳膜，接着在两端压上金属帽电极，然后在电阻体上采用刻螺纹槽的方法调整电阻值，并在表面涂上耐热漆密封，最后在上面涂上色码标志。圆柱形电阻器的结构如图 3-47 所示。目前常用的圆柱形电阻器的额定功率有 1/10W、1/8W、1/4W，相对应的尺寸（直径×长）分别是 $\phi2mm×2mm$、$\phi1.5mm×3.5mm$、$\phi2.2mm×5.9mm$。圆柱形电阻器的标注一般用色标法，与圆柱形带引线电阻器的标注方法一样。圆柱形电阻器与矩形片式电阻器相比，其高频特性较差，但噪声较小。

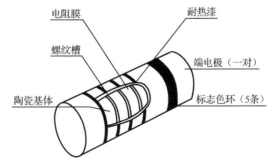

图 3-47 圆柱形电阻器的结构

2）电容器

表面安装电容器简称片式电容器，目前生产和应用比较多的主要有两种：陶瓷系列（瓷介）电容器和钽电容器。其中，瓷介电容器的占有量在 80%以上。

瓷介电容器又分为矩形片式电容器和圆柱形电容器：圆柱形电容器是单层结构，生产量比较小；矩形片式电容器少数为单层结构，大多数为多层叠层结构，如图 3-48 所示。在制作时，将作为内电极材料的白金、钯或银的浆料印制在生坯陶瓷膜上，经叠层烧结，再涂覆外电极。内电极一般采用交替层叠的形式，根据电容量的需要，少则二层，多则数十层，它以并联方式与两端面的外电极连接，分成左右两个外电极端；外电极的结构与矩形片式电阻器一样，也采用三层结构。

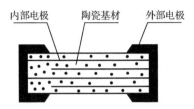

图 3-48　矩形片式电容器的结构

矩形片式电容器的命名方法有很多种，比较常见的有以下两种。

（1）国内矩形片式电容器：

| CC3225 | CH | 331 | K | 101 | WT |
| 代号 | 温度系数 | 容量 | 误差 | 耐压 | 包装 |

（2）美国 Presidio 公司系列矩形片式电容器：

| CC1210 | NOP | 151 | J | 2T |
| 代号 | 温度系数 | 容量 | 误差 | 耐压 |

在命名方法中，代号中的字母表示矩形片式电容器，4 位数字表示电容器的长和宽，它的形状、尺寸和矩形片式电阻器的形状、尺寸基本一样。

温度系数是由电容器所用的介质决定的，介质材料主要有三种：NOP、X7R、Z6U。其中，NOP 的主要成分是氧化钛（TiO_2）构成的非铁电材料，其线性特征受温度的影响很小，电气性能比较稳定，一般用于要求较高的电路。

容量的命名方法与普通电容器容量的命名方法一样，如 331 表示 330pF，2P2 表示 2.2pF。

误差部分字母的含义是：C 为±0.25pF，D 为±0.5pF，F 为±1%，J 为±5%，K 为±10%，M 为±20%。

电容器的耐压一般有 50V、100V、200V、300V、500V、1000V 等。

3）其他表面安装元件

其他几种表面安装元件如表 3-19 所示。在表 3-19 中，每类元件仅列出了一种作为代表，实际上还有其他种类和规格，如连接器有边缘连接器、条形连接器、扁平电缆连接器等多种形式。

表 3-19　其他几种表面安装元件

种类	电位器（矩形）	电感器（矩形片状）	滤波器	继电器	连接器（芯片插座）
形状					

续表

种类	电位器（矩形）	电感器（矩形片状）	滤波器	继电器	连接器（芯片插座）
尺寸/mm	L（长）=3～6 W（宽）=3～6 H（高）=1.6～4	L=3.2～4.5 W=1.6～3.2 H=0.6～2.2	4.5×2.2×1.8	16×10×8	引线间距为1.27 高为9.5
典型参数	阻值为100Ω～1MΩ； 阻值误差为±25%； 使用温度为-55～+100℃； 功率为0.05～0.5W	电感为0.05μH； 电流为10～20mA	中心频率为 10.7MHz、455kHz	线圈电压4.5～4.8V DC； 额定功率为200mW； 触点负荷为125V AC, 2A	引线数为68～132

此外，还有表面安装敏感元件（如片状热敏电阻器、片状压敏电阻器等）及不断涌现的新型元件，但就其封装与安装特性而言，一般不超出上述表面安装元件（SMC）的范围。

3．表面安装器件

表面安装器件主要有晶体二极管、三极管、场效应管、各种集成电路及特种半导体元器件，如光敏、压敏、磁敏等器件。表面安装器件与普通插焊器件相比，主要在封装上有区别。

1）表面安装二极管

表面安装二极管有以下三种封装形式。

（1）圆柱形封装。

圆柱形封装结构是将二极管芯片装入有内部电极的玻璃管内，然后在两端装上金属帽作为正负极。目前常用的圆柱形封装尺寸有 $\phi1.5mm×3.5mm$ 和 $\phi2.7mm×5.2mm$ 两种。圆柱形封装通常用于齐纳二极管、高速二极管和通用二极管，功耗一般为350～1000mW，正负极用色环标注。

（2）矩形片式封装。

矩形片式二极管的封装如图3-49所示。

（3）小外形晶体管SOT23（Small Outline Transistor）封装。

SOT23封装有三条翼形端子，多用于封装复合型二极管，也用于封装开关二极管和高压二极管。

2）表面安装三极管

三极管主要采用SOT封装形式，SOT的主要封装形式有SOT23，SOT89，SOT252等。其中，SOT23一

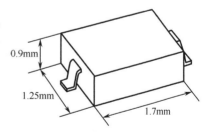

图3-49 矩形片式二极管的封装

般用来封装小功率晶体管、场效应管、二极管和带电阻网络的复合晶体管，功耗为150～300mW，其外形尺寸如图3-50（a）所示。

SOT89适用于要求较高功率的场合，它的发射极、基极和集电极是从封装的一侧引出的，封装底面有散热片，并与集电极连接，晶体管芯片粘贴在较大的铜片上，以增强元器件的散热能力，它的功耗为300mW～2W，外形如图3-50（b）所示。

SOT252一般用来封装大功率器件、达林顿晶体管、高反压晶体管，功耗为2～50W。

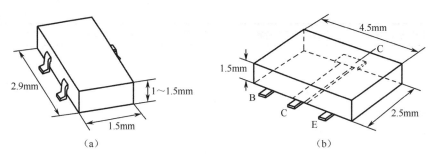

图 3-50 表面安装三极管

3）表面安装集成电路

表面安装集成电路有多种封装形式，有小外形封装 SOP（Small Outline Package）、塑料有引线芯片载体（Plastic Leaded Chip Carriers，PLCC）封装、方形扁平封装芯片载体（Quad Flat Pack，QFP）、球栅阵列封装（Ball Grid Array，BGA）等。

（1）小外形封装集成电路。

小外形封装集成电路的引线在封装体的两侧，引线的形状有翼形和 J 形两种，如图 3-51 所示。其中，翼形引线的焊接比较容易，生产、测试也比较方便，但占用 PCB 的面积大；J 形引线能节省较多的 PCB 的面积，从而提高了装配密度。小外形封装集成电路常用的引线间距有 1.27mm、1.0mm 和 0.76mm，引线数为 8～56 条。

（2）塑料有引线芯片载体。

塑料有引线芯片载体的形状有正方形和长方形两种，引线在封装体的四周，并且采用向下弯曲的 J 形引线，如图 3-52 所示。采用这种封装形式比较节省 PCB 的面积，但检测比较困难。这种封装形式一般用在计算机、专用集成电路（ASIC）、门阵列电路等处。

图 3-51 小外形封装集成电路的两种引线形式

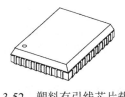

图 3-52 塑料有引线芯片载体

（3）方形扁平封装芯片载体。

方形扁平封装芯片载体也有正方形和长方形两种，如图 3-53 所示，其引线用合金制成，引线间距有 1.27mm、1.0mm、0.8mm、0.65mm、0.5mm、0.4mm、0.3mm 等，引线形状有翼形、J 形、I 形，引线数常用的有 44～160 条。

（4）球栅阵列封装。

由于组装工艺的限制，方形扁平封装芯片载体的尺寸（40mm^2）端子数目（360 根）和端子间距（0.3mm）已达到了极限，为了适应 I/O 数的快速增长，球栅阵列封装于 20 世纪 90 年代初投入实际使用。如图 3-54 所示，球栅阵列封装的端子呈球形分布在封装的底面，因此它可以有较多端子且端子间距较大。

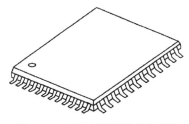
图 3-53 方形扁平封装芯片载体

图 3-54 球栅阵列封装

3.3 常用电路的基础知识

3.3.1 直流电路

1. 导体、绝缘体及半导体

自然界中的物质按其导电性能可分成导体、绝缘体和半导体三类。能够顺利让电流通过的物质称为导体，其电阻率小于 $10^{-1}\Omega \cdot m$。良好的导体应该具有较小的电阻率（ρ），适中的机械强度，良好的导热性能，较低的密度和较小的线胀系数，难于氧化、耐腐蚀，易加工、易焊接的特点。在无线电装接中，常用的导体材料有铜材、铝材等。

自然界中还有一类物质，其电阻率大于 $10^{7}\Omega \cdot m$，在外加电压的作用下，只有极其微弱的电流通过，一般情况下可以忽略而认为其不导电，这类物质称为绝缘体。绝缘体主要用来隔离电位不同的导体。绝缘体一般分为气体绝缘体、液体绝缘体和固体绝缘体三类。

导电能力介于导体和绝缘体之间的物质称为半导体。半导体的导电载流子有带负电的自由电子和带正电的空穴，它们的浓度比导体的自由电子的浓度低得多，因此，半导体的导电能力比导体的导电能力差。常用的半导体材料有硅（Si）和锗（Ge）等。

2. 电路及基本物理量

1）电路

电流通过的路径称为电路。一个完整的电路通常是由电源、传输导线、控制电器和负载四部分构成的。

电路通常有三种状态：

通路：指处处连通的电路。通路也称为闭路，此时电路中有工作电流。

开路：指电路中某处断开，不能连通的电路。开路也称断路，此时电路一般无电流。

短路：指电源或电路中的某部分直接相连的情况。通常，短路电路的电流远超过正常工作电流。

2）电路的几个基本物理量

（1）电流。

电荷有规则地运动称为电流。电流的大小取决于单位时间内通过导体横截面的电量的多少，用电流强度衡量。若在 $t\,s$ 内通过导体横截面的电量为 Q，则电流强度 I 可表示为

$$I = Q/t \tag{3-3}$$

若电量的单位是库仑（C），时间的单位是s，则电流的单位为安培（A）。

电流不仅有大小，还有方向。规定正电荷移动的方向为电流方向。在分析电路时，有时不知道电流的实际方向，此时可假定电流的参考方向（正方向），当解出电流为正值时，电流方向与参考方向一致；当电流为负值时，电流方向与参考方向相反。

（2）电压。

电压又称电位差，是衡量电场做功本领的物理量。若在电路中 a、b 两点间移动电荷 Q，电场力做功为 W_{ab}，则 a、b 两点间的电压 U_{ab} 为

$$U_{ab}=W_{ab}/Q \tag{3-4}$$

若电场力做功的单位是焦耳（J），电量的单位是C，则电压的单位是伏特（V）。

电压和电流一样，也有方向，对负载来说，电流流入端为电压正端，电流流出端为电压负端，电压方向由正指向负。

（3）电位。

电路中某点相对于参考点的电压称为该点的电位，用 V 表示，单位是V。通常把参考点的电位规定为零。一般选择大地或电路中的公共连接点为参考点。参考点用"⊥"表示。引入电位概念后，可方便地比较电路中任意两点之间的电气性能。

电路中任意两点间的电位差就是两点之间的电压。例如，V_a、V_b 分别表示电路中 a、b 两点的电位，U_{ab} 表示 a、b 两点间的电压，则有

$$U_{ab}=V_a-V_b \tag{3-5}$$

应该指出的是，电位和电压是不同的，电位随参考点的改变而改变，是相对量；电压不随参考点的改变而改变。

（4）电阻。

导体对电流的阻碍作用叫电阻，单位是Ω。

当温度一定时，导体的电阻与导体的长度成正比，与导体的横截面积成反比，与导体的电阻率成正比。这一定律叫电阻定律，可用下式表示：

$$R=\rho L/S \tag{3-6}$$

式中，ρ——导体电阻率，单位为 $\Omega \cdot mm^2/m$；

L——导体的长度，单位为 m；

S——导体的截面积，单位为 mm^2。

电阻率也称电阻系数，表明了不同导体的电阻性能。电阻率只与导体的性质有关，而与导体的形状无关。电阻率越大，导电气性能越差。

3．欧姆定律

欧姆定律是确定电路中通电导体的电阻、电压、电流三者之间关系的定律。图 3-55 所示的电路中的电流与电路两端的电压成正比，与电路的电阻成反比，这就是电路的欧姆定律，数学表达式为

$$I=U/R \tag{3-7}$$

式中，U——电路两端的电压，单位为 V；

I——电路中的电流，单位为 A；

R——电路的电阻值，单位为 Ω。

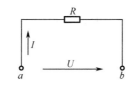

图 3-55　电路的欧姆定律

4．电阻的串/并联

1）电阻的串联

两个或两个以上电阻依次相连而无分支的连接形式称为串联。图 3-56 为三个电阻的串联电路。

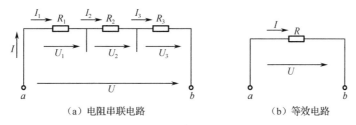

(a) 电阻串联电路　　　　　　　　(b) 等效电路

图 3-56　电阻的串联

串联电路的性质如下。

（1）电路中流过每个电阻的电流都相等，即 $I=I_1=I_2=I_3=\cdots=I_n$ 　　　　(3-8)

（2）串联电路的等效电阻（总电阻）值等于各串联电阻值之和，即

$$R=R_1+R_2+R_3+\cdots+R_n \quad (3\text{-}9)$$

当各串联电阻的阻值均相同且等于 R' 时，等效电阻值为

$$R=nR' \quad (3\text{-}10)$$

（3）各电阻上的电压降与各电阻的阻值成正比。

（4）各电阻消耗的电功率与各电阻的阻值成正比。

2）电阻的并联

两个或两个以上电阻接在电路中相同两点之间的连接方式叫作电阻的并联。图 3-57 为三个电阻的并联电路。

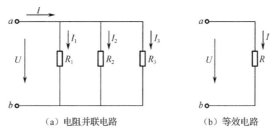

(a) 电阻并联电路　　　　　　　　(b) 等效电路

图 3-57　电阻的并联

并联电路的性质如下。

（1）并联电路各电阻两端的电压相等，均等于电路两端的电压 U。

（2）电阻并联电路的等效电阻值的倒数等于各并联电阻值倒数之和，即

$$1/R=1/R_1+1/R_2+1/R_3+\cdots+1/R_n \quad (3\text{-}11)$$

当 n 个相同的阻值为 R' 的电阻并联时，其等效电阻值 $R=R'/n$。

R_1、R_2 并联时的等效电阻值为

$$R=\frac{R_1 R_2}{R_1+R_2} \quad (3\text{-}12)$$

不难推知，电阻并联电路的等效电阻值必定小于最小的电阻值。

（3）并联电阻中的电流及其消耗的功率与其电阻的阻值成反比，即

$$I_1:I_2:I_3:\cdots:I_n=P_1:P_2:P_3:\cdots:P_n=1/R_1:1/R_2:1/R_3:\cdots:1/R_n \quad (3\text{-}13)$$

5．电功与电功率

1）电功

工程上把电能转换成其他形式的能叫作电流做功，简称电功，用字母 A 表示，数学表达式为

$$A=IUt=I^2Rt=(U^2/R)t \quad (3\text{-}14)$$

电功的国际单位是 J。在实际工作中，电功的单位为 kW·h，表示功率为 1kW 的用电设备在 1h 内消耗的电能，即

$$1\text{kW·h}=1\text{kW}\times 1\text{h}=3.6\times 10^6 \text{J}$$

2）电功率

电流在单位时间内做的功叫作功率，以字母 P 表示，其数学表达式为

$$P=A/t \quad (3\text{-}15)$$

将式（3-14）代入式（3-15）可得

$$P=IU=I^2R=U^2/R \quad (3\text{-}16)$$

功率的单位是焦耳/秒（J/s），又叫瓦特，用字母 W 表示。

3.3.2 基尔霍夫定律

基尔霍夫定律说明了电路中各电流及各部分电压之间的关系，是分析、计算复杂电路问题不可缺少的基本定律。

1．支路、节点、回路

1）支路

电路中的每个分支称为支路。在同一支路中，流过所有元件的电流都相同。如图 3-58 所示，be、$bafe$、$bcde$ 都是支路，其中，$bafe$、$bcde$ 两支路中分别含有电源 E_1 与 E_2，称有源支路，be 支路称无源支路。

2）节点

三个或三个以上支路的连接点称为节点。例如，图 3-58 中的 b 和 e 两连接点，以及图 3-59 中的 O 点都是节点。

3）回路

电路中任一闭合路径称为回路。在图 3-58 中，有 $abefa$、$bcdeb$ 和 $abcdefa$ 三个回路。一个回路可能只含一条支路，也可能包含几条支路。不可再分的回路（最简单的回路）叫网孔。

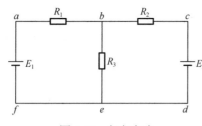
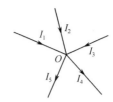

图 3-58 复杂电路　　　　　　　图 3-59 节点电流

2. 基尔霍夫电流定律（KCL）

KCL 的内容是：流进一个节点的电流之和恒等于流出这个节点的电流之和；或者说流过任意一个节点的电流的代数和为零，其数学表达式为

$$\Sigma I = 0 \tag{3-17}$$

KCL 表明电流具有连续性。在电路的任一节点上，不可能发生电荷的积累，即流入节点的总电量恒等于同一时间内从这个节点流出的总电量。

KCL 不仅适用于节点，还可以将其推广到任一闭合面，即流入任一闭合面的各支路电流的代数和为零。如图 3-60 所示，晶体管外壳可自成一个闭合面，它的基极电流 I_b、发射极电流 I_e 与集电极电流 I_c 之间同样存在上述关系，即 $\Sigma I = I_b + I_c + (-I_e) = 0$ 或 $I_e = I_b + I_c$。

对于图 3-61 中虚线包围的这部分电路，上述说法同样成立。在分析有关电路时，我们可以假定流入节点的电流为正、流出节点的电流为负。

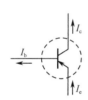
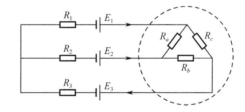

图 3-60 晶体管电路　　　　　　　图 3-61 闭合面电路

3. 基尔霍夫电压定律（KVL）

KVL 是描述电路中各部分电压之间关系的定律。KVL 的内容是：对任一闭合回路而言，回路上各段电压的代数和均等于零。用公式可表示为

$$\Sigma U = 0 \tag{3-18}$$

如图 3-62 所示，若电路参考点已选定，则 a、b、c、d 各点都有确定的电位值，因此，对闭合回路 $abcda$ 而言，各段电路电压的代数和为零，即

$$\Sigma U = U_{ab} + U_{bc} + U_{cd} + U_{da} = (U_a - U_b) + (U_b - U_c) + (U_c - U_d) + (U_d - U_a) = 0 \tag{3-19}$$

由于各支路电流的参考方向已选定，所以各段电路的电压具体为

$$U_{ab} = I_1 R_1 + E_1 \qquad U_{bc} = I_2 R_2$$
$$U_{cd} = -E_2 - I_3 R_3 \qquad U_{da} = -I_4 R_4$$

根据 KVL，有

$$U_{ab} + U_{bc} + U_{cd} + U_{da} = I_1 R_1 + E_1 + I_2 R_2 - E_2 - I_3 R_3 - I_4 R_4 = 0 \tag{3-20}$$

整理得

$$I_1 R_1 + I_2 R_2 - I_3 R_3 - I_4 R_4 = -E_1 + E_2 \tag{3-21}$$

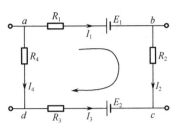

图 3-62 基尔霍夫定律的应用

式（3-21）为 KVL 的另一种表达形式，表明在任何闭合回路中，各个电阻上电压的代数和等于各个电动势的代数和。它的一般式为

$$\sum IR = \sum E \qquad (3-22)$$

在式（3-22）中，各电压和电动势的正负符号的确定方法如下。

第一，首先选定各支路电流的参考方向。

第二，任意选定沿回路绕行的方向。

第三，确定各电压符号：凡与绕行方向一致的电压取正，反之取负。

3.3.3 二端网络定理

在实际工作中，往往会遇到这样一种情况：一个复杂电路，并不需要把所有支路电流都求出来，而只需求出某一支路的电流即可。解决这类问题的简便方法就是用戴维南定理求解。

1. 二端网络

任何具有两个出线端的部分电路都称为二端网络。如果二端网络内有电源，则称之为有源二端网络，如图 3-63（a）所示。有源二端网络无论多复杂，都可以用图 3-63（b）表示。

若二端网络内没有电源，则称之为无源二端网络，如图 3-63（c）所示。

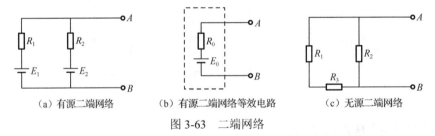

（a）有源二端网络　　（b）有源二端网络等效电路　　（c）无源二端网络

图 3-63　二端网络

2. 戴维南定理

戴维南定理的内容是：任何由线性元件构成的有源二端网络，对于外电路来说，都可以用一个电压源和一个电阻代替。如图 3-63（b）所示，这个等效电压源的电动势 E_0 等于该网络的开路电压 U_0；等效阻值 R_0 等于网络中所有电动势均为零时由开路端看进去的等效电阻值。

3. 戴维南定理的应用

应用戴维南定理求某一支路电压或电流的步骤如下。

（1）将电路分为待求支路和有源二端网络两部分，然后把待求支路断开，如图 3-64（a）、（b）所示。

（2）求出有源二端网络的开路电压 U_0［见图 3-64（b）］和等效电阻值 R_0［见图 3-64（c）］。

（3）画出有源二端网络的等效电路，并接上待求支路，求出支路 R 中的电压或电流，如图 3-64（d）所示。

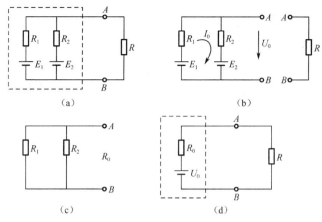

图 3-64 戴维南定理电路

3.3.4 电磁感应

1. 电磁与磁效应

1）磁的基本知识

人们把具有吸引铁、钴、镍等物质的性质叫磁性，具有磁性的物体叫磁体，磁体上磁性最强的部位叫磁极。任何磁体都有两个磁极，一端叫北极，用 N 表示；另一端叫南极，用 S 表示。磁极间具有相互作用力，称为磁力，其相互作用的规律是同性极相斥、异性极相吸。

磁极周围存在着一种特殊的性质，具有力和能的特性，称为磁场。为了形象地描述磁场的强弱和方向，我们引入了假想线，称为磁力线，磁力线具有以下特点。

（1）磁力线是互不交叉的闭合曲线，在磁体外部由 N 极指向 S 极，在磁体内部由 S 极指向 N 极。

（2）磁力线上任意一点的切线方向就是该点的磁场方向。

（3）磁力线的疏密程度表示磁场的强弱，磁力线分布均匀且相互平行的区域称为匀强磁场。图 3-65 为条形磁铁的磁力线。

2）电流的磁效应

流通电流的导体周围存在磁场，称为电流的磁效应。

（1）直线电流的磁场：用安培定则可判断直线电流的磁场方向，以右手的拇指的指向表示电流方向，四指弯曲的方向为磁场方向，如图 3-66 所示。

（2）环形电流的磁场：也用安培定则判断磁场方向，以右手弯曲的四个手指表示电流方向，拇指的指向为磁场方向，如图 3-67 所示。

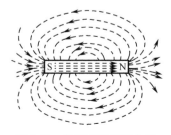

图 3-65 条形磁铁的磁力线

图 3-66 直线电流的磁场

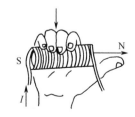

图 3-67 环形电流的磁场

2. 磁场与电流的作用

1）磁场对通电导体的作用

通电导体在磁场中要受到磁场的作用力，这个作用力称为电磁力。电磁力的方向可以用左手定则判断：平伸左手，使拇指垂直于其余四根手指，手心对正磁场的 N 极，四指指向表示电流方向，此时拇指的指向就是通电导体的受力方向。

2）磁感应强度

磁感应强度是定量描述磁场中各点的强弱和方向的物理量，用字母 B 表示，其数学表达式为

$$B = \frac{F}{Il \sin \alpha} \tag{3-23}$$

式中，F——导体受到的电磁力，单位为 N；

I——导体通过的电流强度，单位为 A；

l——导体在磁场内的长度，单位为 m；

α——导体与磁力线的夹角。

磁感应强度的单位是特斯拉，用字母 T 表示：

$$1T = 1N/(A \cdot m)$$

磁感应强度是矢量，其方向为该点的磁场方向，即该点磁力线的切线方向。由式（3-23）可知，如果已测得 B、I、l 和 α 的值，就可以求得电磁力，即

$$F = BIl \sin \alpha \tag{3-24}$$

当导体与磁力线垂直时，$\alpha = 90°$，$\sin \alpha = 1$，式（3-24）变为

$$F = BIl \tag{3-25}$$

3）磁通

描述磁场在某一范围内分布情况的物理量叫磁通，以字母 Φ 表示，磁通的定义是：磁感应强度和与它垂直方向的某一截面的乘积。磁通的单位是韦伯，用字母 Wb 表示，其数学表达式为

$$\Phi = BS \tag{3-26}$$

式中，S——垂直于 B 的横截面积，单位为 m^2。

由式（3-26）可得

$$B = \Phi / S \tag{3-27}$$

从式（3-27）可知，磁感应强度就是单位面积上的磁通。因此，磁感应强度也叫磁通密度。

3. 磁导率、磁场强度与磁路欧姆定律

1）磁导率

将磁场置于不同的媒介质中，磁场的强弱不同，说明媒介质对磁场的影响不同，影响的程度与媒介质的导磁性能有关。为了表征物质的导磁性能，引入了磁导率这个物理量，用字母 μ 表示，单位是亨利/米（H/m）。真空中的磁导率可以通过实验确定，其值为 $\mu_0 = 4\pi \times 10^{-7}$ H/m。为了比较物质的导磁性能，我们把任一物质的磁导率与真空中的磁导率的比叫作相对磁导率，用字母 μ_r 表示，则

$$\mu_T = \mu/\mu_0 \qquad (3\text{-}28)$$

相对磁导率无单位，它表明在其他条件相同的情况下，媒介质中的磁感应强度是真空中的磁感应强度的多少倍。

根据磁导率的不同，把物质分成以下三类。

第一类，$\mu_T<1$ 的物质叫反磁物质，如铜、银等。

第二类，$\mu_T>1$ 的物质叫顺磁物质，如空气、锡、铝等。

第三类，$\mu_T\gg1$ 的物质叫铁磁物质，如铁、钴、镍及其合金等。铁磁物质的磁导率远远大于 1，往往是真空中的磁感应强度的几千甚至几万倍以上，它广泛应用在电工和电子技术方面（如制作变压器、各种铁芯、磁棒等）。

2）磁场强度

磁场中某点的磁感应强度 B 与媒介质的磁导率的比值叫磁场强度，用字母 H 表示，单位是 A/m，即

$$H = B/\mu \qquad (3\text{-}29)$$

磁场强度的数值是一个只与电流大小及导线形状有关，而与媒介质磁导率无关的量。磁场强度是矢量，它的方向与磁感应强度的方向一致。

3）磁路欧姆定律

磁通通过的闭合路径叫磁路。在电气设备中，为了获得较大的磁通量，常常采用铁磁材料制成磁通的路径（各种形状的铁芯或磁芯），使磁通集中在一定的路径内，这个路径之外是非铁磁物质，它们的磁导率小，磁通很少。图 3-68（a）为在口字形铁芯上绕制一组线圈形成的磁路，图 3-68（b）为其等效磁路。

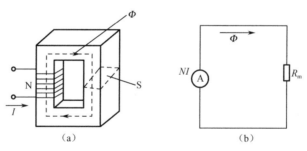

图 3-68 磁路

（1）磁通势。

磁路中的磁通一般由励磁电流产生，励磁电流与线圈匝数（N）之积称为磁通势，用 E_m 表示，即

$$E_\mathrm{m} = IN \qquad (3\text{-}30)$$

（2）磁阻。

磁路对磁通有阻碍作用，叫磁阻，用 R_m 表示，单位为 1/H。磁阻可由下式计算：

$$R_\mathrm{m} = \frac{l}{\mu S} \qquad (3\text{-}31)$$

式中，l——磁路的有效长度，单位为 m；

S——磁路的横截面积，单位为 m^2；

μ——磁路材料的磁导率，单位为 H/m。

（3）磁路欧姆定律表达式。

磁路中的磁通与磁通势成正比，与磁阻成反比，这就是磁路欧姆定律，其数学表达式为

$$\Phi = E_m / R_m \tag{3-32}$$

式（3-32）因与电路欧姆定律形式类似而得名。

由磁路欧姆定律可知，增加磁通的方法除增加励磁线圈匝数和增大电流外（有时不能采用此方法），还可以通过减小磁阻来实现。例如，选择磁导率较大的铁芯材料；减小磁路的长度和不必要的气隙。

4．电磁感应定律

英国科学家法拉第发现，当导体相对于磁场运动而切割磁力线或线圈中的磁通发生变化时，在导体或线圈中都会产生感应电动势；若导体或线圈是闭合回路的一部分，则导体或线圈中将产生感应电流。这种由变化的磁场在导体中引起电动势的现象称为电磁感应。

1）直导体产生的感应电动势

当直导体在磁场中做切割磁力线运动时，直导体上将产生感应电动势。直导体中产生的感应电动势的大小为

$$e = Bvl \sin\alpha \tag{3-33}$$

式中，B——磁场的磁感应强度；

v——直导体切割磁力线的速度；

l——直导体的长度；

α——直导体的运动方向与磁场方向的夹角。

$l\sin\alpha$ 为直导体在磁场中的有效长度，当 $\alpha=90°$ 时，垂直切割，感应电动势最大，即

$$E_m = Bvl \tag{3-34}$$

直导体产生的感应电动势的方向可用右手定则判断：平伸右手，拇指与其余四指垂直，让掌心正对磁场 N 极，拇指指向表示直导体的运动方向，此时四指的指向就是感应电动势的方向。

2）楞次定律

楞次定律是研究感应电动势方向的重要定律，其内容是：感应电流的磁通总是阻碍原磁通的变化。也就是说，当线圈中的磁通增加时，感应电流将产生与它方向相反的磁通去阻碍它的增加；当线圈中的磁通减少时，感应电流将产生与它方向相同的磁通去阻碍它的减少。

应用楞次定律判断感应电动势或感应电流的方向的方法如下。

（1）首先确定原磁通的方向及其变化趋势（是增加还是减少）。

（2）根据楞次定律的内容判断感应磁通的方向。如果磁通增加，则感应磁通的方向与磁通方向相反；反之则方向相同。

（3）根据感应磁通的方向，应用安培定则判断出感应电动势或感应电流的方向。

3）法拉第电磁感应定律

楞次定律给出了感应电动势的方向，感应电动势的大小可用法拉第电磁感应定律确

定。实验证明，线圈中感应电动势的大小与线圈中磁通的变化率成正比，这个规律就叫作法拉第电磁感应定律。

如果有一个 N 匝的线圈，在时间间隔 Δt 内，磁通的变化量为 $\Delta \Phi$，则线圈中的感应电动势为

$$e = -N \frac{\Delta \Phi}{\Delta t} \tag{3-35}$$

式中的负号表示感应电动势的方向永远和磁通的变化趋势相反。

4) 自感

由于流过线圈自身的电流发生变化而引起的电磁感应叫自感。当一个线圈通过变化的电流后，这个电流产生的磁场会使线圈每匝具有的磁通（Φ）叫作自感磁通，使整个线圈具有的磁通叫自感磁链，用字母 Ψ 表示：

$$\Psi = N\Phi \tag{3-36}$$

把线圈中通过单位电流产生的自感磁链称为自感系数，也叫自感，用 L 表示，即

$$L = \Psi / i \tag{3-37}$$

式中，Ψ——线圈的电流产生的自感磁链，单位为 Wb；

i——线圈的电流，单位为 A；

L——线圈的电感量，单位为 H。

电感量是衡量线圈产生自感磁链本领的物理量。如果一个线圈通过 1A 的电流能产生 1Wb 的自感磁链，则该线圈的电感量就是 1H。自感也是电磁感应，必然遵从电磁感应定律，对于线性电感，N 匝线圈的感应电动势为

$$e_L = -N \frac{\Delta \Phi}{\Delta t} = -\frac{\Delta \Psi}{\Delta t} \tag{3-38}$$

将 $\Psi = Li$ 代入式（3-38）中，可得自感电动势的表达式为

$$e_L = -L \frac{\Delta i}{\Delta t} \tag{3-39}$$

式中，$\frac{\Delta i}{\Delta t}$ 为电流的变化率，负号表示自感电动势的方向总是与通过线圈中的电流变化趋势相反。

5) 互感

一个线圈中的电流变化在另一个线圈中产生的电磁感应叫互感。由电磁感应定律可知，互感电动势的大小正比于穿过本线圈磁通的变化率或另一个线圈中电流的变化率。当一个线圈的磁通全部穿过另一个线圈时，互感电动势最大；当两个线圈互相垂直时，互感电动势最小。

通常把线圈绕向一致且在电磁感应中极性保持相同的端点称为同名端。如图 3-69 所示，在互感线圈 LA、LB、LC 中，LA 线圈中的开关 SA 闭合的瞬间，1、4、5 三个端点的电磁感应极性始终相同，即这三个端点称为同名端，用"·"（或"*"）表示。同样，2、3、6 也是同名端。

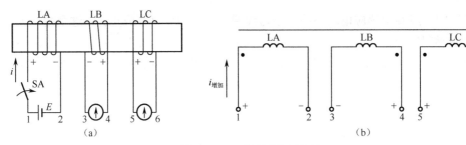

图 3-69 互感线圈的同名端

5. 变压器

变压器是利用互感原理制成的电气设备。变压器能把某一数值的交变电压变换成频率相同的另一数值的交变电压。

1）变压器的基本结构

变压器因使用场合、工作要求不同，其结构也是各种各样的。但是，各种变压器的基本结构大体相同，都是由硅钢片叠成的铁芯和绕在铁芯上的绕组（线圈）组成的。图 3-70（a）、（b）为变压器的基本结构，图 3-70（c）为变压器的图形符号。

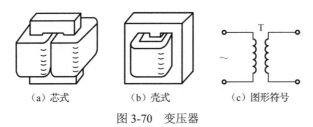

(a) 芯式　　(b) 壳式　　(c) 图形符号

图 3-70 变压器

铁芯是变压器的磁路部分，按铁芯的形式，变压器可分为芯式和壳式两种。绕组是变压器的电路部分，一般用绝缘的铜线绕制而成。与电源相接的绕组称为一次侧（初级），其匝数用 N_1 表示；与负载相接的绕组称为二次侧（次级），其匝数用 N_2 表示。

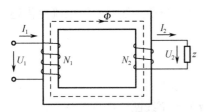

图 3-71 变压器工作原理示意图

2）变压器的基本工作原理

（1）变压原理。

图 3-71 为变压器工作原理示意图，如果忽略变压器磁路上的损耗（铁损）和绕组上的损耗（铜损），则由电磁感应定律可得

$$\frac{U_1}{U_2} = \frac{N_1}{N_2} = n \qquad (3-40)$$

式中，U_1、U_2——一次侧、二次侧交变电压的有效值，单位为 V；

N_1、N_2——一次侧、二次侧绕组的匝数；

n——一次侧和二次侧的匝数比（或电压比），简称变比。

式（3-40）表明，变压器的一次侧和二次侧的电压比等于它们的匝数比 n。

当 $n>1$ 时，$N_1>N_2$，$U_1>U_2$，这种变压器为降压变压器。

当 $n<1$ 时，$N_1<N_2$，$U_1<U_2$，这种变压器为升压变压器。

（2）变流原理。

在忽略变压器损耗的条件下，变压器传递能量的过程应遵从能量守恒定律。变压器从电源获取的能量 P_1 应与变压器输出的能量 P_2 相等，即 $P_1 = P_2$。在变压器只有一个二次侧时，有下面的关系：

$$I_1 U_1 = I_2 U_2$$

即

$$\frac{I_1}{I_2} = \frac{U_2}{U_1} = \frac{N_2}{N_1} = \frac{1}{n} \quad \text{或} \quad I_1 = \frac{N_2}{N_1} I_2 \tag{3-41}$$

式（3-41）说明，变压器的一次侧、二次侧的电流与变压器的一次侧、二次侧的电压（或匝数）成反比。

（3）阻抗变换原理。

变压器除能改变电压、电流的大小外，还能变换交流阻抗。通过变压器的阻抗变换可以使负载和信号源之间实现阻抗匹配，以获得最大输出功率。如图 3-72（a）所示，变压器从一次侧看进去的阻抗为

$$Z_1 = \frac{U_1}{I_1} \tag{3-42}$$

从变压器二次侧看进去的阻抗为

$$Z_2 = \frac{U_2}{I_2} \tag{3-43}$$

因此

$$\frac{Z_1}{Z_2} = \frac{U_1 I_2}{U_2 I_1} = n^2 \tag{3-44}$$

即

$$Z_1 = n^2 Z_2 \tag{3-45}$$

式中，Z_1、Z_2——一次侧、二次侧等效阻抗，Ω；
　　　　n——变压器变比。

式（3-45）表明，负载 Z_2 接在变压器二次侧上，它从电源上吸取的功率与负载直接接在电源上吸取的功率相等。因此 $n^2 Z_2$ 称为变压器一次侧 Z_1 的等效阻抗，如图 3-72（b）所示。

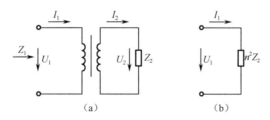

图 3-72　变压器的阻抗变换原理

3.3.5　正弦交流电路

1. 基本知识

1）交流电和正弦交流电

所谓交流电，是指大小和方向随时间做周期性变化的电压、电流或电动势。交流电分为正弦交流电和非正弦交流电两大类。正弦交流电是指按正弦规律变化的交流电，如图 3-73（a）所示；非正弦交流电不按正弦规律变化，如图 3-73（b）所示。

(a) 正弦交流电　　　　　　　　(b) 非正弦交流电

图 3-73　正弦交流电和非正弦交流电波形图

2) 正弦交流电的三要素

（1）正弦交流电的瞬时值、最大值和有效值。

① 瞬时值。正弦交流电随时间按正弦规律变化，任意时刻的数值都不一定相同，我们把任意时刻正弦交流电的电压、电流和电动势的数值称为瞬时值，分别用字母 u、i 和 e 表示。

② 最大值。最大的瞬时值称为最大值（或称峰值、振幅），分别用字母 U_m、I_m、E_m 表示。最大值虽然有正有负，但习惯上最大值都是以绝对值表示的。

③ 有效值。为了准确反映交流电的大小，我们让交流电和直流电分别通过阻值完全相同的电阻，如果在相同时间内，这两个电流产生的热量相同，就把这个直流电的电压、电流和电动势定义为交流电相关量的有效值，分别用符号 U、I 和 E 表示。通过计算，正弦交流电的有效值和最大值的关系为

$$\left.\begin{array}{l} U = \dfrac{U_m}{\sqrt{2}} \approx 0.707 U_m \\ I = \dfrac{I_m}{\sqrt{2}} \approx 0.707 I_m \\ E = \dfrac{E_m}{\sqrt{2}} \approx 0.707 E_m \end{array}\right\} \qquad (3\text{-}46)$$

也就是说，正弦交流电的有效值是最大值的 $\dfrac{1}{\sqrt{2}}$ 倍。通常，交流电的大小、交流电表测量出的数值、各种交流用电设备标称的额定值都是有效值。有效值反映了交流电的大小，被称为正弦交流电的三要素之一。

（2）正弦交流电的周期、频率和角频率。

① 周期。正弦交流电重复一周所需的时间称为周期，用字母 T 表示，单位是 s。

② 频率。正弦交流电在 1s 内重复的次数称为频率，用字母 f 表示，单位是 Hz。根据周期和频率的定义可知，周期和频率互为倒数，即

$$f = \dfrac{1}{T} \text{ 或 } T = \dfrac{1}{f} \qquad (3\text{-}47)$$

③ 角频率。正弦交流电在 1s 内变化的电角度称为角频率，用字母 ω 表示，单位是 rad/s。角频率与周期、频率之间的关系式为

$$\omega = 2\pi f = \dfrac{2\pi}{T} \qquad (3\text{-}48)$$

以上所讲的周期、频率和角频率都是表示正弦交流电变化快慢的物理量，只要知道其中一个量，就可通过式（3-48）求出另外两个量。通常把周期（或频率、角频率）称为正

弦交流电的三要素之一。

（3）相位与初相位。

正弦交流电在任一时刻的瞬时值都可以用正弦解析式表示。例如，正弦交流电的电动势可表示为

$$e = E_m \sin(\omega t + \varphi) \tag{3-49}$$

式中，$(\omega t + \varphi)$ 称为该正弦交流电的相位，反映了正弦交流电变化的进程。$t=0$ 时的相位叫初相位或初相。初相位可以是正的，也可以是负的。一般规定初相位的绝对值不大于 180°。两个同频率的正弦交流电的相位之差叫相位差，即

$$\varphi = (\omega t + \varphi_1) - (\omega t + \varphi_2) = \varphi_1 - \varphi_2 \tag{3-50}$$

由式（3-50）可知，两个同频率的正弦交流电的相位差等于它们的初相位之差。如果一个正弦交流电比另一个正弦交流电提前到达零值或最大值，则前者叫超前，后者叫滞后，如图 3-74（a）所示，e_1 超前 e_2（或 e_2 滞后 e_1）。如果两个正弦交流电同时到达零值或最大值，即它们的初相位相等，则称它们同相位，如图 3-74（b）所示。如果两个正弦交流电中的一个到达正最大值，另一个到达负最大值，即它们的初相位相差 180°，则称它们反相，如图 3-74（c）所示。初相位反映了交流电的起始位置，被称为正弦交流电的三要素之一。

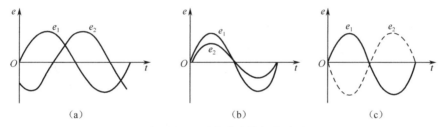

图 3-74 正弦交流电的相位关系

2．单相交流电路

1）单一参数电路

在正弦交流电电路中，单一参数元件是不存在的，但如果某一参数对电路的影响显著，其他两个参数对电路的影响较小（可以忽略不计），则将这样的电路称为单一参数电路或纯电路，即纯电阻、纯电容、纯电感电路。这里主要讨论纯电阻、纯电容、纯电感电路的电压与电流的关系，并介绍电路中能量转换和功率计算的方法，如表 3-20 所示。

表 3-20 纯电阻、纯电容、纯电感电路的电压与电流的关系、功率计算方法

项 目	纯电阻（R）	纯电感（L）	纯电容（C）
阻抗	$Z = R$	$Z = jX_L$ 感抗 $X_L = \omega L = 2\pi fL$	$Z = -jX_C$ 容抗 $X_C = \dfrac{1}{\omega C} = \dfrac{1}{2\pi fC}$
电压与电流的频率关系	相同	相同	相同
电压与电流的相位关系	相同	电压超前电流 90°	电压滞后电流 90°
电压与电流的数量关系	$I_R = \dfrac{U_R}{R}$	$I_L = \dfrac{U_L}{X_L}$	$I_C = \dfrac{U_C}{X_C}$

续表

项目		纯电阻（R）	纯电感（L）	纯电容（C）
解析式		设 $u_R = U_{Rm}\sin\omega t$ 则 $i_R = I_{Rm}\sin\omega t$	设 $u_L = U_{Lm}\sin\omega t$ 则 $i_L = I_{Lm}\sin\left(\omega t - \dfrac{\pi}{2}\right)$	设 $u_C = U_{Cm}\sin\omega t$ 则 $i_C = I_{Cm}\sin\left(\omega t + \dfrac{\pi}{2}\right)$
波形图				
相量图				
电功率	有功功率	$P = I_R U_R = I_R^2 R = \dfrac{U_R^2}{R}$	$P = 0$	$P = 0$
	无功功率	$Q = 0$	$Q_L = I_L U_L = I_L^2 X_L = \dfrac{U_L^2}{X_L}$	$Q_C = I_C U_C = I_C^2 X_C = \dfrac{U_C^2}{X_C}$

在正弦交流电路中，电压与电流的瞬时值之积称为瞬时功率，用字母 p 表示，即

$$p = ui \tag{3-51}$$

瞬时功率在一个周期内的平均值称为有功功率，用字母 P 表示，纯电感、纯电容电路中的有功功率为零。说明纯电感、纯电容电路不消耗能量，但纯电感、纯电容元件是储能元件，它们与电源之间存在能量交换。为了反映能量交换的规模，引入了无功功率的概念，用字母 Q 表示，单位是乏（var），它是用单位 W 测量得到的无功功率值，因此 1var = 1W。纯电感电路的无功功率 Q_L 为

$$Q_L = U_L I = I^2 X_L = U_L^2 / X_L \tag{3-52}$$

纯电容电路的无功功率 Q_C 为

$$Q_C = U_C I = I^2 X_C = U_C^2 / X_C \tag{3-53}$$

2）串联电路

（1）R-L 串联电路。

在含有线圈的正弦交流电路中，当线圈的电阻不能忽略时，就构成了由电阻 R 和电感 L 串联组成的交流电路，简称 R-L 串联电路，如图 3-75（a）所示。

① 电压与电流的频率关系。

由于纯电阻和纯电感电路中的电压与电流的频率相同，所以 R-L 串联电路中的电压与电流的频率也相同。

② 电压与电流的数量关系。

先画出图 3-75（a）所示的电路的电压与电流的矢量图。由于串联电路的电流相等，因此以总电流方向为参考方向画矢量图，如图 3-75（b）所示。电阻两端的电压 $\vec{U}_R$ 与电流同相位，电感两端的电压 $\vec{U}_L$ 超前电流 90°，因此 R-L 串联电

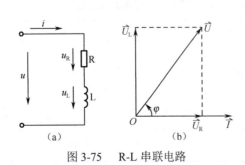

图 3-75　R-L 串联电路

路的端电压 $\vec{U} = \vec{U}_R + \vec{U}_L$，即由 $\vec{U}_R$ 与 $\vec{U}_L$ 为边的平行四边形的对角线表示。由于 $\vec{U}$、$\vec{U}_R$、$\vec{U}_L$ 构成了直角三角形，所以

$$U = \sqrt{U_R^2 + U_L^2} \tag{3-54}$$

又因为 $U_R = IR$，$U_L = IX_L$，所以将它们代入式（3-54），就得到了电压与电流的数量关系：

$$U = \sqrt{(IR)^2 + (IX_L)^2} = I\sqrt{R^2 + X_L^2} \tag{3-55}$$

令 $Z = \sqrt{R^2 + X_L^2}$，将其称为 R-L 串联电路的阻抗（单位为 Ω），即可得到常见的欧姆定律形式：

$$I = U/Z \tag{3-56}$$

③ 电压与电流的相位关系。

从图 3-75（b）可知，在 R-L 串联电路中，总电压要超前总电流一个角度 φ，且 $0 < \varphi < 90°$。通常把电压超前电流的电路叫感性电路，或说负载是感性负载。从图 3-75（b）可知，电压超前电流的角度 φ 为

$$\varphi = \arctan\frac{U_L}{U_R} = \arctan\frac{X_L}{R} \tag{3-57}$$

④ 功率。

通常把电路两端的电压有效值与电流有效值的乘积称为视在功率，表示电源提供的总功率，用 S 表示，单位为 VA，其数学表达式为

$$S = UI \tag{3-58}$$

根据有功功率和无功功率的定义可得出以下结论。

有功功率：$P = U_R I = UI\cos\varphi = S\cos\varphi$。 (3-59)

无功功率：$Q = U_L I = UI\sin\varphi = S\sin\varphi$。 (3-60)

因此，S、Q、P 三者满足如下关系：

$$S = \sqrt{P^2 + Q^2} \tag{3-61}$$

可见，电源提供的总功率并不会完全被感性负载吸收。为了反映负载对电源的利用率，我们把有功功率与视在功率的比值称为功率因数（$\cos\varphi$），由式（3-59）得

$$\cos\varphi = \frac{P}{S} \tag{3-62}$$

式（3-62）表明，当视在功率一定时，功率因数越大，电源利用率越高。

（2）R-L-C 串联电路。

图 3-76 为 R-L-C 串联电路，设所加的电压为 $u = \sqrt{2}U\sin(\omega t + \varphi_u)$，复数形式为 $\dot{U} = U\mathrm{e}^{j\varphi_u} = U\angle\varphi_u$，R、L、C 上的电压分别为 u_R、u_L、u_C，则

$$u = u_R + u_L + u_C \tag{3-63}$$

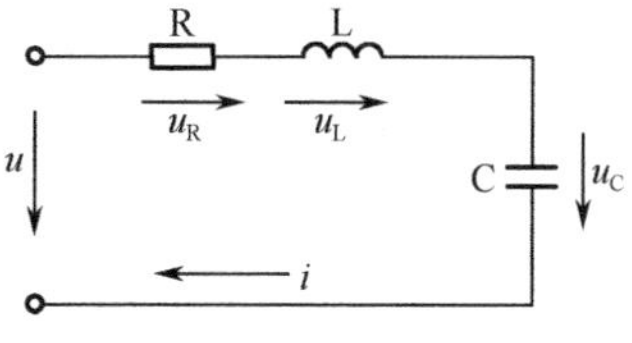

图 3-76 R-L-C 串联电路

在 u 的作用下，电路中必然产生交流电流 $i = \sqrt{2}I\sin(\omega t + \varphi_i)$，其复数形式为 $\dot{I} = Ie^{j\varphi_i} = I\angle\varphi_i$，

则

$$\dot{U} = \dot{U}_R + \dot{U}_L + \dot{U}_C = R\dot{I} + jX_L\dot{I} - jX_C\dot{I} = (R + jX_L - jX_C)\dot{I} = Z\dot{I} \qquad (3\text{-}64)$$

即

$$\dot{I} = \frac{\dot{U}}{Z} \qquad (3\text{-}65)$$

式中，$Z = R + jX_L - jX_C = R + j(X_L - X_C) = R + jX$

从式（3-65）可得

$$Z = \frac{\dot{U}}{\dot{I}} = \frac{U}{I}e^{j(\varphi_u - \varphi_i)} = \frac{U}{I}e^{j\varphi} = z\angle\varphi \qquad (3\text{-}66)$$

Z 称为复阻抗（单位为 Ω），实部 R 是电路的电阻值，虚部 X 为电路的电抗，且 $X = X_L - X_C = \omega L - \dfrac{1}{\omega C}$，复阻抗的模代表阻抗。幅角反映了电压和电流的相位差。复阻抗的模和幅角可用下式表示：

$$Z = \sqrt{R^2 + X^2} \qquad (3\text{-}67)$$

$$\varphi = \arctan\frac{X}{R} = \arctan\frac{X_L - X_C}{R} \qquad (3\text{-}68)$$

由式（3-68）可知，当 $X_L > X_C$ 时，$\varphi > 0$，说明电压超前电流，电路呈感性；当 $X_L < X_C$ 时，$\varphi < 0$，说明电压滞后电流，电路呈容性；当 $X_L = X_C$ 时，$\varphi = 0$，说明电压和电流同相位，电路呈纯阻性，称为串联谐振。R-L-C 串联电路的相量图如图 3-77 所示。

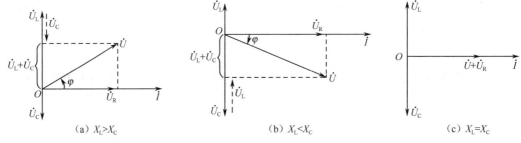

图 3-77　R-L-C 串联电路的相量图

3.4　计算机应用的基础知识

3.4.1　计算机的组成

一个完整的计算机系统是由硬件系统和软件系统两部分组成的，如图 3-78 所示。硬件系统是组成计算机系统的各种物理设备的总称，是计算机系统的物质基础，如中央处理单元（CPU）、存储器、输入设备、输出设备等。硬件系统又称裸机，只能识别由 0 和 1 组成的机器代码。没有软件系统的计算机几乎是没有用的，软件系统是为运行、管理和维护计算机而编制的各种程序、数据与文档的总称。实际上，用户面对的是经过若干软件"包

装"的计算机。计算机的功能不仅取决于硬件系统,在更大程度上还是由其所安装的软件系统决定的。

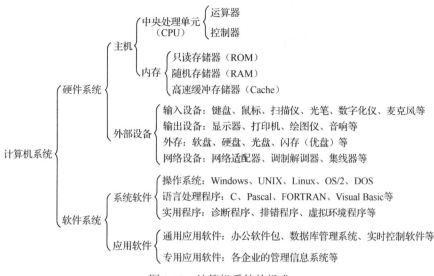

图 3-78 计算机系统的组成

当然,在计算机系统中,对于软件和硬件的功能没有一个明确的分界线。软件系统实现的功能也可以用硬件系统实现,称为硬化或固化。例如,计算机的只读存储器(ROM)芯片中就是固化了系统的引导程序;同样,硬件系统实现的功能也可以用软件系统实现,称为硬件软化。例如,在多媒体计算机中,视频卡用于对视频信息进行处理(包括获取、编码、压缩、存储、解压缩和回放等)。现在的计算机一般通过软件系统(如播放软件)实现相应的功能。

对于某些功能,用硬件系统还是用软件系统实现,与系统的价格、速度、所需存储容量及可靠性等诸多因素有关。一般来说,同一功能用硬件系统实现的速度高,可减小所需存储容量,但灵活性和适应性差,且成本较高;用软件系统实现,可提高灵活性和适应性,但通常是以降低速度换取的。

1. 计算机系统的硬件组成

第一台通用计算机 ENIAC(Electronic Numerical Integrator And Computer,电子数字积分计算机)的诞生仅仅表明人类发明了计算机,从而进入了"计算"时代。对后来的计算机在体系结构和工作原理上具有重大影响的是 EDVAC(Electronic Discrete Variable Automatic Computer,离散变量自动电子计算机)。它的主要特点可以归结为以下几点。

第一,计算机硬件系统应由五个基本部分组成:运算器、控制器、存储器、输入设备和输出设备。

第二,程序和数据以同等地位存放在存储器中,并按地址寻访。

第三,程序和数据以二进制码的形式表示。

虽然计算机硬件系统在性能指标、运算速度、工作方式、应用领域和价格等方面与当时的计算机有很大的差别,但基本结构没有变,其基本结构如图 3-79 所示。

2. 计算机的常用术语

（1）位。二进制数据或代码的每一位称为位，是计算机中表示信息的最小单位，又称比特。

（2）字节。计算机中每八位称为一字节。

（3）字符。任何字母、数字和符号都称为字符。

（4）ASCII 码。ASCII 码是 American Standard Code for Information Interchange（美国信息交换用标准代码）的缩写。根据该标准，每个 ASCII 码占一字节，代表一个字符。

（5）字。在计算机中，作为一个整体进行运算或数据处理的一组二进制码为字。字长是计算机并行处理数据的位数。

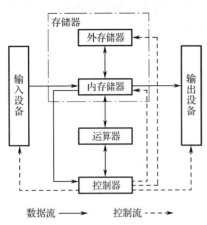

图 3-79 计算机硬件系统的基本结构

（6）数据。计算机可以处理的信息称为数据，包括数值、字符等。

（7）命令。从键盘或其他输入设备发布给计算机的指令称为命令。

（8）程序。将命令按一定的要求集中在一起，向计算机发布使其可以自动且有步骤地完成命令的集合就是程序。

（9）默认。默认是指在发布命令时，不指出命令操作的对象，由计算机系统自动选定某个操作对象。

（10）配置。配置是为了适应工作和使用的其他设备装入的一个设备或一个程序。

（11）备份。备份是指为了防止磁盘、文件损坏或意外事故发生时丢失数据而复制一份磁盘或文件并保存起来。

（12）接口。两个不同系统的连接部分称为接口，如两个硬件设备的接口装置。

（13）串行传输和并行传输。串行传输是将组成字符的码元从第一位开始按照时序逐个传输的方式；并行传输是将构成数据的各二进制位通过多条数据电路同时进行传输的方式。

3. 计算机的技术指标

一般来说，计算机主要有下列几项技术指标。

1）字长

字长是指计算机运算部件一次能同时处理的二进制数据的位数。作为存储数据，字长越长，计算机的运算精度越高；作为存储指令，字长越长，计算机的处理能力越强。通常情况下，字长是 8 的整数倍，如 8 位、16 位、32 位、64 位等。

2）时钟主频

时钟主频是指 CPU 的时钟频率。时钟主频的高低在一定程度上决定了计算机速度的快慢。主频以 MHz 为单位。一般来说，主频越高，速度越快。

3）运算速度

计算机的运算速度通常是指每秒钟能执行的加法指令的数目，常用 MIPS 表示。这个指标能更直观地反映计算机的速度。

4）存储容量

存储容量分为内存容量和外存容量。这里主要指内存储器的容量。显然，内存容量大的计算机能运行的程序越大，处理能力也越强。

5）存取周期

内存储器的存取周期也是影响整个计算机系统性能的主要指标之一。简单地讲，存取周期就是 CPU 从内存储器中存取数据所需的时间。

3.4.2 数制及转换

在人们的日常生活中，会遇到不同进制的数。例如，十进制数，逢十进一；一周有七天，逢七进一。在计算机内部，一切信息都是由一串 0 和 1 组成的二进制代码表示的。为了书写和表示方便，还引入了八进制数和十六进制数。无论是哪种数制，它们的共同之处都是进位计数制。

1. 进位计数制

在采用进位计数制的数字系统中，如果只用 r 个基本符号（如 0，1，2，…，$r-1$）表示数值，则称其为基 r 数制，r 称为该数制的基数，数制中每一固定位置对应的单位值称为权。表 3-21 是常用的几种进位计数制。

表 3-21　常用的几种进位计数制

进 位 制	十 进 制	二 进 制	八 进 制	十 六 进 制
规则	逢十进一	逢二进一	逢八进一	逢十六进一
基数	$r=10$	$r=2$	$r=8$	$r=16$
基本符号	0，1，2，…，9	0，1	0，1，2，…，7	0，…，9；A，B，…，F
权	10^i	2^i	8^i	16^i
形式表示	D	B	O	H

由表 3-21 可知，不同的数制有共同的特点：其一，采用进位计数制方式，每种数制都有固定的基本符号，称为数码；其二，都使用位置表示法，即处于不同位置的数码代表的值不同，与它所在位置的权值有关。

例如，在十进制数中，678.34 可表示为 $678.34=6\times10^2+7\times10^1+8\times10^0+3\times10^{-1}+4\times10^{-2}$。可以看出，各种进位计数制中的权值恰好都是基数 r 的某次幂。因此，任何一种进位计数制表示的数都可以写出按其权展开的多项式之和，任意一个 r 进制数 N 都可表示为

$$N = a_{n-1}\times r^{n-1} + a_{n-2}\times r^{n-2} + \cdots + a_0\times r^0 + a_{-1}\times r^{-1} + \cdots + a_{-m}\times r^{-m}$$
$$= \sum_{i=-m}^{n-1} a_i \times r^i \tag{3-69}$$

式中，a_i 是数码；r 是基数；r^i 是权。不同的基数表示不同的进制数。i 是数字相对于小数点所在的位置，小数点左边第一位为 0，然后每左移一位加 1；小数点右边第一位为-1，然后每左移一位减 1。

2. 不同进制数间的转换

1）r 进制数转换成十进制数

展开式：N 本身就提供了将 r 进制数转换为十进制数的方法。因此，只需将各位数码乘以各自的权值累加即可。

例如，将十六进制数 A12 转换成十进制数：$(A12)_H = A \times 16^2 + 1 \times 16^1 + 2 \times 16^0 = (2578)_D$。

2）十进制数转换成 r 进制数

在将十进制数转换为 r 进制数时，可将此数分成整数与小数两部分分别进行转换，然后将它们拼接起来即可。

整数部分转换成 r 进制数采用除 r 取余法，即将十进制整数不断除以 r 取余数，直到商为 0，余数从右到左排列，首次取得的余数排在最右侧。

小数部分转换成 r 进制数采用乘 r 取整法，即将十进制小数不断乘以 r 取整数，直到小数部分为 0 或达到要求的精度（小数部分可能永远不会得到 0），然后将所得的整数从小数点自左向右排列，取有效精度，首次取得的整数排在最左侧。

例如，将 $(100.345)_D$ 转换成二进制数：

整数部分

2	100	取余数
2	50	→ 0 a_0
2	25	→ 0 a_1
2	12	→ 1 a_2
2	6	→ 0 a_3
2	3	→ 0 a_4
2	1	→ 1 a_5
	0	→ 1 a_6

（低 ↓ 高）

小数部分

```
  0.345      取整数
×   2
  0.690  → 0   a₋₁    ↑ 高
×   2
  1.38   → 1   a₋₂
×   2
  0.76   → 0   a₋₃
×   2
  1.52   → 1   a₋₄
×   2
  1.04   → 1   a₋₅    ↓ 低
```

转换结果为：$(100.345)_D \approx (1100100.01011)_B$。

3）二进制数、八进制数、十六进制数间的相互转换

由于二进制数、八进制数和十六进制数之间存在特殊关系：$8^1 = 2^3$、$16^1 = 2^4$，所以 1 位八进制数相当于 3 位二进制数，1 位十六进制数相当于 4 位二进制数。二进制数、八进制数、十六进制数之间的对应关系如表 3-22 所示。

表 3-22 二进制数、八进制数、十六进制数之间的对应关系

八进制数	对应二进制数	十六进制数	对应二进制数	十六进制数	对应二进制数
0	000	0	0000	8	1000
1	001	1	0001	9	1001
2	010	2	0010	A	1010
3	011	3	0011	B	1011
4	100	4	0100	C	1100
5	101	5	0101	D	1101

续表

八 进 制 数	对应二进制数	十六进制数	对应二进制数	十六进制数	对应二进制数
6	110	6	0110	E	1110
7	111	7	0111	F	1111

根据这种对应关系，当将二进制数转换成八进制数时，以小数点为中心向左右两边分组，每 3 位为一组，两头不足 3 位补 0 即可。同样，将二进制数转换成十六进制数只需 4 位为一组进行分组即可。例如，将二进制数(1101101110.110101)$_B$ 转换成十六进制数：

$(\underline{0011}\ \underline{0110}\ \underline{1110}.\ \underline{1101}\ \underline{0100})_B = (36E.D4)_H$ （整数高位和小数低位补 0）
  3 6 E D 4

又如，将二进制数(1101101110.110101)$_B$ 转换成八进制数：

$(\underline{001}\ \underline{101}\ \underline{101}\ \underline{110}.\ \underline{110}\ \underline{101})_B = (1556.65)_O$
 1 5 5 6 6 5

同样，将八（十六）进制数转换成二进制数只需将 1 位化为 3（4）位即可。

3.4.3 计算机病毒

1．计算机病毒的定义

当前，计算机安全的最大威胁就是计算机病毒。计算机病毒实质上是一种特殊的计算机程序，这种程序具有自我复制能力，可非法入侵并隐藏在存储媒体的引导部分、可执行程序或数据文件中，从而影响和破坏程序的正常执行与数据的正确性。

在《中华人民共和国计算机信息系统安全保护条例》中，计算机病毒被明确定义为"编制或者在计算机程序中插入的破坏计算机功能或者破坏数据，影响计算机使用，并且自我复制的一组计算机指令或者程序代码。"

2．计算机病毒的特点

1）寄生性

计算机病毒是一种特殊的寄生程序，它不是一个通常意义下的完整的计算机程序，而是寄生在其他可执行程序中的程序，因此，它能享有被寄生的程序所能得到的一切权利。

2）破坏性

破坏是广义的，不仅是指破坏系统、删除或修改数据，甚至格式化整个磁盘，还包括占用系统资源、降低计算机运行效率等。

3）传染性

计算机病毒能够主动将自身的复制品或变种传染到其他未感染病毒的程序中。

4）潜伏性

计算机病毒程序通常短小精悍，因此寄生在别的程序上难以被发现。在外界激发条件出现之前，病毒可以在计算机内的程序中潜伏、传播。

5）隐蔽性

当运行受感染的程序时，病毒程序能首先获得计算机系统的监控权，进而监视计算机的运行，并传染其他程序，但不到发作时机，整个计算机系统看上去一切如常。计算机病毒的隐蔽性使广大计算机用户对病毒丧失了应有的警惕性。

3．计算机感染病毒的常见症状

计算机病毒虽然很难检测，但是，只要细心留意计算机的运行状况，还是可以发现计算机感染病毒的一些异常情况的。例如：

（1）磁盘文件数目无故增多。
（2）系统的内存空间明显变小。
（3）文件的日期/时间值被修改成新近的日期/时间（用户自己并没有修改）。
（4）感染病毒后的可执行文件的长度通常会明显增加。
（5）正常情况下可以运行的程序却突然因 RAM 区不足而不能装入了。
（6）程序加载时间或程序执行时间明显变长。
（7）计算机经常出现死机现象或不能正常启动。
（8）显示器上经常出现一些莫名其妙的信息或异常现象。
（9）当从有写保护的软盘上读取数据时，发生写盘的动作。

4．计算机病毒的分类

目前，常见的计算机病毒按其感染的方式可分为以下四类。

1）引导区型病毒

引导区型病毒会感染磁盘的引导区，感染主引导扇区的称为主引导记录（MBR）病毒。当硬盘感染病毒后，病毒就企图感染每个插入计算机进行读/写操作的软盘片的引导区。引导区型病毒总是先于系统文件装入内存储器，获得控制权并进行传染和破坏。

2）文件型病毒

文件型病毒主要感染扩展名为.COM、.EXE、.DRV、.BIN、.OVL、.SYS 等的可执行文件。它通常寄生在文件的首部或尾部，修改程序的第一条指令。当染毒程序执行时，就会先跳转去执行病毒程序，从而进行传染和破坏。

3）宏病毒

宏病毒与上述其他病毒不同，它不感染程序，只感染 Word 文件（.doc）和模板文件（.dot），与操作系统没有特别的关联。它能通过软盘文档的复制、E-mail 下载 Word 文档附件等途径传播。

4）Internet 病毒（网络病毒）

Internet 病毒大多是通过 E-mail 传播的，它破坏特定扩展名的文件，并使邮件系统变慢，甚至导致网络系统崩溃。"蠕虫"病毒是典型的代表，它不占用除内存以外的任何资源，也不修改磁盘文件，而是利用网络功能搜索网络地址，将自身向下一地址进行传播。

5．计算机病毒的清除

发现计算机染上病毒后，一定要及时清除，以免造成损失。清除病毒的方法有两种：一种是手工清除；另一种是借助反病毒软件。

用手工清除的方法清除病毒不但烦琐，而且对技术人员素质要求很高。用反病毒软件清除病毒是当前比较流行的方法。它既方便又安全，并且一般不会破坏系统中的正常数据。特别是优秀的反病毒软件都有较好的界面和提示，使用相当方便。但遗憾的是，反病毒软件只能检测出已知病毒并清除它们，不能检测出新的病毒或病毒的变种。因此，各种反病毒软件的开发都不是一劳永逸的，而是需要随着新病毒的出现进行不断的升级。

6．计算机病毒的预防

计算机病毒主要通过移动存储设备（如软盘、光盘或移动硬盘等）和计算机网络进行传播。对计算机病毒采取预防为主的方针是合理、有效的。预防计算机病毒应从切断其传播途径入手。

（1）专机专用。制定科学的管理制度，对重要任务部门应专机专用，禁止与任务无关人员接触该系统，防止潜在的病毒罪犯。

（2）慎用网上下载的软件。计算机网络是病毒传播的一大途径，网上下载的软件最好检测后使用。不要随便阅读从不相识人员处发来的电子邮件。

（3）分类管理数据。对各类数据、文档和程序应分类备份保存。

（4）采用防病毒卡或病毒预警软件。在计算机上安装防病毒卡或个人防火墙预警软件。

（5）定期检查。定期用杀病毒软件对计算机系统进行检测，发现病毒应及时清除。

3.5 电气、电子测量的基础知识

3.5.1 测量与计量

1．测量及其意义

测量是人们认识客观事物并获得其量值的实验过程。在这个过程中，人们借助专门的设备、通过实验的方法求出被测量事物的大小，并给出单位。测量的基本方法是比较。测量技术是研究测量原理、测量仪器和测量方法及其相互关系的技术学科。

测量的作用表现在：为认识客观世界和改造客观事物提供理论、方法，并获得其数量概念；验证理论；探索新的事物并发现其线索；为生产、科研、国防和社会生活的各个领域提供数量依据。测量是用数字语言描述周围世界，揭示世界的规律，进而改造世界的重要手段。

测量实践的历史几乎和人类的历史一样悠久。电子测量和电子技术一样，也只有百余年的历史，但电子测量的发展非常快。20世纪中期以来，随着自然科学的发展，电子技术、计算机技术，特别是微处理器的应用、电子测量技术和仪器发生了革命性的变化，并广泛应用于生产、科研、国防及社会生活的各个领域，极大地提高了人们认识和改造世界的能力。因此，提高测量水平、降低测量成本、提高测量效益成为我们的重要工作。

2．测量的任务

测量的任务来源于生产和科研的实际需要，即来源于一个工程项目、一个产品生产或产品的设计等。一般而言，在工业上，测量可分为三种类型：一是设计阶段的测量，用于改善或修改设计，并为材料、元器件及技术进行评价与选择；二是产品制造阶段的测量，包括进货检验（以保证原材料质量）、生产线检测（以保证生产工序的质量）、出厂检验（以保证成品的质量）；三是用户进行的测量，即故障诊断和维修测试。测量任务包括以下三项。

（1）分析、理解被测对象及其测量要求，制定测量方案和测量方法。对被测对象分析得越彻底、了解得越深刻，制定的测量方案和测量方法就会越简单、越实用。

（2）选择和组建测试系统或制造测量仪器，为测量准备硬件。

（3）进行实际的测量操作，采集数据和处理数据，并以适当的形式（数据、曲线、图形、表格等）表示被测对象最具有特征的信息。

进行测量的关键是以测量方法为基础的测量管理。测量技术的进步在于把某些功能交给机器去完成。现在计算机应用非常普及，测量过程中的许多功能都可以交由计算机完成，如控制、指挥和操作仪器，记录、存储和处理测量数据等。尽管如此，人的作用仍然非常重要，特别是在信息极为复杂，需要有机地组织各仪器来完成特定的信息检测任务时，人作为测试系统组成部分的特征是非常明显的。

测量过程包含控制技术、检测及转换技术、数据采集技术、指示技术、信息处理技术的合理利用，以及测量原理、测量方法、测量仪器及其操作控制等方面的内容。

3．计量的基本概念

计量学是研究测量、保证测量的统一和准确的学科。计量的研究内容包括：计量单位及其基准；标准的建立、保存、传递、复制和使用，测量的方法和测量的准确度；计量器具及计量管理和法制等。

计量有别于测量，但又与测量有着密切的联系。可以说，计量是保证测量统一和准确的一种特殊测量。计量的主要工作是把未知量与经过准确确定的且经国家计量部门认可的基准或标准相比较并加以测定。我国颁布的《中华人民共和国计量法》已于 1986 年 7 月 1 日起施行。计量具有准确性、统一性和法制性。

计量的主要技术工作有比对、校准、检定。其中，比对是指在相同条件下对相同精度的计量器具的量值进行比较的过程；校准是确定和恢复计量器具的示值误差（或其他计量性能）的全部工作；检定是评定计量器具的计量性能（准确度、稳定度、灵敏度等），并确定其是否合格所进行的全部工作。

计量器具按其准确度和用途分为计量基准、计量标准和工作用计量器具。计量基准又分为主基准（国家基准）、副基准和工作基准。

计量单位必须以严格的科学理论为依据进行定义。我国和世界上许多国家使用的都是 1960 年第 11 届国际计量大会通过的国际单位制（SI）。

测量是计量联系生产实际的重要途径，是计量的基础。测量认为误差来源于被测量之外，计量认为误差来源于被测量本身。计量是测量统一和准确的保证。测量与计量互相推动、共同发展，在国民经济的各个领域发挥着越来越重要的作用。

3.5.2 电子测量

1．电子测量的内容

电子测量是以电子技术为依据并借助电子仪器和设备对电量、非电量进行测量的原理与方法。电子测量的内容主要包括以下几点。

（1）电能量的测量，如电压、电流和功率等的测量。

(2)电信号特征量的测量,如频率、周期、相位、脉冲参数、失真度和调制系数等的测量。

(3)电路性能的测量,如增益、衰减量、通频带、灵敏度等的测量。

(4)元器件参数的测量,如电阻、电容、电感、阻抗、品质因数、晶体管等的测量。

2. 电子测量的特点

电子测量具有以下几个明显的特点。

1)频率范围宽

电子测量除测量直流外,还要测量交流,其频率低至 10^{-5}Hz,高至 10^{12}Hz。随着电子技术的发展,目前还在向更高频段发展。

2)量程广

量程是测量范围的上限值与下限值之差。由于被测量的数值相差悬殊,如电压低至 10^{-6}V 以下,高至 10^6V 以上,量程达到 12 个数量级。因此,一般无法用一种测量方法或测量仪器去覆盖整个量程,通常需要采用多种测量方法和仪器去测量。

3)测量准确度高

准确度是测量的重要因素之一,是测量技术水平和测量技术结果可信赖程度的关键。在电子测量中,由于对频率和时间的测量是以原子秒为基准的,因此其准确度可达 $10^{-13} \sim 10^{-14}$ 数量级。

4)测量速度高

电子测量是基于电子运动和电磁波原理进行工作的,其测量速度是其他测量无法比拟的。例如,卫星、宇宙飞船和空间站的发射与运行,都需要这种高速度的电子测量。

5)易于实现遥测和测量过程的自动化

电子测量可以通过各种传感器(能量转换器)将能量转换成电量进行遥测和遥控。例如,对于遥远的距离或恶劣的环境,以及人体不便接触或人类无法达到的区域,可通过传感器进行遥测和遥控。

随着测量仪器通用接口总线(GPIB)和串行通信技术(RS-232C)等的开发使用,以及芯片技术、微型计算机技术和因特网的发展,计算机与相关的一系列电子测量仪器有机地连接了起来,构成了自动测量系统,这将实现高效、节能和便捷的电子测量新局面。

3. 电子测量的基本方法

对一个电量进行测量可通过不同的方法实现。电子测量方法选择正确与否直接关系测量工作能否正常进行和测量结果的可信赖程度。电子测量有以下三种测量方法。

1)直接测量法

直接测量法是指直接从仪器上获得被测量值的方法。例如,用电压表测电压值,用电流表测电流值,用万用表电阻挡测电阻值等。

2)间接测量法

间接测量法是指通过对与被测量成函数关系的其他量进行测量,再通过函数关系式求得被测量值的方法。例如,在测量某个电阻的阻值时,通过测量电阻两端电压 U 和流过电阻的电流 I,然后利用欧姆定律,即 $R=U/I$ 求得电阻值,这种方法即间接测量法。

3）组合测量法

组合测量法是兼用直接测量和间接测量的测量方法。通过建立被测量与其他几个量的联立方程来求得被测量值的大小。

在实际测量中，选择何种测量方法，主要取决于测量方法的使用便利程度和对误差的要求。

3.5.3 测量误差

1. 测量误差的来源

无论利用何种仪器、仪表进行测量，总会存在测量误差。也就是说，测量结果不可能准确地等于被测量的真实值，而是它的近似值。测量误差是各种因素综合作用的结果，通常把测量误差的来源分成以下五大类。

1）仪器误差

仪器误差是指用仪器（仪表）进行测量时，由于仪器本身的电气性能或力学性能不完善引起的误差。

2）使用误差

使用误差又称操作误差，是指仪器在使用过程中，由于安装、调节、布置、使用不当引起的误差。例如，把规定水平安放的仪器垂直放置；接线过长或未考虑阻抗匹配；未按操作规程进行预热、调节、校准、测量等，这些都会产生使用误差。

3）人身误差

人身误差是指由于人的感觉器官或运动器官不完善产生的误差。对于某些需要借助人耳、人眼来判断结果的测量，以及需要进行人工调谐的测量工作，均会产生人身误差。提高测量技巧和改进测量方法可减小人身误差。

4）影响误差

影响误差又称环境误差，是指仪器由于受外界温度、湿度、气压、电磁场、机械振动、光照、放射性等因素的影响产生的误差。

5）方法误差

方法误差是指由于测量方法不完善或依据的公式不完善引起的误差。

2. 测量误差的分类

测量误差按其性质及特点可以分为以下几类。

1）系统误差

系统误差是指在一定条件下，误差的数值保持恒定或按某种已知函数规律变化的误差。这种误差不易被人觉察，有时将严重影响测量的准确度。因此，在测量前必须检查可能产生系统误差的来源并设法消除。应当正确选择仪器的类型并对测量仪器进行校正，或决定系统误差的大小，以对测量结果进行修正。

2）随机误差

随机误差又称偶然误差，是一种具有随机变量特点且服从统计规律的误差。减小随机误差的主要方法是进行多次测量，并取其统计平均值。

3）粗大误差

粗大误差是指在一定条件下，测量结果明显偏离实际值时对应的误差。从性质上来看，粗大误差并不是单独类别，它既可能是系统误差的性质，又可能是随机误差的性质，只不过是在一定条件下其绝对值特别大而已。产生粗大误差的主要原因有测量方法不当、测量人员粗心或测量时受某种偶然因素的影响（如测量仪器突然跳火）等。

3. 测量误差的表示方法

测量误差的表示方法一般有以下三种形式。

1）绝对误差

被测量的测量值 x 与它本身的真值（真实值）x_0 之间的差值 Δx 称为绝对误差，即

$$\Delta x = x - x_0 \tag{3-70}$$

例如，某电流表测量值为 30.5mA，而实际值为 30.7mA，则绝对误差为 −0.2mA。

知道绝对误差后，就可以对测量值进行修正或更正了。修正值的大小和绝对误差相等，但符号相反。

2）相对误差

相对误差 r 是绝对误差（Δx）与被测量的真值（x_0）的百分比，表示为

$$r = (\Delta x / x_0) \times 100\% \tag{3-71}$$

相对误差较绝对误差更确切地说明了测量的精度，测量误差通常用相对误差表示。

3）引用误差

引用误差 r_f 又称满度相对误差，是绝对误差 Δx 与仪器（仪表）满度值 x_m 的百分比，即

$$r_f = (\Delta x / x_m) \times 100\% \tag{3-72}$$

引用误差用于表示测量仪器（仪表）的准确度等级。准确度等级常分为 0.1、0.2、0.5、1.0、1.5、2.5 和 5.0 七个级别。测量结果的准确度一般总是低于仪器（仪表）的准确度，只有当示值 x 等于满度值 x_m 时，二者才相等。因此，在实际测量时，应注意选择合适的量程，使指针的偏转位置尽可能处于满度值 2/3 以上的区域。通常，为了保证测量结果的准确度，测量仪器的误差至少比被测量的允许误差高一个数量级。

3.6 电子电路的基础知识

3.6.1 无线电波通信的基础知识

1. 无线电波的传播

理论和实践证明，电荷运动能够产生电流，交变的电流能够产生交变的电磁场，这种交变的电磁场具有向空间扩散的能力，频率越高，辐射能力越强。因为交变的电磁场又具有波的特性，所以称为电磁波，通常又称为无线电波。

人耳能听到的声音频率为 20Hz～20kHz，通常把这一频率范围叫作音频。声波在空气中传播的速度很慢（约为 340m/s），而且衰减很大。为了把声音传递到远方，常用的方法就是将它变成电信号，通过无线电波传送出去。

1) 无线电波的划分

一般来说，频率从几十 kHz 至几十万 MHz 的电磁波都称为无线电波。为了便于分析和应用，一般将无线电波的频率范围划分为若干区域，用频段（或波段）表示。习惯上将频率低的无线电波（如长波、中波、短波）用频率表示，将频率高的无线电波（如超短波、微波）用波长表示。无线电波在空间传播的速度是 3×10^5 km/s。无线电波在一个振荡周期 T 内的传播距离叫作波长，用符号 λ 表示。波长 λ、频率 f 和传播速度 c 的关系可表示为

$$\lambda = c \times T = \frac{c}{f} \tag{3-73}$$

由式（3-73）可知，频率越高，波长越短；频率越低，波长越长。无线电波的波段划分如表 3-23 所示。

表 3-23　无线电波的波段划分

波段名称	波长范围	频率范围	频段名称	用途
超长波	$10^4 \sim 10^5$ m	3～30kHz	甚低频 VLF	海上远距离通信
长波	$10^3 \sim 10^4$ m	30～300kHz	低频 LF	电报通信
中波	$2 \times 10^2 \sim 10^3$ m	300～1500kHz	中频 MF	无线电广播
中短波	$50 \sim 2 \times 10^2$ m	1500～6000kHz	中高频 IF	电报通信、业余者通信
短波	10～50m	6～30MHz	高频 HF	无线电广播、电报通信和业余者通信
米波	1～10m	30～300MHz	甚高频 VHF	无线电广播、电视、导航和业余者通信
分米波	1～10dm	300～3000MHz	特高频 UHF	电视、雷达、无线电导航
厘米波	1～10cm	3～30GHz	超高频 SHF	无线电接力通信、雷达、卫星通信
毫米波	1～10mm	30～300GHz	极高频 EHF	电视、雷达、无线电导航
亚毫米波	1mm 以下	300GHz 以上	超极高频	无线电接力通信

上述各种波段的划分是相对的，各波段之间并没有严格的划分界限，但各波段的特点仍然有明显的差别。把无线电波分成上述各种波段，给问题的讨论带来了很大的方便。一般又将米波和分米波合称为超短波，波长小于 30cm 的分米波和厘米波称为微波。

2) 无线电波传播的基本方式

无线电波传播的基本方式可分为以下五种。

(1) 地面波传播。无线电波沿着大地表面传播的方式称为地面波传播，如图 3-80（a）所示。这种传播方式适用于波长较长的无线电波，如中波、长波通信。

(2) 天波传播。在距离地面约 100km 的高空，有一层约 20km 厚的电离层，无线电波向空中辐射到电离层后，被电离层反射回地面接收点。这种无线电波传播方式称为天波传播，如图 3-80（b）所示，它适用于中波、短波的传播。天波传播往往受气候、季节、昼夜等因素的影响。

(3) 空间波传播。空间波传播是指发射天线辐射无线电波，通过空间直接到达接收天线的传播方式，如图 3-80（c）所示，它适用于电视无线电广播、微波中继、移动通信等。通信距离限制在视距范围之内。

（4）对流层传播。离开地面 12～16km 的大气层为对流层，无线电波照射到上面将产生折射和散射，如图 3-80（d）所示，这种传播方式称为对流层传播，适用于波长较短的无线电波。

（5）外球层传播。离开地面 1000km 以外的宇宙间的通信称为外球层传播，如图 3-80（e）所示。卫星通信和卫星直播电视利用的就是这种传播方式。

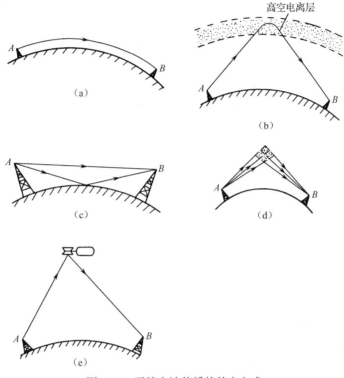

图 3-80　无线电波传播的基本方式

2．无线电波发送的基础知识

1）发送过程

实践证明，交变的电流通过天线可向空中辐射无线电波。为了能有效地把无线电波辐射出去，必须使天线的长度和无线电波的波长可比拟。例如，声音信号的频率只有 20kHz，其波长为 $1.5×10^4$～$1.5×10^7$m，要制造出与此尺寸相当的天线显然是不可行的。特别是在即使辐射出去，但各个电台发出的信号频率都相同的情况下，它们在空中混在一起，收听者也无法选择所要接收的信号。因此，要想不用导线传播声音信号，就必须利用频率更高（波长较短）的电磁振荡，并设法把音频信号"装载"在这种高频信号中，然后由天线辐射出去，这样，天线的尺寸可以做得比较小。此时，不同的广播电台就可以采用不同的无线电波发射频率了，彼此互不干扰。电视信号等其他信息也存在类似的情况，不同的电视台占用不同的电视频道，即占用不同的发射频率。

将传递的信号装载到高频信号上的过程叫作调制。常用的调制有调幅、调频和调相，经过调制的高频信号叫作已调信号。利用传输线将已调信号传送给天线并辐射出去，即可传送到远方。

一台发射机大致包括信号源、发信机和发射天线，如图3-81所示。信号源将要传输的信息（如声音、图像、测量数据等）转换为相应的电信号并进行适当的处理（如校正、放大等）。例如，由话筒将语言或音乐转换为音频信号，由摄像机将图像信号转换为相应的视频信号。

发信机一般包括低频放大器、高频信号振荡器、调制器、高频功率放大器。低频放大器放大信号源输出的低频信号，以满足调制器所需的输入电压；高频信号振荡器产生等幅高频正弦振荡载波，它的频率叫作载频；调制器的作用是将要传递的信号调制到载波信号上，使之成为已调信号，并用高频功率放大器将已调信号进行功率放大，最后由传输线送至发射天线，从而实现无线电波的发射。

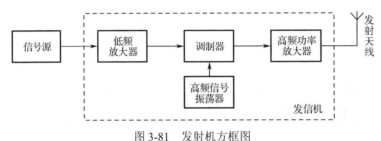

图3-81　发射机方框图

2）无线电波信号的调制

（1）调幅。

调幅是指高频正弦振荡的振幅随低频信号振幅的瞬时值的变化而变化。调幅后的高频信号称为调幅波。调幅波的频率与高频载波的频率一样，其振幅变化的规律正比于低频信号的振幅，这样，低频信号便"寄载"在高频载波上了。

为了表示调制的程度，定义了一个物理量——调幅系数，通常用 m_a 表示。调幅系数等于调幅波振幅变化的最大值 ΔU_m 与载波振幅 U_{cm} 之比，即

$$m_a = \frac{\Delta U_m}{U_{cm}} \times 100\% \quad (3-74)$$

调幅系数 m_a 应为0～1，如果 $m_a>1$，那么调幅波会产生严重的失真现象，如果 $m_a \ll 1$，则效率太低。一般希望电台的平均调幅系数在30%左右。调幅波的波形如图3-82所示。

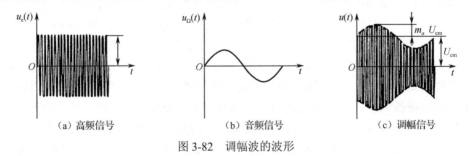

图3-82　调幅波的波形

（2）调频。

所谓调频，就是指高频正弦振荡信号的频率随低频信号的幅度的变化而变化。如图3-83所示，当音频信号的瞬时值为零时，高频振荡信号的频率保持原来的数值 f_c，f_c 称为中心频率或载频；当音频信号瞬时值减小时，高频振荡信号的频率就低于 f_c；当音频信

号的瞬时值增大时,高频振荡信号的频率就高于 f_c,但高频振荡信号的振幅是始终不变的。

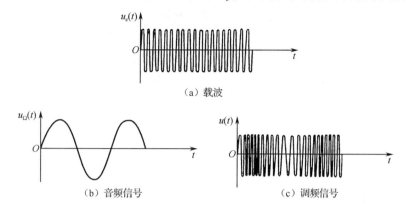

(a) 载波

(b) 音频信号

(c) 调频信号

图 3-83 调频波的波形

从图 3-83 可知,调频波的振幅不携带音频信息,当调频波受到外界振幅信号的干扰时,在接收机中可用限幅器去掉这些干扰信号,因此调频广播的抗干扰性比调幅广播的抗干扰性好。

设调频波波形最密处的瞬时频率为 f_{max},则称 $\Delta f_{max}=f_{max}-f_c$ 为最大频偏。Δf_{max} 与音频信号的振幅有关,而与音频调制信号 F 无关。

同样,为了表示调制的程度,定义一个物理量——调频系数,用 m_f 表示:

$$m_f = \frac{\Delta f_{max}}{F} \tag{3-75}$$

调幅系数 m_a 不允许大于 1,但调频系数 m_f 既可小于 1,又可远大于 1。

3. 无线电波接收的基础知识

1) 接收过程

接收机的工作过程恰好和发射机的工作过程相反,其基本任务是将天空中传来的无线电波接收下来并选择出所需的电台信号,然后将其复原成原来的信号。接收机一般包括接收天线、收信机和系统的接收终端,如图 3-84 所示。

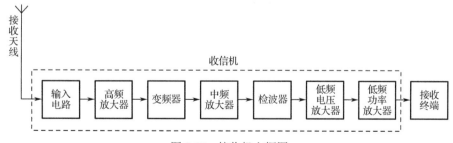

图 3-84 接收机方框图

2) 信号的变频与混频

变频(混频)是超外差式接收机的重要工作部分。接收天线感应到的高频信号有中波、短波、超短波等,经过输入电路选频,选择出所需的某一频道或电台的信号。它们的频率范围不同,相应的载波频率也不相同。因此必须经过变频将一定频率范围的已调高频信号变成固定的中频信号,然后用谐振频率固定的中频放大器放大选频,从而提高整机的灵敏度和选择性,且可以使各电台放大量基本一样。变频前与变频后的调制规律不变,调幅的中频为 465kHz,调频中频为 10.7MHz,电视图像中频为 38MHz。变频电路可分为自激式和他激式两种。如果变频器件本身既产生本振信号,又实现频率变换,则称之为自激式变频器(简称变频器),一般用于较低级的接收机中。由于自激式变频器只用一只晶体管起本振和混频的作用,因此不能选择一个同时满足振荡和变频的最佳工作状态。他激式变频器是非线性器件,它本身仅实现频率变换的功能,本振信号由其他器件产生,虽然需要两只晶体管,但由于本振和混频单独工作,所以本振管和混频管可以分别工作在最佳工作状态,特别是高频,振荡频率不易受信号频率牵制。因此较高档的接收机用混频器和本振实现变频。

3)无线电波信号的解调

解调是调制的逆过程,将低频调制信号从已调波中检取出来的过程称为解调。从调幅波中检出调制信号用检波器,如图 3-85 所示,输出电压正比于输入信号振幅,因此又称包络检波或大信号检波。

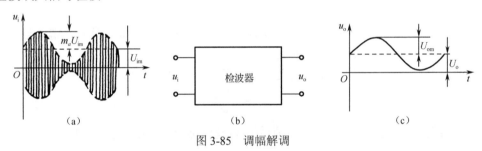

图 3-85 调幅解调

从调频波中检出调制信号用鉴频器,如图 3-86 所示。要求解调器的输出信号与输入调频波的瞬时频率变化呈线性关系。

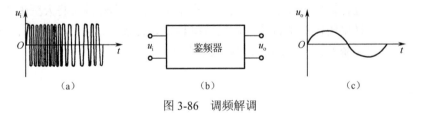

图 3-86 调频解调

鉴频的方法很多,应用比较普遍的鉴频方法是:先进行波形变换,将等幅调频波 u_i 变换成幅度随瞬时频率变化的调频波,即调幅-调频波,再用振幅检波器将振幅的变化检测出来,如图 3-87 所示。

4)无线电波信号的频谱

(1)频谱的概念。

任何形式的信号都可分解为许多不同频率的正弦波信号之和。所谓频谱,就是指组成信号的各正弦波信号按频率分布的情况。为了更直观地了解信号的频率组成和特点,通常采用图案的方法:用频率作为横坐标,用信号的各正弦波分量的振幅 A_m 作为纵坐标,这样画出的图案叫作频谱图。

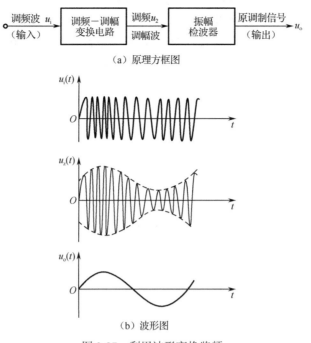

图 3-87 利用波形变换鉴频

（2）调幅信号的频谱。

图 3-88（a）是载频为 f_c、调制信号频率为 F 的调幅波的频谱图，它共由三个正弦波分量组成：其中之一的频率为载频 f_c，另外两个分量的频率为 f_c+F 和 f_c-F，分别称为上边频和下边频。上边频和下边频是对称的。调幅波的频宽 $B = (f_c+F) - (f_c-F) = 2F$，即调幅波的频宽是调制信号频率的 2 倍。

由于音频信号并不是单一的正弦波，而是由许多正弦波信号组合而成的，其频率为 30Hz～15kHz，因此音频调制信号的调幅波的频谱含有上下两个边带，如图 3-88（b）所示，调幅信号总的频宽等于音频调制信号最高频率的 2 倍。假如音频信号的频率为 30Hz～15kHz，则将它对载频为 640kHz 的高频振荡信号进行调幅后，调幅信号的频谱将占有的频率为 625～655kHz，其频宽为 2×15kHz= 30kHz。

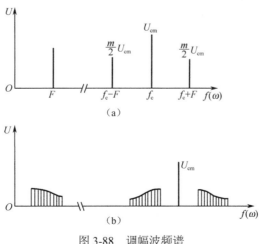

图 3-88 调幅波频谱

由于供无线电广播的波段宽度有限，因此为容纳更多的电台，不得不"割掉"部分边带。我国规定中波电台允许占用 9kHz 的频带，短波电台允许占用 10kHz 的频带。图 3-89（a）是单边带调幅波频谱，图 3-89（b）是残留边带调幅波频谱。

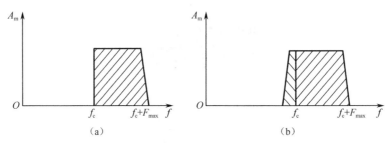

图 3-89　不同调幅方式的调幅波频谱

（3）调频信号的频谱。

载频为 f_c、音频调制频率为 F 的调频波的频谱是由无数对边频组成的。第一对边频的频率为 $f_c±F$，第二对边频的频率为 $f_c±2F$，第 n 对边频的频率为 $f_c±nF$。调频波的频宽是无限的，但实际上远离载频的高次边频的振幅很小，通常将振幅大于未调载波振幅 10% 的边频称为有效边频，有效边频所占的频宽为有效频宽，用 B_f 表示。进一步分析可知，调频系数 m_f 对频谱的结构影响很大，m_f 越大，有效边频对数就越多，有效边频的对数大致等于 m_f+1。图 3-90 给出了不同 m_f 时的频谱图，从图中可以看出，频谱中载频的振幅随 m_f 的增大而减小，因此，从能量的角度来看，调频的效率比调幅的效率高。

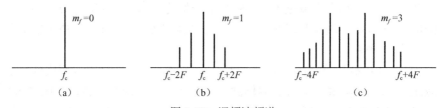

图 3-90　调频波频谱

音频调制信号是由许多不同频率的正弦波信号分量组合而成的，因此频谱将变得很复杂，但总的有效频宽 B_f 可按调制信号的最高频率分量来考虑。国家标准规定，调频广播的频偏为 75kHz，音频的频宽为 30Hz～15kHz，因此调频广播的频宽为 180kHz。由于频宽较宽，所以调频广播使用超短波广播，其波段为 88～108MHz。

3.6.2　串/并联谐振电路

谐振电路是由电感线圈和电容器等元件组成的，按其组成形式不同，有串联谐振电路、并联谐振电路和耦合谐振电路等。谐振电路主要应用于调谐放大器、振荡器及变频器等电路中，起选频和滤波的作用。

1．串联谐振电路

1）电路的形式

将电感线圈 L 和电容器 C 相串接便构成了 L-C 串联谐振电路，如图 3-91 所示。其中，u_s 为外接信号源；R 是电感线圈及电容器的损耗电阻的等效电阻。

2）谐振现象

串联谐振电路的阻抗 $Z=R+jX$。其中电抗 X 为

$$X = X_L - X_C = \omega L - \frac{1}{\omega C} \qquad (3-76)$$

式中，ω 为信号源的角频率；$X_L = \omega L$ 称为感抗；$X_C = \frac{1}{\omega C}$ 称为容抗。X 随 ω 变化的规律如图 3-92 所示。

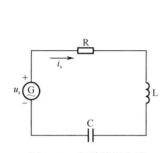

图 3-91 串联谐振电路

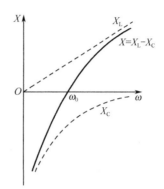

图 3-92 串联谐振电路电抗特性曲线

从图 3-91 可知，当 $\omega < \omega_0$ 时，$X_L < X_C$，回路呈容性；当 $\omega > \omega_0$ 时，$X_L > X_C$，回路呈感性；当 $\omega = \omega_0$ 时，电抗 $X=0$，回路呈电阻性，此时回路电流与外加信号源同相位，阻抗 Z 为最小值，回路电流达到最大值，这种现象称为串联谐振现象。

3）谐振条件

根据以上分析可知，回路发生串联谐振的条件是 $X = \omega_0 L - \frac{1}{\omega_0 C} = 0$，即

$$\omega_0 = \frac{1}{\sqrt{LC}} \text{ 或 } f_0 = \frac{1}{2\pi\sqrt{LC}} \qquad (3-77)$$

式中，L——自感系数，单位为 H；

　　　C——电容量，单位为 F；

　　　ω_0——角频率，单位为 rad/s；

　　　f_0——频率，单位为 Hz。

从式（3-77）可知，电路谐振频率只是由电路本身的参数决定的，与外加信号源无关。当信号源频率等于电路谐振频率时，电路呈现谐振现象，因此变动信号源频率或改变元件参数 L（或 C）的数值，都可使电路发生谐振。调节电感量 L 或电容量 C 的数值使电路发生谐振的过程称为调谐。

4）谐振特性

串联谐振电路的主要特性如下。

（1）回路电抗 $X=0$，回路阻抗最小，呈电阻性。

（2）回路中的电流达到最大值且与信号源电压同相位。

（3）谐振时，$\omega_0 L = \frac{1}{\omega_0 C}$，此时的感抗或容抗称为回路的特性阻抗，用 ρ 表示，其值

为 $\rho = \omega_0 L = \dfrac{1}{\omega_0 C} = \sqrt{\dfrac{L}{C}}$ 。

（4）谐振时，电感器与电容器两端的电压大小相等，相位相反，其数值是总电压的 Q 倍，即

$$U_{Lo}=U_{Co}=Qu_s \tag{3-78}$$

式中，Q 称为回路的品质因数。

5）品质因数和幅频特性

品质因数是指回路的特性阻抗与回路中的损耗电阻的比值，用 Q 表示，即

$$Q = \dfrac{\rho}{R} = \dfrac{\omega_0 L}{R} = \dfrac{1}{\omega_0 RC} = \dfrac{1}{R}\sqrt{\dfrac{L}{C}} \tag{3-79}$$

幅频特性是指电路中的电流幅值随信号源频率变化的特性，如图 3-93 所示。由图 3-93 可知，Q 值越大，回路的选择性，即选择有用信号并抑制其他干扰信号的能力就越好。因此串联谐振电路常用来选频或吸收回路。当外来电台频率和串联谐振电路的固有频率 f_0 相同时，电路的阻抗最小，在回路中产生的电流最大，在电感器或电容器上能获得一个较高的输出电压。其他频率的信号由于在电路中只有较小的电流而被抑制衰减。

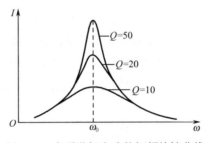

图 3-93 串联谐振电路的幅频特性曲线

2. 并联谐振电路

1）电路形式

并联谐振电路是由电感线圈 L、电容器 C 和信号源相互并联构成的电路，如图 3-94 所示。其中，u_s 为信号源电压，R_s 为信号源的内阻，R 是电感线圈的损耗电阻。

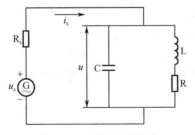

图 3-94 并联谐振电路

2）谐振条件

当并联谐振回路两端的电压 u 和回路电流 i_s 同相位时，回路呈纯电阻性，阻抗最大，这种状态称为并联谐振。通过分析可知，在回路的品质因数 Q 较大（$Q \gg 1$）的情况下，

并联谐振的条件是 $\omega_0 L - \dfrac{1}{\omega_0 C} = 0$，谐振频率为

$$\omega_0 = \frac{1}{\sqrt{LC}} \text{ 或 } f_0 = \frac{1}{2\pi\sqrt{LC}} \qquad (3-80)$$

其近似计算和串联谐振频率计算一样。

3）谐振特性

并联谐振具有以下几个主要特性。

（1）回路呈纯电阻性，阻抗最大，数值为 $\dfrac{L}{RC}$。

（2）回路两端电压与总电流同相位，输出电压达到最大值。

（3）在 $Q \gg 1$ 的条件下，可认为回路的感抗和容抗相等，两支路电流大小近似相等，且等于总电流的 Q 倍，其相位近似相反。

4）阻抗特性和幅频特性

并联谐振电路的阻抗特性曲线如图 3-95（a）所示，幅频特性曲线如图 3-95（b）所示，当 $f=f_0$ 时，输出电压最大。从图 3-95（b）可知，Q 值越大，选择性越好。并联谐振电路主要用来构成调谐放大器或振荡器的选频回路。

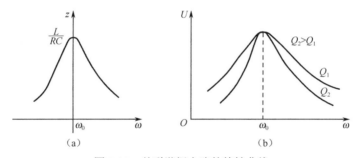

图 3-95　并联谐振电路的特性曲线

3.6.3　整流/滤波电路

1．整流电路

1）整流的作用

整流就是利用整流元器件（较常用的是整流二极管）的单向导电性实现将交流电变换成单向的脉动直流电的过程。整流广泛应用于电子设备的供电电源中。

2）整流电路的分类

常用的整流电路有单相半波整流电路、单相全波整流电路和单相桥式整流电路三种。

3）单相半波整流

单相半波整流电路如图 3-96 所示。我国规定市电频率（工频）为 $f=50\text{Hz}$，当 u_2 为正半周时，二极管 V 加正向电压导通，有电流 i_L 流过二极管 V 和负载电阻 R_L；当 u_2 为负半周时，二极管 V 加反向电压截止。这样 u_2 变化

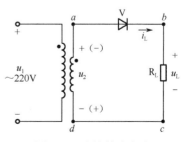

图 3-96　半波整流电路

一周,在负载 R_L 上只得到了半周脉动电压和电流,故称为半波整流。单相半波整流的电压/电流波形图如图 3-97 所示。

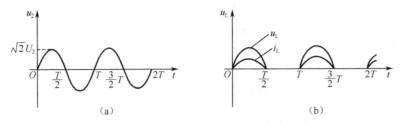

图 3-97 单相半波整流的电压/电流波形图

不难导出,输出直流电压平均值为 $U_L=0.45U_2$,输出直流电流平均值为

$$I_L = \frac{U_L}{R_L} = \frac{0.45U_2}{R_L}$$

4)单相全波整流

单相全波整流电路如图 3-98 所示,它是由两个单相半波整流电路组成的。当 u_2 为正半周时,整流管 V1 导通,V2 截止;当 u_2 为负半周时,整流管 V1 截止,V2 导通。单相全波整流波形如图 3-99 所示。

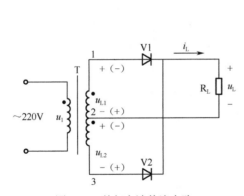

图 3-98 单相全波整流电路

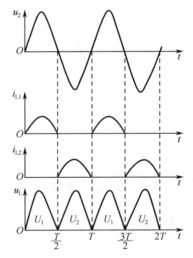

图 3-99 单相全波整流波形

这样变化一周,两个整流管轮流导通半个周期,在负载 R_L 上得到两个 1/2 周期的脉动电压和电流,故称为全波整流。不难导出,输出的直流电压平均值 $U_L=0.9U_2$,直流电流平均值 $I_L = \frac{U_L}{R_L} = \frac{0.9U_2}{R_L}$。

5)单相桥式整流

另外,还有一种单相桥式整流电路,它由四只二极管接成了电桥形式,故称单相桥式整流电路,如图 3-100 所示。当输入电压 u_2 为正半周时,电路 1 端为正、3 端为负,二极管 V1、V3 加正向电压导通,V2、V4 截止,电流 i_L 的路径为 1 端→V1→R_L→V3→3 端;当 u_2 为负半周时,电路 3 端为正,1 端为负,二极管 V2、V4 加正向电压导通,V1、V3

截止，电流 i_L 的路径为 3 端→V2→R_L→V4→1 端。结果在 u_2 整个周期内，V1、V3 和 V2、V4 轮流导通半个周期，R_L 获得了一个上正下负的全波脉动电压，其大小和波形与单相全波整流的大小和波形一样。

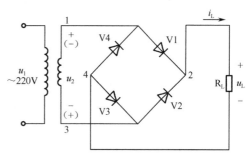

图 3-100　单相桥式整流电路

2．滤波电路

1）滤波电路的作用

整流电路输出的直流电压的脉动一般都很大（纹波较大）。例如，半波整流在一个周期内，正半周时负载上的电压按 $u_2=\sqrt{2}U_2\sin\omega t$ 的规律变化，负半周时负载上的电压为 $u_L=0$。由此可见，整流输出电压中除直流分量外，还包含许多谐波分量，因此必须采用滤波器滤除谐波分量，以输出平滑的直流电压。

2）滤波电路的类型

完成上述滤波作用的电路类型有三种，它们是电容滤波电路、电感滤波电路和组合滤波电路。下面主要介绍前两种。

3）典型滤波电路

（1）电容滤波电路。

在整流后的负载 R_L 两端并接一个容量较大的电容器 C（一般为电解电容器），即可组成电容滤波电路，如图 3-101 所示。该电路是利用电容器充电快、放电慢，两端电压不能突变的特点工作的，其工作波形如图 3-102 所示。当整流电路的内阻不太大或放电时间常数满足 $t=RC\geq(3\sim5)T/2$ 时，$U_L=(1.1\sim1.2)U_2$。

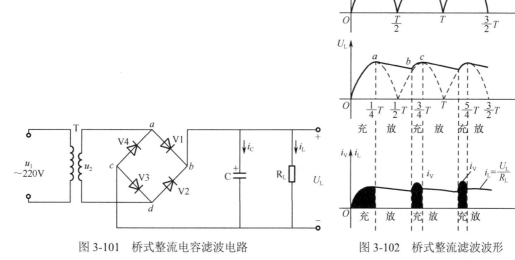

图 3-101　桥式整流电容滤波电路　　　　图 3-102　桥式整流滤波波形

（2）电感滤波电路。

电感是一种储存磁能的元件，具有"通直隔交"的特性，能使脉动信号变得平滑，适用于负载电流大且变化较大的场合。电感滤波电路如图 3-103 所示，当忽略电感 L 的内阻时，$U_L=0.9U_2$。

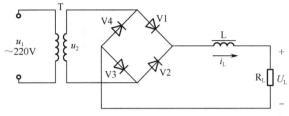

图 3-103　电感滤波电路

3.6.4　放大电路

1. 放大电路的作用

放大电路的作用实质上是控制能量，把直流电源的能量转化为输出信号的能量，并要求输出信号的变化与输入信号的变化成正比（呈线性关系）。具有能量控制作用的器件称为有源器件，如晶体三极管、场效应管等。放大电路是由有源器件和电阻、电容、电感等无源器件组成的。

2. 对放大电路的基本要求

对放大电路的基本要求如下。

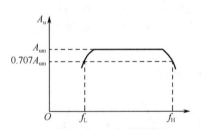

图 3-104　放大电路的通频带示意图

（1）具有一定的放大倍数，根据不同的使用场合可为几倍到几十万倍。

（2）一定的通频带宽度，通频带是指放大倍数下降至中频段放大倍数的 0.707 倍（或增益下降 3dB）时的频率范围，如图 3-104 所示。其中，f_L 为下限截止频率，f_H 为上限截止频率，通频带为 $BW=f_H-f_L$。

（3）非线性失真越小越好。

（4）放大电路要稳定，不能自激。

3. 放大电路的基本组成

对应于晶体三极管的三种组态（以 NPN 型管为例），有三种基本放大电路，如图 3-105 所示。

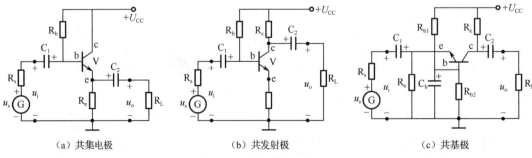

(a) 共集电极　　　　(b) 共发射极　　　　(c) 共基极

图 3-105　晶体三极管的三种基本放大电路

图 3-105 中的各元器件的作用如下。

（1）晶体三极管 V 是电路的核心，起放大电流的作用。

（2）电源 U_{CC} 保证发射结正向偏置、集电结反向偏置，使晶体三极管处于放大状态。另外，它还可以提供能量，一般为几伏至十几伏。

（3）集电极电阻 R_c 将晶体三极管的电流放大作用转换为电压放大作用。

（4）电源 U_{CC} 通过基极偏置电阻 R_b 产生晶体三极管基极偏置电流 I_b，使晶体三极管工作在放大区域。

（5）耦合电容 C_1、C_2 起隔直通交的作用。

4．放大电路的基本工作原理

放大电路的工作状态分静态和动态。静态是指无交流信号输入时，电路中的电压、电流都不变（直流）的状态。动态是当放大电路有信号输入时，电路中的电压、电流随输入信号进行相应变化的状态。

1）静态

（1）直流通路。

直流通路是只允许直流电流通过的路径。由于电容器具有隔直通交的作用，所以在画直流通路时，要对电容器进行开路处理。共发射极放大电路的直流通路如图 3-106 所示。

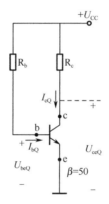

图 3-106　共发射极放大电路的直流通路

（2）静态工作点 Q。

静态工作点是指放大器在静态时晶体三极管各极的电压值、电流值（主要是指 I_b、I_c、U_{ce}）可以用输入特性曲线和输出特性曲线上的点（Q）表示，如图 3-107 所示。为了强调说明，加注下标 Q 来表示静态工作点，即 I_{bQ}、I_{cQ}、U_{ceQ}。根据图 3-107 可计算出：

$$I_{bQ} = \frac{U_{CC} - U_{beQ}}{R_b} \tag{3-81}$$

式中，U_{beQ} 为发射结导通所需的压降，硅管为 0.7V 左右，锗管为 0.2～0.3V。

由于晶体三极管的放大作用，所以在静态时：

$$I_{cQ} = \beta I_{bQ} \tag{3-82}$$

在集电极直流回路中，电阻 R_c 两端的电压与三极管集电极和发射极之间的静态电压之和等于电源电压 U_{CC}，即

$$U_{ceQ} = U_{CC} - I_{cQ}R_c \tag{3-83}$$

设置静态工作点的目的是避开输入特性曲线起始部分的死区,预先给基极提供一定的偏流,以保证在输入信号的整个周期内,输出波形和输入波形一致,不产生非线性失真。

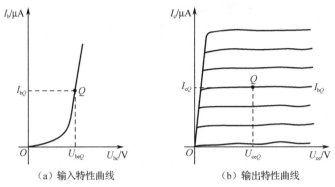

图 3-107 放大电路的静态工作点

2) 动态

在上述静态基础上,若给放大电路加上输入信号 u_i,则电路工作在放大状态(动态)。由于设置了静态,使输入信号工作于近似线性区,输入基极电压 $U_{be} = U_{beQ} + u_i$。放大器处于动态时的波形如图 3-108 所示。由图 3-108 可见,动态都是在静态的基础上叠加了上一个交流信号。

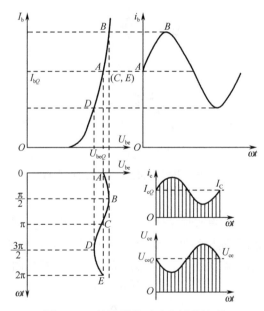

图 3-108 放大器处于动态时的波形

5. 放大电路的分析方法

放大电路的分析方法有图解分析法和微变等效电路法(简称等效电路法)两种。

图解分析法主要利用晶体三极管的输入/输出特性曲线,采用作图的方法求得静态工作点、输入/输出波形、放大倍数等。图解分析法的特点是比较直观,但精确度不高、分析较复杂。

等效电路法是将晶体三极管用微变等效电路代替,如图 3-109 所示。其中:

$$r_{be} = 300 + (1+\beta)\frac{26\text{mV}}{I_{eQ}} = 300 + \frac{26\text{mV}}{I_{bQ}}$$

图 3-105(b)所示共发射极放大电路可等效为如图 3-110 所示的共发射极等效电路。其中,电容 C_1、电源 U_{CC} 对交流呈现的阻抗很小,可视为短路,再加上信号源和负载,得放大倍数为

$$A_u = \frac{U_o}{U_i} = \frac{-\beta I_b R'_L}{I_b r_{be}} = \frac{-\beta R'_L}{r_{be}} \tag{3-84}$$

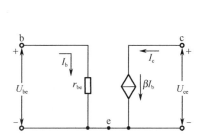
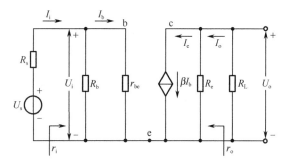

图 3-109 晶体三极管的等效电路   图 3-110 共发射极等效电路

放大电路的输入电阻为

$$R_i = \frac{U_i}{I_i} = R_b // r_{be} \tag{3-85}$$

放大电路的输出电阻为

$$R_o = \frac{U_o}{I_o} = R_c \tag{3-86}$$

由以上分析可知,共发射极放大电路具有较大的电压放大作用,且输出电压与输入电压反相;输出电阻与输入电阻大小适中。共发射极放大电路广泛应用于一般放大或多级放大电路的中间级。

6. 射极输出器与共基极放大电路

共集电极放大器的信号是从基极输入并由发射极输出的,集电极是公共端,如图 3-105(a)所示。

射极输出器实质上是共集电极放大器,通过分析计算可得 $A_u \approx 1$,即输出和输入信号电压近似相等且同相位。它虽然没有电压放大作用,但有电流放大作用,具有高输入阻抗、低输出阻抗的特点,常用在输入级和中间放大级,起缓冲隔离作用:一方面可减轻放大电路接入时对信号源的影响;另一方面因为输出阻抗低,因此带负载能力强。

共基极放大电路输入信号是从发射极输入、由集电极输出的,基极是公共端,如图 3-104(c)所示。共基极放大电路具有输出电压与输入电压同相位、电压放大倍数大、输入电阻小、输出电阻大的特点。由于共基极放大电路有较好的高频特性,故广泛应用于高频或宽带放大电路中。

3.6.5 脉冲、逻辑门电路

1. 脉冲技术的一般知识

脉冲是指在短时间内电压或电流突然变化的信号，通常将产生或变换脉冲信号波形的电路称为脉冲电路。下面介绍脉冲波形及其主要参数。

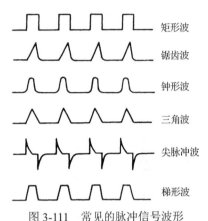

图 3-111 常见的脉冲信号波形

1）几种常见的脉冲信号波形

脉冲信号种类繁多，常见的波形有矩形波、锯齿波、钟形波、三角波、尖脉冲波和梯形波，如图 3-111 所示。

2）脉冲信号波形的主要参数

用来评价脉冲信号性能的物理量叫作脉冲信号的参数。下面以矩形波脉冲信号和锯齿波脉冲信号为例来说明脉冲信号波形的一些主要参数，分别如图 3-112、图 3-113 所示。

（1）矩形波脉冲信号的主要参数。

脉冲信号幅度 U_m：表示脉冲电压或电流变化的最大值，其值等于脉冲底部和脉冲顶部数值之差的绝对值。

脉冲信号前沿上升时间 t_r：表示脉冲信号前沿从 $0.1U_m$ 上升到 $0.9U_m$ 所需的时间，其值越小，表明脉冲信号上升得越快。

脉冲信号后沿下降时间 t_f：表示脉冲信号后沿从 $0.9U_m$ 下降到 $0.1U_m$ 所需的时间，其值越小，表明脉冲信号下降得越快。

脉冲信号宽度 T_w：表示由脉冲信号前沿 $0.5U_m$ 到脉冲信号后沿 $0.5U_m$ 的时间，其值越大，说明脉冲信号出现后持续的时间越长。

周期 T：表示两个相邻脉冲重复出现的时间间隔，其倒数为脉冲的频率 f，即 $f=1/T$。

（2）锯齿波脉冲信号的主要参数。

正程 T_s（ab 段）：又叫扫描期或工作期，此期间电压或电流随时间进行线性变化。

逆程 T_B（bc 段）：又叫回扫期或恢复期，表示正程结束后电压恢复到初始值所需的时间，其值越小越好。

休止期 T_q：表示两次扫描间隔的时间，即前一个正程结束到下一个正程开始的时间间隔。

锯齿波幅度 U_m：指正程内电压或电流的最大变化量。

周期 T：表示相邻两个锯齿波重复出现的时间间隔。它与频率 f 的关系为 $f=1/T$。

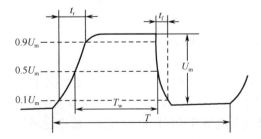

图 3-112 矩形波脉冲信号的主要参数

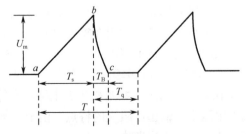

图 3-113 锯齿波脉冲信号的主要参数

2. RC 电路

用电阻 R 和电容 C 构成的电路叫 RC 电路。最常用的是 RC 微分电路和 RC 积分电路。

1）RC 微分电路

RC 微分电路是一种常用的波形变换电路，它能够将矩形波转换成尖脉冲波。RC 微分电路及其输入、输出波形如图 3-114 所示。其中，输出电压取自电阻的两端，电路的时间常数 τ 远小于输入矩形波脉冲的脉冲宽度，即 $\tau \ll T_w$。

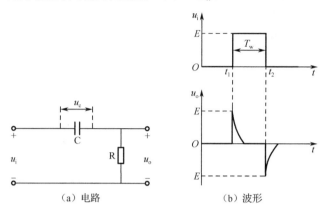

图 3-114 RC 微分电路及其输入、输出波形

2）RC 积分电路

RC 积分电路也是一种常用的波形变换电路，它可以把矩形波转换成三角波。它和 RC 微分电路不同的是，输出电压取自电容 C 的两端（将微分电路中两元件的位置互换）。RC 积分电路的时间常数 τ 要远大于输入矩形波脉冲的脉冲宽度 T_w。RC 积分电路及其输入、输出波形如图 3-115 所示。

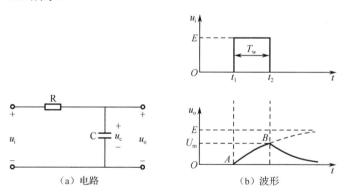

图 3-115 RC 积分电路及输入、输出波形

RC 积分电路主要应用于以下三方面。

（1）把矩形波转换成三角波（或锯齿波），要求 $\tau \gg T_w$。

（2）将上升沿、下降沿很陡的矩形波变换成上升沿、下降沿变化都比较缓慢的矩形波。

（3）从宽窄不同的矩形波中选出较宽的脉冲。例如，在电视接收机中，从复合行、场同步信号中取出场同步脉冲以控制帧振荡电路，使本机帧振荡的频率和电台发送的帧频率一致，从而实现同步。

3. 晶体管的开关特性

一个理想的开关应具有这样几个基本条件：接通时的阻抗为零，断开时阻抗为无穷大，具有一定的带负载能力，在接通与断开之间的转换速度极快。

1）晶体二极管的开关特性

前面已介绍过，晶体二极管的显著特点是单向导电性，即正向导通、反向截止。当正向电压增大到门限电压后，晶体二极管导通，呈现一极小电阻 r_d，一般在几十到几百欧姆；当加反向电压时，电流几乎为 0，呈现较大的反向电阻 R_d。一般在实际考虑时，认为晶体二极管是理想开关管（$r_d=0$，$R_d \to \infty$），如图 3-116 所示。同时希望晶体二极管从导通向截止或从截止向导通转换的时间越短越好。

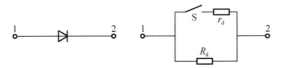

图 3-116　晶体二极管等效为开关的电路

2）晶体三极管的开关特性

前面已讲过，晶体三极管有三个工作区域：截止区、放大区和饱和区。在数字与脉冲电路中，晶体三极管不是工作在截止状态，就是处于饱和导通状态。因此，只要控制晶体三极管的基极电流（或电压），便可使晶体三极管处于饱和状态或截止状态，此时晶体三极管的集电极与发射极间就相当于开关的导通或断开状态，起到开关的作用。同时，希望晶体三极管开关过程的时间越短越好。

4. 基本逻辑门电路

逻辑是指思维的规律性。逻辑电路就是能够实现逻辑功能的电路。在数字电路中，最基本的逻辑电路是指按简单逻辑规律动作的开关电路，通常把这种开关电路称为逻辑门电路。最基本的逻辑门电路有与门电路、或门电路和非门电路。

1）与门电路

（1）与门电路的特点。

与逻辑又称逻辑乘。与逻辑表示的逻辑关系为：只有当决定某件事的各种条件全部都具备时，这件事才能发生。

图 3-117 是由两个串联开关 S1、S2 和灯 Q 组成的与逻辑电路。只有当开关 S1、S2 都闭合时，灯 Q 才亮，即灯亮这件事和开关 S1、S2 的关系是与逻辑。

将开关 S1、S2 和灯 Q 的关系列表，结果如表 3-24 所示。

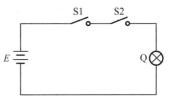

图 3-117　与逻辑电路

表 3-24　与门真值表

输入信号		输出信号
A	B	Q
0	0	0
0	1	0

续表

输 入 信 号		输 出 信 号
1	0	0
1	1	1

注：开关闭合为1，断开为0；灯亮为1，灯灭为0。

这种将一切输入和输出的情况列出的表格称为真值表。与逻辑表示的功能是：只有输入皆为1时，输出才为1；当输入有0时，输出为0。

（2）与门电路的图形符号。

与门电路的图形符号如图3-118所示。

（3）与门电路的逻辑表达式。

与门电路的逻辑表达式为 $Q=A \cdot B$。式中，A 与 B 变量间的小圆点表示与逻辑，读作 A 与 B，也可读作 A 乘 B。

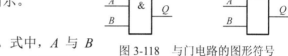

图 3-118　与门电路的图形符号

2）或门电路

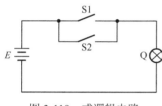

图 3-119　或逻辑电路

（1）或门电路的特点。

或逻辑又称逻辑加。或逻辑表示的逻辑关系为：在决定某件事的各种条件中，只要具备其中的一种或几种条件，这件事就会发生。图 3-119 是由两个并联开关 S1、S2 和灯 Q 组成的或逻辑电路。开关 S1 闭合或 S2 闭合，或者 S1 和 S2 都闭合，灯 Q 都会亮。将开关 S1、S2 和灯 Q 的关系列表，结果如表 3-25 所示。

表 3-25　或门真值表

输 入 信 号		输 出 信 号
A	B	Q
0	0	0
0	1	1
1	0	1
1	1	1

或逻辑表示的功能是：当输入皆为 0 时，输出为 0；当输入有 1 时，输出为 1。

（2）或门电路的图形符号。

或门电路的图形符号如图 3-120 所示。

（3）或门电路的逻辑表达式。

或门电路的逻辑表达式为 $Q=A+B$，式中，"+" 表示或逻辑。

图 3-120　或门电路的图形符号

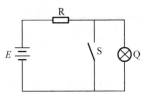

图 3-121　非逻辑电路

3）非门电路

（1）非门电路的特点。

非逻辑又称逻辑非，其表示的逻辑关系为：输出和输入的状态总是相反的，"非"实际上是逻辑否定。图 3-121 是由开关 S 与灯 Q 并联组成的非逻辑电路。当开关 S 闭合时，灯 Q 灭；当 S 断开时，灯 Q 亮。非门真值表如表 3-26 所示。非逻辑表示的功能是：当输入为 1 时，输出为 0；当输入为 0 时，输出为 1。

表 3-26　非门真值表

输入信号	输出信号
A	Q
0	1
1	0

（2）非门电路的图形符号。

非门电路的图形符号如图 3-122 所示。

（3）非门电路的逻辑表达式。

非门电路的逻辑表达式为 $Q=\overline{A}$，式中，在字母上加"—"表示非逻辑。

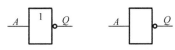

图 3-122　非门电路的图形符号

4）复合逻辑门电路

基本的与门、或门、非门电路可以构成各种复杂的逻辑门电路。在实际应用中，通常可以将这些复合门电路看作一个门电路来使用。下面列出了常见的复合逻辑门电路的组成、电路图形符号、真值表及逻辑表达式。

（1）与非门。

与非门电路图形符号如图 3-123 所示。

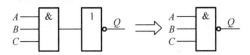

图 3-123　与非门电路图形符号

与非门的逻辑表达式为 $Q=\overline{A \cdot B \cdot C}$。

与非门真值表如表 3-27 所示。

表 3-27　与非门真值表

输入信号			输出信号	输入信号			输出信号
A	B	C	Q	A	B	C	Q
0	0	0	1	1	0	0	1
0	0	1	1	1	0	1	1
0	1	0	1	1	1	0	1
0	1	1	1	1	1	1	0

（2）或非门。

或非门电路图形符号如图 3-124 所示。

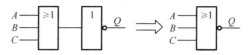

图 3-124　或非门电路图形符号

或非门逻辑表达式为 $Q = \overline{A + B + C}$。

或非门真值表如表 3-28 所示。

表 3-28　或非门真值表

输入信号			输出信号	输入信号			输出信号
A	B	C	Q	A	B	C	Q
0	0	0	1	1	0	0	0
0	0	1	0	1	0	1	0
0	1	0	0	1	1	0	0
0	1	1	0	1	1	1	0

（3）与或非门。

与或非门电路图形符号如图 3-125 所示，其逻辑表达式为 $Q = \overline{A \cdot B + C \cdot D}$。与或非门真值表如表 3-29 所示。

图 3-125　与或非门电路图形符号

表 3-29　与或非门真值表

输入信号				输出信号
A	B	C	D	Q
0	0	0	0	1
0	0	0	1	1
0	0	1	0	1
0	0	1	1	0
0	1	0	0	1
0	1	0	1	1
0	1	1	0	1
0	1	1	1	0
1	0	0	0	1
1	0	0	1	1

续表

输入信号				输出信号
A	B	C	D	Q
1	0	1	0	1
1	0	1	1	0
1	1	0	0	0
1	1	0	1	0
1	1	1	0	0
1	1	1	1	0

（4）异或门。

异或门电路图形符号如图 3-126 所示，其逻辑表达式为 $Q = \overline{A} \cdot B + A \cdot \overline{B} = A \oplus B$。异或门真值表如表 3-30 所示。

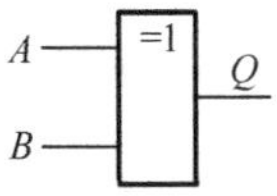

图 3-126　异或门电路图形符号

表 3-30　异或门真值表

输入信号		输出信号
A	B	Q
0	0	0
0	1	1
1	0	1
1	1	0

3.7　安全用电与文明生产

3.7.1　安全用电

1. 安全常识

安全用电包括人身安全和设备安全。为了防止触电事故的发生，必须十分重视安全用电。当发生用电事故时，不仅会损坏设备，还可能引起人身伤亡、火灾或爆炸等严重事故。因此，注意安全用电是非常必要的。

在使用用电设备之前，首先要清楚用电设备的额定电压与电源电压是否相符。额定电压通常在用电设备的显要位置标明，低压用电设备的额定电压一般为 220V 或 110V，高压用电设备的额定电压都在 380V 以上。如果将额定电压为 110V 的用电设备接到 220V 的电源上，就会使用电设备因实际电压过高而损坏，还会带来触电的危险。若发现额定电压与电源电压不符，则可以选择一个匹配的变压器，通过变压器将电源电压转换成与用电设备相适应的电压。

1）安全电压

安全电压是为防止触电事故而定义的特定供电电源的电压，在此电压下，一般不会出现人身安全问题。特定供电电源由专用的安全电压的电流装置供电。安全电压定值的等级分为 42V、36V、24V、12V 和 6V，直流电压不超过 120V。通过人体的电流越大，对人体的影响越大。通过人体电流的大小主要取决于加在人体上的电压及人体的电阻。人体电阻一般为 100kΩ，皮肤潮湿时可降到 1kΩ 以下。因此，接触的电压越高，对人体的损伤就越大。一般将 36V 以下的电压作为安全电压，但在潮湿的环境中，因为人体电阻降低，即便接触 36V 的电压也会有生命危险，所以要用 12V 的安全电压。

2）电击与电伤

触电泛指人体触及带电体。触电时电流会对人体造成各种不同程度的伤害。触电事故分为两类：一类叫电击；另一类叫电伤。

（1）电击。

所谓电击，是指电流通过人体时造成的内部伤害，它会破坏人的心脏、呼吸系统及神经系统的正常工作，甚至危及生命。低压系统在通电电流不大且时间不长的情况下，电流会引起人的心室颤动，但当通电电流时间较长时，会造成人窒息死亡，这是电击致死的主要原因。绝大部分触电死亡事故都是由电击造成的。日常所说的触电事故，基本上多指电击。

电击可分为直接电击与间接电击两种。直接电击是指人体直接触及正常运行的带电体所发生的电击；间接电击是指用电设备发生故障后，人体触及该意外带电部分所发生的电击。直接电击多数发生在误触相线、刀闸或其他设备的带电部分的情况下；间接电击一般发生在设备绝缘损坏、相线触及设备外壳、设备短路、保护接零及保护接地损坏等情况下。违反操作规程也是造成触电的隐患。

（2）电伤。

电伤是指电流的热效应、化学效应或机械效应对人体造成的伤害。电伤又分为电弧烧伤、电烙印、皮肤金属化三种。

电弧烧伤也叫电灼伤，是最常见，也是最严重的一种电伤，多由电流的热效应引起，具体症状是皮肤发红、起泡，甚至皮肉组织被破坏或烧焦。

电烙印：当载流导体较长时间接触人体时，因电流的化学效应和机械效应，接触部分的皮肤会变硬并形成圆形或椭圆形的肿块痕迹，如同烙印一般。

皮肤金属化：电流或电弧作用（熔化或蒸发）产生的金属微粒渗入人体皮肤表层，使皮肤变得粗糙、坚硬并呈青黑色或褐色。

3）触电的三种形式

人体本身就是一个导体，任何一部分触及带电体，电流都会从人体通过，从而构成回路，引起触电。因此，如果缺乏安全用电常识或对安全用电不重视，就可能发生触电事故。

触电是指当人体接触电源时，电流由接触点进入人体，然后由另一接触到地面的身体部位形成回路，造成深部肌肉、神经、血管等组织被破坏。若电流经过心脏，则会造成严重的心律不齐，甚至心跳暂停，造成死亡。同时，两个接触点因电流的流过而产生热能，会对肌肤造成损伤。触电可分为单相触电、两相触电、跨步触电三种形式。

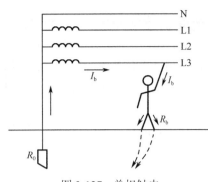

图 3-127 单相触电

（1）单相触电。

单相触电（见图 3-127）是指人体在地面上或其他接地体上，人体的某一部分触及一相带电体的触电事故。单相触电时加在人体上的电压为电源电压的相电压。设备漏电造成的事故属于单相触电。实际上，绝大多数的触电事故都属于这种形式。

（2）两相触电。

两相触电是指人体两处同时触及两相带电体而发生的触电事故，如图 3-128 所示。对于这种形式的触电加在人体上的电压是电源的线电压，电流将从一相经人体流入另一相导线。因此，两相触电的危险性比单相触电的危险性大。

（3）跨步触电。

当带电体触地时，会有电流流入大地；当雷击电流经设备接地体入地时，在该接地体附近的大地表面会具有不同数值的电位，人体进入上述范围，两脚之间形成跨步电压而引起的触电事故叫跨步触电，如图 3-129 所示。

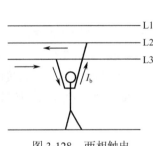

图 3-128 两相触电

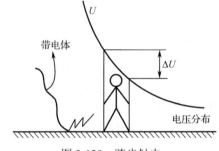

图 3-129 跨步触电

4）保护接地与保护接零

保护接地与保护接零是防止电气设备意外带电造成触电事故的基本技术措施，应用十分广泛。保护接地装置与保护接零装置可靠而良好地运行对保障人身安全有十分重要的意义。保护接地与保护接零的不同之处有以下三点。

其一，保护原理不同。低压系统保护接地的基本原理是限制漏电设备对地电压，使其不超过某一安全范围；高压系统的保护接地除限制对地电压外，在某些情况下，还有促成系统中保护装置动作的作用。保护接零的主要作用是通过设备外壳与电网零线形成单相短路，促使线路上保护装置迅速动作，切断电源，从而消除外壳带电的危险。

其二，适用范围不同。保护接地适用于一般的低压不接地电网及采取其他安全措施的低压接地电网；保护接地也能用于高压不接地电网。不接地电网不必采用保护接零。

其三，线路结构不同。保护接地系统除相线外，只有保护地线。保护接零系统除相线外，还必须有零线；必要时，保护零线要与工作零线分开；其重要的装置也应有地线。

（1）三相电路的保护接零。

保护接零是指把用电设备的金属外壳接到供电线路系统中的专用接零地线上，不必专门自行埋设接地体。当由于某种原因造成用电设备的金属外壳带电时，形成相线对中性线的单相短路，供电线路的熔断器在通过很大的电流时熔断，从而消除了触电的危险。如图 3-130 所示，三相用电保护接零可用四孔插座实现。应用保护接零的注意事项：零线不准接熔断器，而且要有足够的机械强度。

（2）三相电路的保护接地。

保护接地是把故障情况下可能出现危险的对地电压的导电部分同大地紧密地连接起来，只需适当控制保护接地电阻的大小，即可限制漏电设备对地电压在安全范围之内。凡由于绝缘破坏或其他原因可能出现危险电压的金属部分，均应可靠接地。

如图 3-131 所示，当电动机外壳装有保护接地装置时，由于人体电阻远大于接地装置的电阻，所以在电动机发生一相碰壳时（俗称搭铁），工作人员即使接触带电的外壳，也没有多大的危险。因为电流主要由接地装置分担了，所以几乎没有电流流过人体，从而保证了人身安全。在有保护接地的系统中，接地装置要可靠，接地电阻 $R_d \leqslant 4 \sim 10\Omega$。

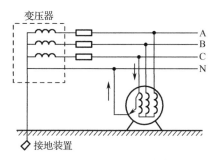

图 3-130　三相用电保护接零

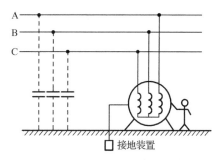

图 3-131　三相用电保护接地

保护接地是为了防止绝缘损坏造成设备带电危及人身安全而设置的保护装置，有接地与接零两种方式。按照电力方面的规定，凡采用三相四线供电的系统，由于中性线接地，所以应采用接零方式，把设备的金属外壳通过导体接至零线上，不允许将设备外壳直接接地。接地线应接在设备的接地专用端子上，另一端最好焊接。

2．安全防护和电气事故急救

1）用电设备使用安全

用电设备（包括家用电器、工业用电设备、仪器仪表等）使用的交流电源有三相 380V 和单相 220V，用电设备都有可能存在因绝缘损坏而漏电的问题。为了确保人身安全和用电设备不损坏，使用前应对用电设备进行检查，发现异常情况要及时处理。

（1）用电设备接电前的"三查"。

① 查设备铭牌：按照国家标准，设备都应在醒目处有该设备要求的电源电压、频率、电源容量的铭牌或标志。小型设备的说明也可能在说明书中。

② 查环境电源：电压、容量是否与设备吻合。

③ 查设备本身：电源线是否完好，外壳是否可能带电。一般用万用表进行简单的检测。

（2）用电设备常见的异常情况。

① 设备外壳或手持部位有麻电感觉。

② 开机或使用中熔断丝烧断。

③ 出现异常声音，如噪声加大、有内部放电声、电动机转动声音异常等。

④ 异味，如塑料味、绝缘漆挥发出的气味，甚至烧焦的气味。

⑤ 机内打火，出现烟雾。

⑥ 仪表指示范围突变，有些指示仪表数值突变，超出正常范围。

（3）设备使用异常的处理。

① 凡遇上述异常情况之一，应尽快断开电源，拔下电源插头，对设备进行检修。

② 对于烧断熔断器的情况，绝不允许换上大容量熔断器继续工作，一定要查清原因，再换上同型号的熔断器。

③ 及时记录异常现象及部位，避免检修时再通电。

④ 对有麻电感觉但未造成触电的现象不可忽视。这种情况往往是由于绝缘层受损但未完全损坏引起的，相当于在电路中串联了一个大电阻，虽然暂时未造成严重后果，但随着时间的推移，绝缘层逐渐完全损坏，电阻急剧减小，危险性增大，因此必须及时检修。

2）常见的不安全因素

电击的危害是由于人体与电源接触或在高压电场中通过人体放电造成的。后者在一般电子设备中是较少遇到的。触电事故的发生具有很大的偶然性和突发性，令人猝不及防。常发生的电击是在 220V 交流电源上。其中有设备本身的不安全因素，也有操作人员的错误操作及缺乏安全用电知识等因素。

（1）直接触及电源。

① 电源线破损。经常使用的电器，如电烙铁、台灯等的塑料电源线，因无意中割破或烙铁烫伤塑料绝缘层而裸露金属导线，手碰该处就会引起触电。

② 拆装螺口灯头，手指触及灯泡螺纹引起触电。

③ 在调整仪器时，电源开关断开，但未拔下插头，开关部分接触点带电。

（2）金属外壳带电。

用电设备的金属外壳如果带电，那么操作者很容易触电，这种情况在电击事故中占有很大的比例。使金属外壳带电的原因有很多种，常发生的情况有以下几种。

① 电源线虚焊，造成在运输、使用过程中开焊脱落而搭接在金属件上同外壳连通。

② 工艺不良，产品本身带隐患。例如，用金属压片固定电源线，若压片有尖棱或毛刺，则容易在压紧或震动时损坏导线绝缘层。

③ 接线螺钉松动，造成电源线脱落。

④ 设备长期使用不检修，导线绝缘老化开裂，碰到外壳尖角处形成通路。

⑤ 错误接线。有人在更换外壳接保护零线设备的插头、插座时错误连接，如图 3-132 所示，造成外壳直接接到了电源火线上（注意：此时设备运行是正常的，不容易引起人们的注意）。

（3）电容器放电。

电容器能够存储电能。一个充了电的电容器具有与充电电源相同的电压，其所储电能同电容器容量有关。断开电源后，电能可以存储相当长的时间。有人往往认为断开电源的用电设备是不会带电的，其实电容器同样可以产生电击，尤其是高电压、大容量的电容器，可以造成严重的，甚至致命的电击。一般对于电压超过千伏或电压虽低但容量大于千微法的电容器，测试前一定要先放电。另外，对高频设备中的电容器也应注意放电。

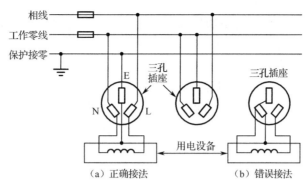

图 3-132 三孔座的接法

3）电气事故急救

（1）触电的救护。

触电对人体的伤害程度与通过人体的电流大小、通电时间、电流途径及电流性质有关。当发生触电事故时，千万不要惊慌失措，必须用最快的速度使触电者脱离电源。触电时间越长，对人体的损害越严重，一两秒钟的迟缓都可能造成不可挽救的后果。触电者未脱离电源前本身就是带电体，同样会使抢救者触电。因此在移动触电者离开电源时，要保护自己不受第二次电击伤害。首先要关闭电源，然后用干燥的木棒、竹竿、橡胶圈等拨开电线，或者用衣服套住触电者的某个部位，将其从电源处移开。无论用什么办法，都应立即切断触电者与电源的接触。脱离电源后应进行脊椎固定，若触电者无呼吸、无脉搏，则在送往医院的途中要积极对其进行心肺复苏。根据触电者受伤害的轻重程度，现场救护有以下几种措施。

① 触电者未失去知觉的救护措施。

如果触电者所受的伤害不太严重，神志尚清醒，只是心悸、出冷汗、恶心、呕吐、四肢发麻、全身无力，甚至一度昏迷但未失去知觉，则可先让触电者在通风、暖和的地方静卧休息，并派人严密观察，同时请医生前来或送往医院救治。

② 触电者已失去知觉的抢救措施。

如果触电者已失去知觉，但呼吸和心跳尚正常，则应使其舒适地平卧，解开衣服以利于呼吸，四周不要围人，保持空气流通，冷天应注意保暖，同时应立即请医生前来或送往医院诊治。若发现触电者呼吸困难或失常，则应立即施行人工呼吸或胸外心脏挤压。

（2）触电的救护方法。

使触电者脱离电源后，当需要进行急救时，要立即采取急救措施。常采用的触电急救方法有人工呼吸法及胸外心脏挤压法两种。

① 人工呼吸法。

触电者在脱离电源后，如果心脏仍在跳动，但呼吸已中断，则必须立即施行人工呼吸，最忌坐等救护车或直接抬往医院，要现场施救，刻不容缓。人工呼吸法掌握得好，可使触电者更早地恢复呼吸。

人工呼吸常采用的是口对口或口对鼻吹气法，具体操作步骤如下。

第一，使触电者身体平躺，脸向上，头部尽量后仰，如图 3-133（a）所示。有条件的话可将其肩背适当垫起一些。

第二，排除可能影响呼吸道畅通的因素。应解开腰带，松开衣领，有领带的松开领带，口中的异物（如食物、黏液、血块、摔碎的假牙等）应予清除。

第三，扳动下颌，使口张开，如图 3-133（b）所示。若口中有异物应予清除；若不能使触电者张口，则可考虑采用口对鼻人工呼吸。

第四，救护人位于触电者头部的侧方，一只手捏住触电者的鼻子使不漏气，另一只手扳住下颌（维持口张开的姿态）。如果触电者舌头缩后，则应拉出，以保证呼吸道的畅通。若采用口对鼻人工呼吸，则要用一只手捂住嘴以防漏气。

第五，救护人吸气后，应立即口对口或口对鼻将气吹入触电者口（鼻）内，吹入的气量应根据触电者的肺活量适当掌握，如图 3-133（c）所示。对成年人吹入的气量应大一些，对老年人及儿童应适当少一些。吹气结束后，应立即松开口鼻，使其自由呼出，触电者赤身或仅穿一件衣服，吹气及放松时，应能看出胸腔的起伏。

第六，吹气的节奏要掌握好，如图 3-133（d）所示。在每个吹气-放松的周期内，在保证吹入气量的前提下，吹气的时间约占 2/5，放松的时间约占 3/5。救护人掌握的节奏可为"吹二松三"。为防止吹入的气体经食道进入胃使胃部充气，可以用手按住触电者的胃部（在触电者腹腔左上部）。

 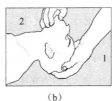 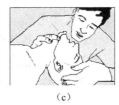 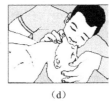

(a)　　　　　　　(b)　　　　　　　(c)　　　　　　　(d)

图 3-133　口对口（鼻）吹气法

第七，一旦触电者恢复自主呼吸，应立即停止人工呼吸。在急救过程中，要密切观察触电者的脸部，如果发现眼皮稍有活动、嘴唇似有开合的动作、喉部有咽东西状的动作，就预示着触电者将要有自主呼吸。在触电者有了自主的呼吸后仍要密切观察。在停止人工呼吸的几秒钟至十几秒钟后，触电者仍难以呼吸或呼吸中断的，应立即再次进行人工呼吸，以使其彻底得救。

人工呼吸法的总体要领如下。

第一，脱离电源后立即进行。

第二，排除影响触电者呼吸道畅通的因素。

第三，呼吸节奏及吹气量要掌握得当。

第四，不可轻易中断或终止。

② 胸外心脏挤压法。

如果触电者不但呼吸停止了，而且心脏也不跳动了，则此时除应进行人工呼吸外，还要立即通过胸外心脏挤压的方法帮助其进行血液循环，以防止其他器官因得不到血液输送的氧而坏死。

为促使其血液循环，必须知道心脏的准确位置，然后直接在其上方挤压，这样才能取得良好的效果。

判断心脏部位可采用下述两种方法。

方法一：心脏部位在两乳头中间偏下。

方法二：心脏部位在胸骨与肋骨交会处（也就是俗话说的"心口窝"处）偏上。

胸外心脏挤压的具体操作方法如下。

第一，使触电者脸部向上平躺在硬物上。将触电者衣服解开，露出胸部或只留衬衣，以便探明心脏位置。

第二，救护人站位要合理。当触电者平躺在硬板床上时，救护人应站于其胸侧；当触电者平躺于地面上时，救护人应跪于其胸侧，并尽可能靠近触电者。

第三，救护人双手掌心交叉叠起，以下面的手掌根部贴近触电者的心脏部位施力下压，一压一松反复进行。施力的方法是：双臂伸直并不得弯曲，下压时腰部微弯，使双肩下垂，通过伸直的双臂将触电者心脏部位的胸骨下压，挤出心脏内的血液；放松时，手掌不得离开触电者胸部，这样不仅可以始终保持在心脏部位，还可以防止再次下压时形成冲击，下压深度也易于掌握。一压一松，始终应以控制腰部弯曲的程度进行，如图3-134所示。

第四，挤压的节奏要合理。一般可掌握在60次/min。若以每秒钟压一次计，则下压时间应占0.5s，而且要匀速下压，放松的动作要快。

第五，下压的深度要合理。对于成人，下压深度以3～5cm为宜（一节五号电池的长度为5cm），在此范围内，身高高的可压深大一些，身高矮的可压深小一些；对于老年人及儿童，压深要适当减小，以防胸骨骨折。

第六，如果触电者心脏恢复跳动，则可停止这项工作。判断是否恢复心跳的方法：可用手指在触电者腕部切脉，试验有无脉搏；直接用耳贴在触电者心脏部位，试听有无心脏跳动的声音。

第七，当触电者恢复心脏跳动后，仍要密切观察，若不久又中断，则应再次施行胸外心脏挤压，直到能持续跳动。

第八，当触电者呼吸停止且心脏也不跳动时，有条件的话应两人分别同时进行人工呼吸和胸外心脏挤压，如图3-135所示。若单人救护，则只能两种方法交替进行，可5～15s交替一次。

图3-134　胸外心脏挤压法

图3-135　两人同时进行人工呼吸和胸外心脏挤压

胸外心脏挤压法的总体要领如下。

第一，脱离电源后立即进行。

第二，掌握好操作方法。

第三，挤压部位、节奏、深度应合理。

第四，防止造成胸骨骨折。

第五，不可轻易中断或终止。

（3）电火灾的救护。

① 当发生电火灾时，最重要的是必须立即切断电源，然后救火，并及时拨打119电话报火警。

② 带电灭火应使用1211灭火器、二氧化碳灭火器、干粉灭火器或黄砂灭火。需要注意的是，不要使二氧化碳泡沫喷射到人的皮肤或面部，以防冻伤或窒息。在没有确定电源是否切断的情况下，决不允许用水或普通灭火器灭火，以防止触电。

③ 救火时不要随便与电线或电气设备接触，特别要留心地上的电线。

3.7.2 文明生产

文明生产就是创造一个整洁、安全、秩序井然、有稳定工作人员心理作用、符合最佳布局的良好环境，并养成按标准秩序和工艺技术要求进行精心操作的习惯。

文明生产是企业全面质量管理的重要组成，也是实现安全生产和提高产品质量的前提。搞不好文明生产，即使有先进的设备，也不能保证产品的质量。

1. 电子产品装配对环境的要求

电子产品装配对环境的要求较高。一般应保持室内整洁，光线充足不耀眼，工作地面和工作台案及仪器仪表等都要保持清洁、整齐。墙壁、地面的颜色要协调，不刺激眼睛。室内相对湿度一般保持在60%左右；室内噪声不得超过85dB；室内应装有排气通风设备，空气中有毒有害物质不能超过最高允许浓度。

2. 文明生产制度

文明生产状况在一定程度上反映了企业的经营管理水平和企业职工的精神面貌。文明生产应做到以下几点。

第一，热爱企业和本职工作。

第二，严格遵守各项规章制度，认真贯彻工艺操作规程。

第三，个人应讲究卫生，认真穿戴工作服、工作鞋、工作帽，必要时应戴手套，以防汗渍污染。

第四，操作工位器具齐全，物品堆放整齐，工具、量具、设备应保持整洁。

第五，保持工作场地清洁、生产环境优美。

第六，为下一班、下一工序做好服务。虚心听取下道工序负责人员的意见，及时解决存在的问题。

练 习 题

单项选择题

1. 识读零件图的基础是（   ）。
   A．左视图　　　　　B．俯视图　　　　　C．三视图　　　　　D．正视图

2. 在进行电子元器件的符号标注时，不正确的做法是（　　）。
   A. 图形符号的标注尽量准确、简捷
   B. 尽量减少文字标注的字符串长度
   C. 对常用的阻容元件进行标注，可以省略其基本单位
   D. 文字标注中可以采用小数点。
3. 在电子电路中，任一回路的所有支路电压的代数和为（　　）。
   A. 任意值　　　　　　　　　　　　B. 零
   C. 由具体电路参数求解得到的值　　D. 等效电阻与电流的乘积
4. 戴维南等效电路的电压源是（　　）。
   A. 原二端网络的电源电压　　　　　B. 二端网络除源后的开路电压
   C. 有源二端网络的开路电压　　　　D. 二端网络的负载电压
5. 有一段有源支路，如图3-136所示，则AB两端的电压U_{AB}为（　　）。
   A. 10 V　　　B. −2V　　　C. 2V　　　D. 10V

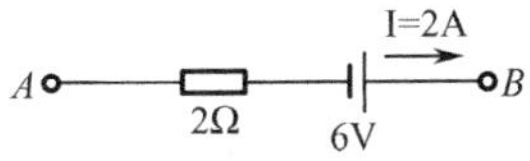

图 3-136　有源支路

6. 已知正弦量的表达式$i=I_m\cos(\omega t+\varphi)$，则此正弦量的相位是（　　）。
   A. I_m　　　B. ωt　　　C. $\omega t+\varphi$　　　D. φ
7. 在部分电路中，流过电阻的电流I与（　　）。这个规律叫作部分电路欧姆定律。
   A. 电阻的阻值R成正比，与电阻两端的电压U成反比
   B. 电阻两端的电压U成正比，与电阻的阻值R成反比
   C. 电阻两端的电压U成正比，与电阻的阻值R成正比
   D. 电阻两端的电压U成反比，与电阻的阻值R成反比
8. 目前，对大多数工作生活用电系统而言，采用的安全措施是（　　）。
   A. 保护接零　　B. 工作接零　　C. 保护接地　　D. 绝缘接地
9. 晶体管放大电路的作用实质上是控制能量，可以把（　　）。
   A. 直流电源的能量转变为声音信号的能量
   B. 直流电源的能量转变为光信号的能量
   C. 直流电源的能量转变为输出信号的能量
   D. 交流信号转变为直流信号
10. 只要输入端有一个是低电平，输出端就是低电平，这是（　　）电路。
    A. 与门　　　B. 或门　　　C. 非门　　　D. 与非门

判断题（正确的画√，错误的画×）

1. 并联等效电阻的倒数等于各并联电阻之和。　　　　　　　　　　　　（　　）
2. 在电路中，任何时刻，对于任一结点，所有支路电流的代数和为零。（　　）
3. 磁导率与真空磁导率的比值为相对磁导率。　　　　　　　　　　　　（　　）
4. 在电子线路中，经常利用变压器的阻抗变换作用进行阻抗匹配。　　（　　）

5．晶体三极管各极电流的分配关系为 $I_e=I_b+I_c$，其中 $I_c≈βI_b$。（   ）

6．按被测量性质分类，电子测量可以分为频域测量、间接测量、时域测量、随机测量。（   ）

7．整流电路利用整流元器件的单向导电特性将交流电变换成脉动直流电。（   ）

8．共发射极电路就是发射极输出电路。（   ）

9．非门电路是非逻辑，表示的逻辑关系为输出和输入的状态总是相反的。（   ）

10．使触电者脱离电源的关键：一是要快；二是不要使自己触电。（   ）

答　　案

单项选择题

1．C　2．B　3．D　4．B　5．A　6．C　7．B　8．A　9．C　10．A

判断题（正确的画√，错误的画×）

1．√　2．√　3．√　4．×　5．√　6．×　7．√　8．×　9．√　10．√

第4章 PCB组装—初级工

PCB的组装包括元器件的识别与检查、元器件引线预处理、元器件引线搪锡、元器件引线成形、元器件插装、PCB焊接及组装、清洗、检验。

初级工需要掌握双引线元器件的识别和检查的基础知识及手工焊接的操作技能；中级工需要掌握四引线（含四引线）以下元器件的识别与极性判定的基础知识，以及波峰焊接设备、浸焊设备的操作与简单PCB组件装配的操作技能；高级工需要掌握四引线以上半导体元器件的识别与引脚判断的基础知识、波峰焊接设备温度曲线的测试、表面贴装设备的操作和温度曲线的测试、复杂PCB组件装配的操作技能。

本章介绍初级工需要掌握的双引线元器件的识别与检查的基础知识及手工焊接的操作技能，包括元器件的检查、元器件引线预处理、元器件引线搪锡、元器件引线成形、元器件插装、PCB焊接的基础知识与要求，使读者可以很直观地了解初级PCB组装需要掌握的知识点。

4.1 通孔元器件知识

在电子元器件的筛选中，要注意质量控制、统筹兼顾、科学选择、简化设计、合理运用元器件的性能参数，发挥电子元器件的功能作用。

4.1.1 检查外观质量

简单可行的目视检验方法就能发现电子元器件的一些早期缺陷和采购过程中的损坏。在对电子元器件进行识别与检查时，应按照如下操作进行。

（1）元器件的型号、规格、厂商、产地必须与设计要求相符合，外包装完好。

（2）元器件的外观必须完好，表面无凹陷、划伤、裂纹等缺陷，元器件的涂层无磕伤和脱落现象。

（3）元器件的电极引线应没有压折和弯曲，镀层要完好、光洁，无氧化与锈蚀。

（4）元器件上的型号、规格标记要清晰、完整，色标位置、颜色要满足标准。

（5）机械结构的元器件尺寸要合格；螺纹灵活，转动时无卡蹭现象。

（6）开关类元器件操作灵活、手感良好；接插件松紧要适宜、接触良好。各种电子产品中的元器件均有各自的特点，检查时要按各元器件的具体要求确定检查内容。

4.1.2 电气性能筛选

为保证电子产品稳定、可靠，对上机的元器件进行筛选是一个重要环节。筛选时要按元器件的使用要求对电子元器件施加一种或多种应力，以使其缺陷暴露，排除早期失效。筛选试验及施加应力要在合适范围内，使有缺陷的元器件失效，同时使质量好的元器件通过试验。

1．元器件效能曲线

电子元器件的效能曲线即浴盆曲线，反映了元器件在使用过程中的失效规律。一般在元器件刚投入使用时，会因元器件制造过程中的原材料、设备、工艺等缺陷导致失效率较高。元器件在使用一段时间后，失效率较低，即偶然失效期。过了正常使用期后，元器件进入老化失效期，即损耗失效期。元器件工作寿命结束在老化失效期，此期间的失效率升高。

2．电子元器件的筛选和老化

电子元器件的老化和筛选使元器件处在模拟的工作状态下，把早期失效的产品在使用前剔除，以提高产品的可靠性。在生产过程中，元器件的老化包括高温存储老化、高低温循环老化、高低温冲击老化和高温功率老化等。在老化过程中，有缺陷的产品无法通过考验，可以将有缺陷的产品及时筛选出来，有利于提高产品质量。随着元器件生产水平的提高，按照不同产品的要求，企业选择使用国家或企业标准进行老化和筛选工作。对于可靠性要求极高的电子产品或设备中使用的典型元器件，需要进行100%的筛选；对于要求不高的民用元器件，要采用抽样检测方式；对于一般的电子产品研制和制造中使用的元器件，可以采用自然老化和简易电老化方式。

3．参数性能检测

对于经外观检查及老化的电子元器件，要进行性能指标的测试，淘汰已失效的元器件。检测前，应对电子元器件检测中的常见问题及解决方案有一个全面的了解。要求使用通用或专门测试仪器。对于一般性的电子设计或电子设备中使用的元器件，应使用相关仪表进行检测。在使用相关仪表进行检测时，要注意其使用要求，确保正确地使用。

（1）一般的万用表有模拟指针式和数字式两种。模拟指针式万用表可靠耐用、直观，但读数不精确、分辨力低；数字式万用表读数精确直观，但输入阻抗高、使用维护的要求也较高。

（2）在使用万用表时，要求选择功能和插孔：模拟指针式万用表一般在测大电流、高电压时用专用插孔；数字式万用表在测 200mA 以上的电流时用专用插孔，一些型号的万用表的电流挡均有专用插孔。

（3）在使用万用表时，人体不可接触表笔的金属部分，以确保测量准确和人身安全。

（4）在测量高电压或大电流时，不可在测量中换挡，换挡时应断开表笔，选好量程后接上表笔，实施测量，否则会损坏万用表。

（5）在测量二极管、整流器、三极管、铝电解电容器等有极性元器件时，要注意表笔极性。在电阻挡时，模拟指针式万用表的红表笔接万用表内部电源的负极，黑表笔接内部电源的正极;数字式万用表的红表笔接万用表内部电源的正极,黑表笔接内部电源的负极。

在万用表不能满足测试要求时,应选择 LRC 手持电桥测量电阻、电容和电感及品质因数等参数;选用合适的台式多用表测量电压、电流、电阻、频率等参数。手持电桥和台式多用表的测试精度比万用表的测试精度高,并且它们具有万用表不具备的测量功能。

4.2 元器件引线的预处理与搪锡

在焊接过程中,有些元器件引线的可焊性好,有些可焊性差,这是由引线金属材料的特性决定的,为提高焊接质量,必须在其表面涂覆可焊性镀层。国内外的研究表明,锡和锡铅合金为较佳的可焊性镀层,其镀层厚度一般为 5~7μm。因此,为保证焊接质量、提高引线的可焊性,元器件引线在装联前一般需要进行搪锡处理。

4.2.1 元器件引线的预处理

1. 引线去除氧化层

当元器件引线表面粘污或氧化严重时,可以用绘图橡皮或细砂纸去除污染物或氧化层,但不可以将引线上的镀层去除,且不允许在引线上产生刻痕。去除氧化层时应注意:在一般情况下,轴向元器件引线除污起点距根部 1~2mm,非轴向元器件引线除污起点距根部约 0.5mm。

当中小功率半导体三极管引线由可伐丝制成时,只能用砂纸轻擦,不可将引线上的镀层(镀金层、镀锡层)擦掉,否则会影响搪锡质量。

扁平封装集成电路的引线只能用绘图橡皮轻擦,有条件的可以使用等离子清洗机去除氧化层。

2. 引线校直

各种元器件(密封继电器、引线线径大于或等于 1.3mm 的元器件除外)在引线搪锡前,应用无齿平头钳校直引线。严禁使用尖嘴钳或医用镊子拉直引线。引线校直后,引线上不能有夹痕,引线表面应无损伤。

4.2.2 元器件引线搪锡

1. 搪锡位置

电子元器件搪锡位置说明如表 4-1 所示。

表 4-1 电子元器件搪锡位置说明

元器件类型	精密电阻器	热敏电阻器	玻璃二极管	无极性电容器	电感器	钽电容器	熔断器
搪锡位置/mm			0.75~2			3~5	2

注:搪锡位置指搪锡结束位置与元器件根部的距离。

2. 搪锡方法

元器件引线搪锡可采用电烙铁搪锡、锡锅搪锡及超声波搪锡。

1）电烙铁搪锡

在做好预处理元器件的引线上涂抹少量助焊剂,待电烙铁加热温度达到(290±10)℃时,在电烙铁头上蘸满焊料,然后将电烙铁头放在引线上。操作时注意各类型元器件引线搪锡的距离,左手慢慢地一边旋转引线,一边向后拉出引线,在2～3s内完成电烙铁搪锡过程。电烙铁搪锡如图4-1所示。

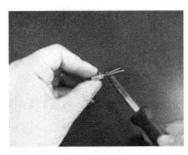

图4-1 电烙铁搪锡

2）锡锅搪锡

锡锅搪锡方法的加热设备必须有调节装置,以便控制搪锡温度。锡锅的搪锡温度为240～290℃,搪锡时间为2～3s。

打开锡锅后的40min为预热时间,不得进行搪锡操作。锡锅预热完成后,应用热电偶测量锡锅的实际温度是否符合搪锡要求。在整个搪锡过程中,应不断清除锡液上的氧化残渣,确保搪锡件表面光滑、明亮、无残渣。

锡锅搪锡的方法和要求如下。

（1）用专用镊子夹住元器件主体,首先将元器件一端引线浸入助焊剂溶液中,按各类型电子元器件搪锡位置说明表的搪锡位置要求控制浸入锡锅的深度,然后取出并垂直浸入锡锅中,最后在规定的搪锡时间内取出。

（2）多只元器件同时操作,引线之间保持基本平行,且在未自然冷却时不允许相碰。

（3）焊片浸锡:焊片分为无孔焊片和有孔焊片。无孔焊片要根据焊点的大小和工艺文件的要求决定浸入锅内的深度。有孔焊片的浸锡要没过焊孔2～5mm。浸锡完成后,不能将孔堵住,避免在进行后续接线作业时导线不能穿过焊孔。锡锅搪锡过程如图4-2所示。

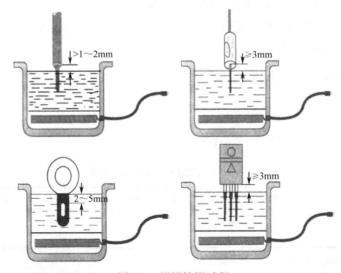

图4-2 锡锅搪锡过程

（4）镀金引线搪锡。

一般情况下，不允许在金镀层上直接进行焊接。金镀层是抗氧化性很强的镀层，与焊料有很好的润湿性，但在直接焊接金镀层时，锡铅合金会对金镀层产生一定的溶解作用，金镀层与焊料中的锡金属结合生成金锡合金，当合金层中金的含量大于3%时，明显表现为焊点机械强度下降、结合部性能变脆，造成焊点连接不可靠。为了防止金脆，镀金引线必须经过搪锡处理。当引线表面的金镀层的厚度大于2.5um时，需要经过两次搪锡处理；当小于2.5um时，应进行一次搪锡处理（1um以下可不搪锡）。通俗地讲，就是镀金引线必须搪锡。当进行锡锅搪锡时，锡锅内的焊锡应定期更换，避免焊料中的铜、金等杂质含量过高。一般视情况下，1～3个月更换一次焊锡。

如图4-3所示，镀金器件要分别使用不同的锡锅搪锡。需要注意的是，第二次搪锡要在第一次搪锡自然冷却以后进行。

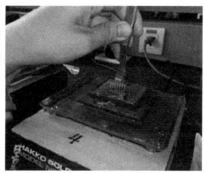

图4-3　镀金器件搪锡

3）超声波搪锡

超声波搪锡不适合静电敏感器件。超声波搪锡的温度一般为240～250℃，搪锡时间为1～2s。

超声波搪锡的操作方法如下。

（1）用手或专用镊子捏住元器件，将引线浸入助焊剂中，取出后垂直浸入锡锅中，元器件底部距锡面约2mm，在2s内拉出，严禁元器件底面接触焊锡。在搪锡过程中，为保证搪锡质量，应使元器件引线位于锡槽内的变幅杆附近，当捏住元器件的手感受到变幅杆的振动最大时，搪锡效果最好。

（2）搪锡连续操作时间不得超过4h，如果操作人员需要连续工作，则需要每4h休息1h。若发现锡槽内锡渣过多，应及时予以清除；搪锡操作时应随时注意焊锡面的高度并及时补充焊锡。

（3）对于锡槽内的焊锡，要进行锡含量分析，当其他金属超标时，要更换焊锡，或根据任务量和以往分析情况定期、及时地更换锡槽内的焊锡。

（4）当元器件的引线由可伐丝或钛镁合金丝制成时，在按上述的搪锡方法搪锡一次后，必须把元器件旋转180°重复操作一次，且每次的操作时间控制在1～2s。

（5）在重复搪锡时，应待元器件自然冷却后进行第二次搪锡。

搪锡方式及要求如表4-2所示。

表 4-2 搪锡方式及要求

搪锡方式	搪锡温度/℃	搪锡时间/s	搪锡极限次数
电烙铁搪锡	290±10	2~3	3
锡锅搪锡	240~290	2~3	3
超声波搪锡	240~250	1~2	3

3. 搪锡注意事项

（1）元器件的搪锡部位在去除氧化层后应在 2h 内进行搪锡，以免再次氧化和粘污。若在规定搪锡时间内没有完成搪锡，则可待被搪锡件冷却后进行第二次搪锡，但最多不得超过 3 次。当 3 次搪锡均失败后，应立即停止操作并查找原因（如氧化层不易清理、助焊剂使用不当、设备故障等），待分析清楚原因再进行搪锡操作。

（2）超声波搪锡机只适用于电阻器、不含有熔接点的电容器、电感器的搪锡。集成电路、三极管、运放等内部有引线键合的器件不可以使用超声波搪锡。

（3）在对热敏电阻器进行搪锡时，其根部要用半干的无水乙醇棉球散热，搪锡时间短于 3s。

（4）在对有玻璃绝缘子封装的元器件引线进行搪锡时，应采取散热措施，防止玻璃绝缘端子开裂损坏。

（5）在对轴向钽电容器进行搪锡时，浸到与熔融接处约 2mm 处；在对立式钽电容器进行搪锡时，浸到与根部约 2mm。

（6）所有镀金引线元器件均需要搪锡两次，且需要用不同锡锅进行搪锡。

（7）所有元器件的搪锡次数均不能超过 3 次。

（8）部分元器件，如非密封继电器、开关元件、连接器等，一般不宜用锡锅搪锡，宜使用电烙铁搪锡，搪锡时应使被搪锡元件垂直向下或倾斜 45°向下，避免助焊剂渗入元器件的内部。

（9）所有元器件搪锡后均应在室温下自然冷却，不允许用无水乙醇等进行强制冷却。

4. 搪锡检验要求

搪锡完成的元器件外观应无损伤、裂痕；漆层应完好，无烧焦、脱落现象；元器件的规格标志应清晰；搪锡部位的表面应光滑明亮，无拉尖、毛刺现象；锡层厚薄均匀，无残渣和焊剂黏附。

重点检查引线根部，不应有断裂、脱落现象；引线根部不搪锡长度应满足工艺文件要求。双列直插式集成电路引线搪锡高度不允许超过元器件本体的下端面，并且元器件本体的下端面不应留有锡渣。

引线表面光滑明亮、无拉尖和毛刺，搪锡层薄而均匀、无助焊剂残渣和其他黏附物。

搪锡部位的根部只允许有少量助焊剂存在。对于接触件，要重点检查助焊剂和焊料是否流入元器件内部，如果有问题，则应立即剔除。

4.3 元器件引线成形

4.3.1 元器件引线成形的要求

电阻器、电容器、电感器、二极管、三极管、集成电路的引线成形的尺寸及要求要根据 PCB 组装的要求对元器件的引线进行机械形状改变，不仅要保证元器件引线成形后的一致性，还要保证其电气指标合格及装配的美观性。

1. 电子元器件成形工具

电子元器件成形工具工作面必须表面光滑，在使用时，不应使元器件引线产生刻痕或损伤。

元器件成形常用的手工成形工具和工装有无齿平头钳、无齿圆头钳、轴向元器件成形工装。

（1）无齿平头钳：可成形大多数种类的元器件，如图 4-4 所示。

（2）无齿圆头钳：当引线需要成形为圆弧状时可使用此工具，如图 4-5 所示。

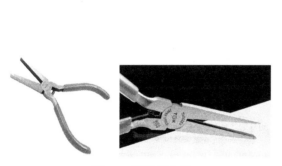

图 4-4　无齿平头钳

图 4-5　无齿圆头钳

（3）轴向元器件成形工装：可以方便、快捷地将元器件引线成形，如图 4-6 所示。双引线元器件成形常用的成形设备是半自动元器件成形设备，如图 4-7 所示。

图 4-6　轴向元器件成形工装

图 4-7　半自动元器件成形设备

为了使元器件便于在 PCB 上安装固定或消除应力,人为地在元器件引线上施加外力,使元器件引线产生永久形变的过程叫作成形。

封装保护距离是指元器件本体、球面连接部分的根部与折弯点的最小距离,至少相当于一个引线直径的距离。

变向折弯是指在引线折弯后,引线的伸展方向发生改变。

无变向折弯是指在引线折弯后,引线的伸展方向没有发生变化。

引线按截面图形可分为圆柱形和矩形。通常情况下,电阻器、电容器、二极管等都是圆柱形引线。

(1)在电子元器件的组装过程中,若需要对电子元器件的部分引线进行操作,则不可以直接在根部进行弯曲,否则很容易使根部折断。在引线弯曲成形过程中,应将弯曲成形工具夹持在元器件终端封接处与弯曲起点的某一点上,如图 4-8 所示,以减小传给元器件的应力,并在弯曲过程中采用逐渐弯曲的方式,此折弯形式属于变向折弯。

(2)元器件终端封接处与弯曲起点之间的最小距离应为 0.75mm,自此处开始弯曲,如图 4-9 所示,且弯曲半径应大于或等于 2 倍的引线直径。

图 4-8 成形工具夹持位置示意图

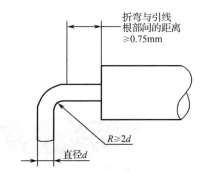

图 4-9 引线最小距离弯曲与弯曲半径示意图

(3)钽电容器不允许在熔接和终端封接之间弯曲,熔接处与弯曲起点之间的最小距离应为 0.75mm,如图 4-10 所示,引线弯曲半径应大于或等于 2 倍的引线直径。

(4)当电子元器件本体长度大于两个焊盘孔的距离时,应使用无齿圆头钳,引线弯曲形式如图 4-11 所示。

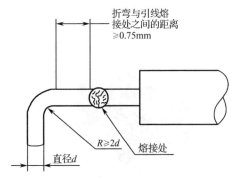

图 4-10 钽电容器成形示意图

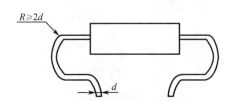

图 4-11 本体长度大于两个焊盘孔的距离时的成形示意图

在装配过程中,还有一些特殊形状的成形方式,其元器件引线的成形跨距为 $s=n\times2.5$,

其中，n 为正整数，由设计需求确定。元器件安装深度（h）应符合标定参数，在特殊情况下，可根据产品结构工艺需求确定。未注工艺外圆角 R 均为 1.0～2.0mm。未标注公差均按 ±0.5mm。成形时不允许从元器件引线的根部直接折弯。规定折弯处与元器件主体的距离≥1.0mm。成形后的引线不得扭曲，引线上不得有明显压坏和其他伤痕；折弯处的痕迹规定不超过 0.25d 的凹陷（d 为引线直径）；引线表面不得有明显镀层脱落或锈蚀现象；引线剪切端面不得有超过 0.20d 的毛刺。在成形过程中，元器件引线根部的绝缘层不可剥落。当元器件对称时，要求其主体中心偏离成形跨距（s）中心的距离不大于 2mm。

下面介绍五种特殊形状的成形要求。

（1）TX 型：改变径向型元器件引线长度的成形，如图 4-12 所示，保持了原引线极性结构的特征。

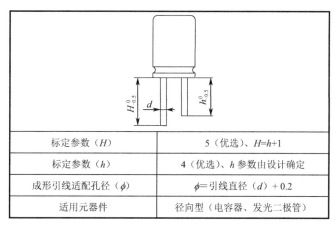

图 4-12 TX 型（图中的单位均为 mm）

（2）D 型：三端径向型元器件引线的安装深度部分向相反方向对称平移的成形，如图 4-13 所示。

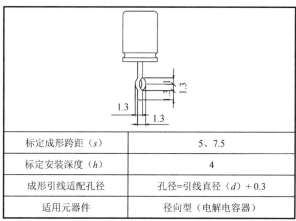

图 4-13 D 型（图中的单位均为 mm）

（3）S 型：低位安装形式，引线入孔自锁紧，如图 4-14 所示，适用于成形引线直径 $d ≤ \phi 0.6$mm、表面温升≤40℃的元器件。

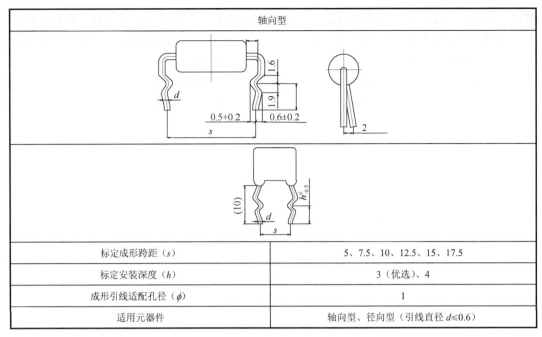

图 4-14　S 型（图中单位均为 mm）

（4）Y 型：径向型元器件的两端引线相对向内或向外弯折成形，如图 4-15 所示，适用于成形跨距（s）小于或大于主体长度的元器件。

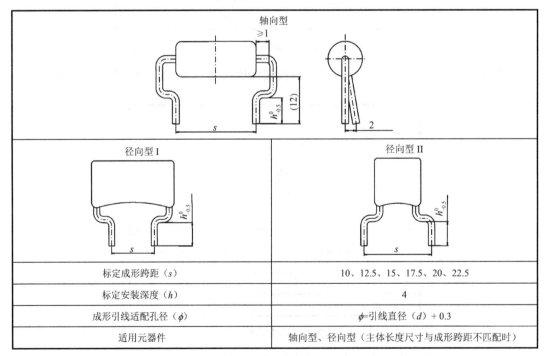

图 4-15　Y 型（图中单位均为 mm）

(5) J型：径向型元器件的低位安装形式，如图4-16所示，引线入孔自锁紧。

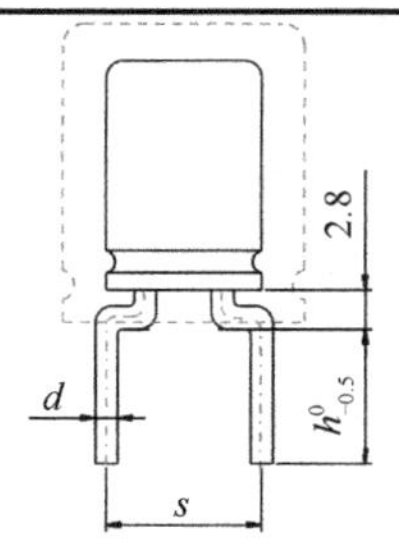

标定成形跨距（s）	5、7.5
标定安装深度（h）	4
成形引线适配孔径（ϕ）	孔径＝引线直径（d）＋0.3
适用元器件	径向型（电解电容器）

图4-16 J型（图中单位均为mm）

2. 半自动成形机成形双引线元器件

K式成形属于无变向折弯，如图4-17所示。

4.3.2 元器件引线成形的方法

在组装电子整机产品时，为了满足安装尺寸与PCB的配合、提高装配质量和效率，使元器件排列整齐与美观，元器件引线成形是不可缺少的工艺流程。当没有专用工具或加工少量元器件引线时，可使用无齿平头钳等工具进行成形加工。在进行手工操作时，为了保证成形质量和一致性，也可应用简便的专用工装。

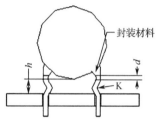

图4-17 K式成形示意图

（1）多品种、小批量的轴向元器件利用工装完成成形工作，如图4-18所示，可多只元器件一起成形，这样工作效率高。

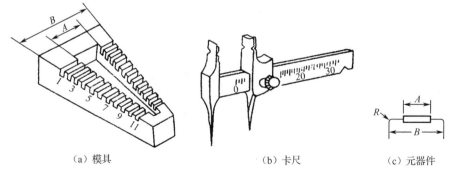

(a) 模具　　(b) 卡尺　　(c) 元器件

图4-18 工装成形过程示意图

在实际生产过程中，工装成形过程如图4-19所示。

（2）多品种、小批量的轴向元器件利用工具完成成形工作，且只能单边成形，其工作效率比工装成形的工作效率要低很多。无齿平头钳成形过程如图4-20所示。

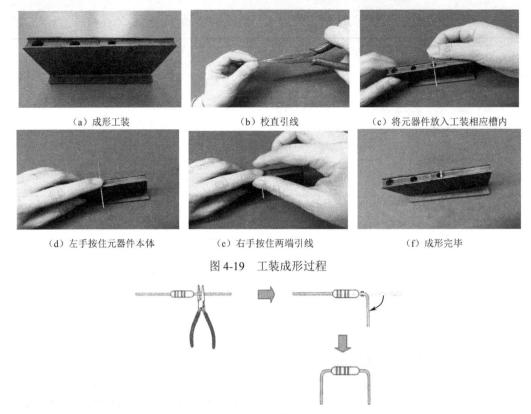

(a) 成形工装　　　　　(b) 校直引线　　　　　(c) 将元器件放入工装相应槽内

(d) 左手按住元器件本体　　(e) 右手按住两端引线　　(f) 成形完毕

图 4-19　工装成形过程

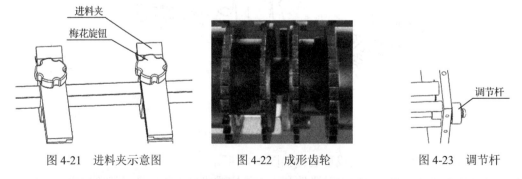

图 4-20　无齿平头钳成形过程

（3）在进行大批量生产时，可采用引线成形的专用设备，如引线成形机，以提高加工效率和一致性，其操作方法如下。

第一步：转动进料夹上的梅花旋扭，轴向移动进料夹到机器的两侧，如图 4-21 所示。

第二步：用内六角扳手松开成形齿轮（见图 4-22）上的固定螺丝，两成形齿轮向成形片靠近，成形片与成形齿轮之间的间隙比零件的线径稍大。退料器、成形片位于两成形齿轮中间，成形片两边的间隙比零件的线径稍大，以免成形时损伤零件。当成形片不在成形齿轮中间时，调节图 4-23 中的侧边的调节杆，使成形片居中。

图 4-21　进料夹示意图　　　　图 4-22　成形齿轮　　　　图 4-23　调节杆

第三步：用内六角扳手分别松开切断齿轮上的固定螺钉，左右移动切断齿轮与成形齿轮之间的距离为所需尺寸，然后紧固切断齿轮上的固定螺钉。

第四步：调节跨距。成形片固定铝座上有一个内六角螺钉，如图 4-24 所示，用来调整跨距。内六角螺钉越往顺时针方向旋转，零件成形出来的跨距越小，反之则跨距越大。注意：两边各部件之间的距离要对称，否则会影响退料。

第五步：两条内直成形齿轮之间距离的调整。调节侧边的调节杆（可做左右轴向移动），拧松固定在外齿固定块上的挡料块螺钉，即可根据元器件外形长短来调整。注意：当送料接近成形齿轮时，挡料块间隙比元器件的总长度稍长（0.3～0.5mm）。

第六步：将编带元件置于挂料杆上，调节两边的进料夹，使其宽度与编带元件的宽度一样，并且使编带元件通过进料槽，然后拧紧进料夹上的梅花旋扭。

第七步：将元器件本体置于两成形齿轮中，如图4-25所示。

图4-24　内六角螺钉

图4-25　成形示意

（4）大功率电阻器的卧装成形。

对于非金属外壳封装且无散热要求（功率小于1W）的电阻器、二极管等，可以采用如图4-26所示的卧装贴板成形方式。其中，引线变向折弯角度为90°，尽量满足$d \geq 1mm$。

对于金属外壳封装或有散热要求（功率大于或等于1W）的电阻器、二极管，必须抬高成形，如图4-27所示。此种方式适合板面上二维空间（板面X/Y方向）较大，而且有一定的空间高度。对于抬高成形的元器件，如果单个引线承受的质量大于5.0g，则必须使用其他固定材料固定或支撑元器件，以防止元器件受震动、冲击而损坏。最大抬高距离不大于0.5mm，对于明确需要抬高成形的元器件，最小抬高距离不小于1.5mm，通过控制打K（或辅助支撑材料）的位置，可以控制元器件本体与板面的距离h。

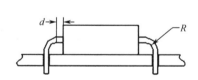
图4-26　卧装贴板成形方式

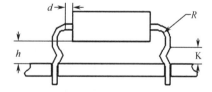
图4-27　变向折弯及打K引线的卧装抬高成形

（5）大功率电阻器的立装成形。

按照元器件本体下部引线的成形方式不同，可以划分为不折弯、打Z折弯和打K折弯，分别如图4-28～图4-30所示。通过控制打K或Z的位置，可以控制元器件本体与板面的距离；通过组件顶部的2个折弯位置的距离可以控制引线插件的距离。如果单个引线承受的质量大于5.0g，则必须使用其他固定材料固定或支撑元器件，以防止元器件受震动、冲击而损坏。除非使用或借助辅助材料保障抬高和支撑（如聚四氟乙烯支撑柱），否则不推荐本体下部引线不折弯的成形方式。如果不折弯本体下部引线，则要求元器件必须垂直于板面（或倾斜角度满足相关要求）。对于功率大于 2W 的电阻器，由于打 K 成形造成引线长度不足的，在设计时需要注意本体顶部的伸出引线需要勾焊加长，以满足插件要求。对于有引线的保险管，要注意引线与本体底部的金属部分不能短路，可以使用辅料（如直径为 1.5mm 的套管）保护引线不与本体下端的端子短路。

 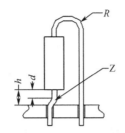 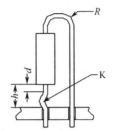

图 4-28　本体下部引线不折弯　　图 4-29　本体下部引线打 Z 折弯　　图 4-30　本体下部引线打 K 折弯

（6）功率半导体元器件的立装成形。

功率半导体元器件引线推荐打 Z 折弯，以更好地消除应力。如果制成板空间非常紧张，则可以不成形，但是必须保障有消除装配或焊接过程中应力的措施，如焊接定位工装或后补焊等。根据引线台阶所在打 Z 折弯位置的不同，功率半导体元器件的立装成形可以分为台阶以下的引线部分折弯和台阶上、下引线部分折弯（仅适用于 TO-220 封装），如图 4-31 和图 4-32 所示。

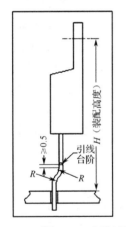 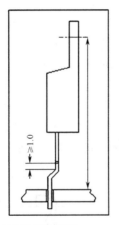 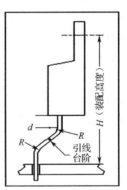 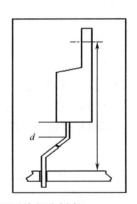

图 4-31　台阶以下的引线部分折弯　　　　图 4-32　台阶上、下引线部分折弯

为防止引线台阶开裂，打 Z 折弯与引线台阶的距离必须保证大于或等于 0.5mm，即没倒角前的卡具凸起与台阶的最小距离不小于 1.0mm（在引线台阶上、下各 0.5mm 范围内无引线折弯形变）。

（7）功率半导体元器件的卧装成形。

功率半导体元器件的卧装成形按照引线的变向折弯方向可以分为引线前向折弯和引线后向折弯，如图 4-33 和图 4-34 所示。为防止引线台阶开裂，折弯与引线台阶的距离必须保证大于或等于 0.5mm，即没倒角前的卡具凸起与台阶的最小距离不小于 1.0mm（在引线台阶上、下各 0.5mm 范围内无引线折弯形变）。此外，还应该根据实际装配空间选择装配长度 H。

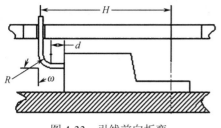

图 4-33 引线前向折弯

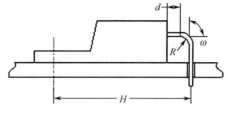

图 4-34 引线后向折弯

（8）当装配条件复杂且高度空间不足时，电解电容器可以选用卧装成形，引线需要变向成形。电解电容器的成形如图 4-35 所示，图中封装保护距离最小值 d 的取值范围根据引脚的直径确定，一般为 2.0～3.0mm；折弯内径 R 根据引线直径 D（圆柱形引线）确定，优选值为 1.5mm、2.0mm、2.5mm、3.0mm。

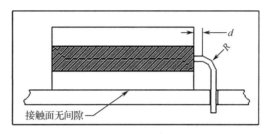

图 4-35 电解电容器的成形

元器件成形后的要求如下。

（1）在引线弯曲成形的过程中，不应使元器件产生本体破裂、密封损坏或开裂，也不应使引线与元器件内部的连接断开。

（2）成形后的元器件引线如果有明显的刻痕或挤压形变，且超过了引线直径的 10%，则不应使用此元器件。

（3）回火引线（针形引线）不能弯曲成形，如继电器等元器件引线；直径大于或等于 1.30mm 的引线也不能弯曲成形。

（4）元器件引线的成形应使其能插入安装孔内而不引起较大的变形，而且应使元器件本体或密封端不承受应力。

（5）如果特殊电子元器件（如玻璃二极管等）不慎跌落到地上，则必须重新进行检验，若发现元器件有损伤，则严禁使用。

（6）成形后的元器件应做到：卧式元器件规格型号的标记向上；立式元器件规格型号的标记向外；无极性元器件的标记方向一致。特殊元器件可遵循极性、数值、型号的先后顺序原则成形。

4.4 电烙铁焊接技术

4.4.1 电烙铁的握法

电烙铁的握法包括握笔法、正握法和反握法。

（1）握笔法（见图4-36）适用于小功率和直形烙铁头的电烙铁，适合焊接散热量小的被焊件，如焊接仪表里的PCB等。

（2）正握法（见图4-37）适用于烙铁头比较大和弯形烙铁头的电烙铁。可用于PCB垂直于桌面时的焊接。

（3）反握法就是用五指把电烙铁的柄握在手掌内，如图4-38所示。

图4-36　握笔法　　　　　　图4-37　正握法　　　　　　图4-38　反握法

4.4.2　电烙铁的分类

手工焊接最常用的工具就是电烙铁，电烙铁的作用是加热焊接部位、熔化焊料、冷却后使焊料和被焊金属连接起来。根据焊接操作的要求，电烙铁应具备温度升温快、热量充足，可连续焊接；耗电少，热效率高；重量轻，便于操作；可以换头，容易修理；结构坚固，寿命长；漏电流小；静电弱，对元器件没有磁性影响等性能。

随着无铅焊接时代的到来，由于无铅焊料熔点高、焊接工艺窗口窄、焊料中锡含量高等诸多特点，因此，对用于无铅焊接的电烙铁提出了更高的要求。目前，常见的电烙铁可分为非温控电烙铁、恒温电烙铁、调温电烙铁三大类。

1．非温控电烙铁

非温控电烙铁分为外热式电烙铁和内热式电烙铁两种。

1）外热式电烙铁

外热就是指在外面发热，因发热电阻丝在电烙铁的外面而得名。它既适合焊接大型的元器件，又适合焊接小型的元器件。由于发热电阻丝在烙铁头的外面，有大部分的热散发到了外部空间，所以加热效率低、加热速度较缓慢，一般要预热6～7min才能焊接。外热式电烙铁的体积较大，在焊接小型器件时不方便；但它的烙铁头使用的时间较长、功率较大，有25W、30W、50W、75W、100W、150W、300W等多种规格。

2）内热式电烙铁

内热就是指从里面发热，即加热元件和铜头的相对位置应该是加热元件在焊锡铜头的内部，或解释为其烙铁头套在发热体的外部，使热量从内部传到烙铁头，具有热得快、加热效率高、体积小、质量轻、耗电少、使用灵巧等优点。内热式电烙铁适合焊接小型的元器件。但由于烙铁头温度高，易氧化变黑，烙铁芯易摔断且功率小，所以只有20W、35W、50W等几种规格。外/内热式电烙铁如图4-39所示。

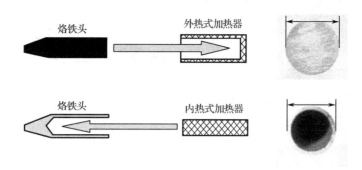

图 4-39　外/内热式电烙铁

2. 恒温电烙铁

恒温电烙铁的烙铁头内装有磁铁式温度控制器，通过温度补偿控制温度输出，从而实现恒温。恒温电烙铁的温度恒定性好，设计为固定温度，输出不能调节。它优于传统的电热丝烙铁芯，升温迅速、节能、工作可靠、寿命长。

3. 调温电烙铁

调温电烙铁兼有恒温电烙铁的特性，而且可以根据需要调节输出温度，同时可以校对设置温度与烙铁头实际温度是否一致。

调温电烙铁与普通电烙铁不同，它有一个温度控制装置，电烙铁自身功率很大，可以根据工艺要求设定电烙铁的接触焊点的温度。这样可以保证用最低的焊接温度达到连接元器件的目的，从而保护元器件的电气性能不被破坏。现在的调温电烙铁控温精准，并且设置了接地线，更加保证了电子元器件的安全。

调温电烙铁操作规范如下。

（1）将电源开关切换至 ON 位置。

（2）调整温度设置旋钮至 200℃ 的位置，待显示屏上显示的温度稳定后调至所需的工作温度。

（3）电烙铁校准的频率：每天使用前需要对电烙铁进行温度测试，要对实际测试温度和电烙铁刻度值相差大于 ±10℃ 的电烙铁进行校准，并做好电烙铁温度测试记录。

（4）电烙铁的校准方法：以电烙铁的刻度为准，选择两个参考温度（一般选择 180℃ 和 350℃），待电烙铁进入控温状态后进行温度测试。当温度测试值与刻度值相差大于 ±10℃ 时，调整电烙铁上的 CAL 旋钮，待电烙铁进入恒温状态后，再次进行温度测试，重复此操作，直到两者的误差小于或等于 ±10℃。

（5）电烙铁外壳和接地线之间的电压测试：若测量的电压为 0V，则判定为合格；如果存在电压，则判定电烙铁存在漏电现象，需要及时检修。

4.4.3　烙铁头的结构

1. 烙铁头的构成

烙铁头是对外工作的主体，由头部（顶端）与柄部（躯干）两部分组成，其形体结构如图 4-40 所示，其中，A 为柄部，与被焊接处接触并迅速、有效地传递热能/温度；B 为头部，与电发热器接触并储存热能。

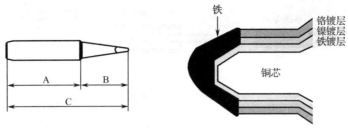

图 4-40 烙铁头的形体结构

烙铁头一般采用紫铜材料,为保护它在高温焊接条件下不氧化生锈,常对烙铁头进行电镀处理,一般镀铁镍合金,烙铁头前段一般采用镀铁处理,如图 4-40 所示。有的烙铁头还采用不易氧化的合金材料。

2．烙铁头的形状与规格

根据焊接对象的不同,烙铁头有不同的大小和形状,常用的有凿形、马蹄形、刀口式、锥形式、尖头式、斜口式。以 OK 公司的烙铁头为例,常见的烙铁头形状如图 4-41 所示。

图 4-41 常见的烙铁头形状

3．影响传热效率的因素

烙铁头的作用是将热能传导给焊盘。烙铁头有很多种形式,实践表明,焊点温度的提高一方面依靠提高烙铁头的温度,另一方面取决于烙铁头是否以最快的速度将所需的热量传给了焊点。热传导性能好的烙铁头使用起来得心应手,焊接速度快,同时不会造成焊盘损伤。那么该如何选用一只合适的烙铁头呢?这就需要熟悉哪些因素会影响烙铁头的热传导性能。下面从烙铁头的几何尺寸、与焊盘的接触面积、镀层厚度等方面介绍它们对热传导性能的影响。

1) 烙铁头的几何尺寸

平时人们都有这样的经验,即对于同一把电烙铁,装上大号烙铁头比装上小号烙铁头能输出更多的热能。烙铁头是热量从发热体向焊点传热的"高速公路",因此,正确选择

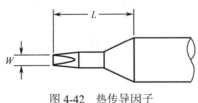

图 4-42 热传导因子

烙铁头的几何尺寸对防止热量损失至关重要。相对尺寸较大的烙铁头的功率密度大,在工程上,为了明确烙铁头的几何尺寸(烙铁头的粗细与长短)对其传热效率的影响,OK 公司提出用热传导因子表征烙铁头的传热效率。所谓热传导因子,是指烙铁头的宽度与长度的比值,即图 4-42 中的 W 与 L 的比值。

OK 公司的 3 种端部宽度均为 2mm 的凿形烙铁头的热表现力截然不同,如图 4-43 所示。

从图 4-43 中可见,细长阶梯形烙铁头的传热效率仅有 27%,长凿形烙铁头的传热效率为 50%,短凿形烙铁头的传热效率可达 89%。数值越大,表示它的传热效率越好,即短凿形烙铁头的传热效率最高,细长阶梯形烙铁头的传热效率最低。当用它们焊接小的焊点

时，短凿形烙铁头会出现过热现象，而细长阶梯形烙铁头则正好；如用它们焊接稍大的焊点，则细长阶梯形烙铁头的热量不够，长凿形烙铁头可正好；如果用它们焊接无铅焊点，则需要选择传热效率在50%以上的烙铁头，方能够有利于热量的传导。

（a）细长阶梯形烙铁头的传热效率为27%　（b）长凿形烙铁头的传热效率为50%　（c）短凿形烙铁头的传热效率为89%

图 4-43　端部宽度为 2mm 的各烙铁头的传热效率

2）烙铁头与焊盘的接触面积

图 4-44 为焊接时不同烙铁头与焊盘的接触状态：第一种为全接触，第二种为轻度接触，第三种为 50%接触。不同的接触状态可以得到不同的热能输出，如图 4-45 所示。

图 4-44　焊接时不同烙铁头与焊盘的接触状态

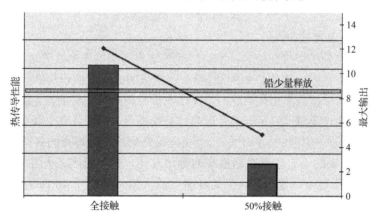

图 4-45　不同的接触状态输出的热能

从图 4-45 中可以看出，当烙铁头与焊盘全接触时，电烙铁的热量能完全输出；当烙铁头与焊盘轻度接触时，电烙铁的热量输出很低，此时热能仍聚集在烙铁头上，即烙铁头处于高温闲置状态，易造成烙铁头的损坏。因此，烙铁头的大小应根据焊点的大小选用，只有这样才能得到理想的配合。

3）烙铁头镀层厚度的影响

烙铁头镀层厚度会影响它的热传导性能和机械强度。铁的热传导性能比铜的热传导性能差，但它的抗锡浸蚀能力比铜的抗锡浸蚀能力强得多。铁镀层太厚会影响烙铁头的热传导性能，太薄会影响烙铁头的寿命。对于细长形的烙铁头，其热传导性能差，烙铁头的镀层不能太厚，否则会影响它的热传导性能；较粗的烙铁头的热传导性能好，因此镀层可以厚一点，常用于无铅工艺。图 4-46 是不同形状烙铁头的镀层厚度与热传导性能的关系。对于细长形的烙铁头，当它用于无铅工艺焊接中时，它的镀层厚度不能超过 3mil（1mil=

0.0254mm），否则它的热传导性能会变差；当用于有铅工艺焊接中时，它的镀层厚度可达到 3mil 但不宜超过 7mil，因此细长形烙铁头的镀层厚度相对较薄。对于粗短形烙铁头，当它用于无铅工艺焊接中时，它的镀层厚度可达到 14mil；当用于有铅工艺焊接中时，它的镀层厚度可以达到 17mil。由此可见，粗短形的烙铁头的镀层厚度即使用于无铅焊接，它的镀层也相当厚，无论是烙铁头的强度，还是抗锡浸蚀能力，都非常好，并且热传导性能也能满足要求。

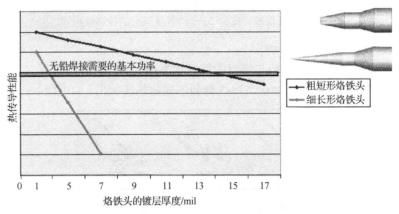

图 4-46　不同形状烙铁头的镀层厚度与导热性能的关系

4）烙铁头设定温度的影响

如果要分析电烙铁的焊接热能量，则可以简单地将焊接的电烙铁的输出能量分为两类：一类是烙铁头的储存能量（失去控制的能量），该能量的大小取决于烙铁头的设定温度和烙铁头的质量密度，当焊接效率出现问题时，操作人员会调高烙铁头的设定温度，或者对大的焊点选用质量密度大的烙铁头；另一类是加热体补偿能量，该能量完全取决于电烙铁自身的热传导效率（与所采用的加热技术有关），这类能量是形成可靠焊点的关键能量。

图 4-47 为烙铁头的设定温度对烙铁头的寿命及热容量的影响，从图中可以看出，当烙铁头的设定温度低于 350℃时，烙铁头的寿命有最大值，当高于 400℃时，烙铁头的寿命会明显缩短；烙铁头的热容量在烙铁头的设定温度为 350℃时也有不错的输出。因此，烙铁头的设定温度不宜过高，否则会对烙铁头的寿命有较大的影响。

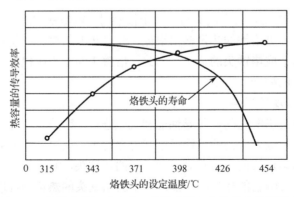

图 4-47　烙铁头的设定温度对烙铁头的寿命及热容量的影响

4.4.4 烙铁头损耗机理分析与常见缺陷及处理方法

尽管采取了多种措施防止烙铁头的腐蚀，但烙铁头仍是易损零件，特别是在用于无铅焊料的焊接过程中。锡与多种金属都有良好的亲和能力，浸入液态焊料的固体金属会产生溶解，这就是人们通常所说的"浸析现象"。铬、镍、铁虽然在锡铅中的溶解能力低，但是随着温度的升高，烙铁头表面的镀层金属在焊料中的溶解速度会提升，因此，长时间的高温使用会加速烙铁头的损耗。

在实际生产中，焊锡丝中助焊剂的存在也是促进烙铁头腐蚀的一个原因。助焊剂中的活性剂均是酸性物质（还有松香，它在高温下会生成松香酸）。这些酸性物质会对烙铁头的镀层造成直接的腐蚀。此外，助焊剂在高温下的残留物也会促进烙铁头的腐蚀。这些残留物包裹在烙铁头表面，不利于烙铁头的热量散发，尤其是当电烙铁在闲置时仍保持着焊接温度，烙铁头的热量得不到释放会加剧烙铁头的腐蚀。通常，烙铁头的镀层厚度约为 500μm，在无铅工艺中，其使用寿命仅为使用 Sn-Pb 锡丝时寿命的 1/3。因此，在实际操作过程中，应尽量避免在过高温度下操作。电烙铁用完后，在烙铁头温度稍微降低一些后，可涂一层焊料，起保护作用，如图 4-48 所示。

这里所说的烙铁头失效包含两类现象：一类是烙铁头不沾锡，这类失效现象往往是可恢复的，只要做些清洗或用金属丝球擦洗就可以使烙铁头恢复；另一类失效现象是不可恢复的，表现为烙铁头的镀层损坏，甚至头部穿孔，此时只能更换新的烙铁头。

烙铁头常见缺陷及处理方法如下。

1. 烙铁头包裹着助焊剂的残留物

助焊剂中含有松香、活性剂等有机物，它们在长时间受热或高温后会分解、炭化而呈树皮状，这些残留物包裹着烙铁头，如果不及时去除，则会导致烙铁头不沾锡，如图 4-49 所示。

图 4-48 为烙铁头涂一层焊料

图 4-49 残留物包裹着烙铁头导致烙铁头不沾锡

这种缺陷在无铅工艺中尤为明显，防止这类缺陷发生的方法通常较简单，只需保持烙铁头清洁，经常将烙铁头在潮湿的海绵上清擦以去除助焊剂的残留物，并及时补充焊料即可。

2. 烙铁头氧化

烙铁头氧化也是一种常见缺陷。这种缺陷看上去头部少锡并呈微黄色，头部的黑化并不是由焊料黏附引起的，此时用橡皮擦难以去除。这个黑化是铁与锡的金属间化合物的氧化导致的，易造成焊料在烙铁头温度（高温）下不熔化，影响焊接润湿性。

烙铁头氧化的原因是由于焊料过少、温度过高导致焊料氧化呈微黄色。通常情况下，如果不及时去除烙铁头上包裹的助焊剂残留物，就会导致烙铁头氧化。防止烙铁头氧化的方法是及时去除助焊剂残留物、补充焊料，并适当降低烙铁头的温度。

3. 合金层覆盖

有铅焊接时的助焊剂碳化物较多，无铅焊接时的锡氧化物较多。有铅锡线中的助焊剂氧化引起焦黑，造成污染，严重的会损害烙铁头的品质、阻碍烙铁头前端温度上升，从而增加了温度损耗；但此时烙铁头上的残留物主要是助焊剂碳化物，只需用潮湿海绵清洗即可除去。当使用无铅锡丝时，烙铁头上的残留物主要是镀锡层氧化物，使热量无法传递到焊件，导致不吃锡的现象发生，如果烙铁头长期处于高温、闲置状态，则焊料量过多会导致焊料中锡与镀层镍、铁反应生成 $NiSn_2$、$FeSn_2$ 合金，这些合金层会导致头部不吃锡、不沾锡并呈浅黑色，而且这种黑状物不同于助焊剂残留物，助焊剂残留物是疏松的黑色物，合金层覆盖物是致密的浅黑色物。防止这种缺陷的方法仍是及时去除头部的残留物，并用金属丝擦拭，重新对烙铁头沾锡，还要适当降低烙铁头的温度。图 4-50 为烙铁头温度与镀铁层消耗量的关系，从图中可以看出，随着温度的升高，镀铁层消耗加快，特别是在无铅工艺中，镀铁层的消耗量增速明显，镀铁层的消耗越快，说明烙铁头的寿命越短。

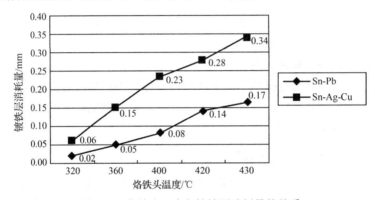

图 4-50 烙铁头温度与镀铁层消耗量的关系

4. 镀层破裂

对于镀层破裂，从外观上看，只是镀层合金轻度脱皮，但该缺陷表明锡已浸到了铁层下方，虽尚在初期，但很快会导致内层的铜层出现熔蚀，少数操作人员在使用电烙铁时，对电烙铁施加的外力过大，这会加剧裂纹的出现，如图 4-51 所示。通常，当出现这类缺陷时，只能将烙铁头报废并更换新的烙铁头。防止这类缺陷发生的方法仍是控制温度并及时去除残留物。此外，电烙铁在工作时的操作压力不宜过大，并适当保持头部沾锡量。

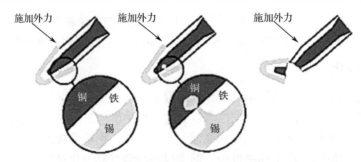

图 4-51 对电烙铁施加的外力过大会加剧裂纹的出现

5. 活性助焊剂引起的铁镀层腐蚀

在高温条件下，助焊剂中的活性剂对铁镀层的损坏不可小视，特别是当铁镀层有裂纹时，会加速铁镀层的腐蚀。防止这种缺陷发生的办法是控制烙铁头的温度，并尽量不使用含有强活性助焊剂的焊料；操作过程中要经常转动烙铁头，以分散焊料中的助焊剂；对于已经出现损坏的烙铁头，应及时更换。

6. 无铅焊料引起的镀铁层熔蚀

有关无铅焊料引起烙铁头的腐蚀，在烙铁头的损坏机理中已阐述很多了，烙铁头长期处于高温、闲置状态，焊料量过多就会导致镀层合金熔蚀。初期会出现电烙铁头部不吃锡或不沾锡的现象，镀铁层完全熔蚀后，铜棒就会加速熔蚀，以致出现孔洞，如图 4-52 所示。

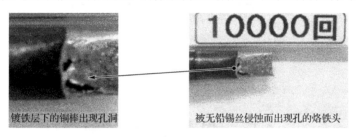

图 4-52　烙铁头长期处于高温、闲置状态以致出现孔洞

防止这种缺陷发生的方法是在操作过程中将锡线加到焊点上（不要加到烙铁头上），这样可避免烙铁头上出现过多的焊料。同时要控制烙铁头温度，特别是在烙铁头闲置时，要降低温度，必要时关闭电源。

上述缺陷中的前三种是可恢复的，只要及时保养和维护，就可以防止缺陷的发生。后三种缺陷是不可恢复的，当遇到这几种缺陷时，只能更换烙铁头。后三种缺陷往往是在前三种缺陷多次发生后进一步发展而成的。因此，只有先防止前三种缺陷的发生才不会引起更大的缺陷发生。

4.4.5　电烙铁的特性与参数

电烙铁性能的优劣可由以下参数做出评价，这些参数也是人们在选择电烙铁时的主要依据。电烙铁的特性与参数包括输入电功率（耗电量）、电热转换率、热容量、最高焊接温度、回温/复热速率、烙铁头漏电电压、电绝缘阻抗、使用寿命、操作与维修性。

在上述参数中，回温/复热速率是非常重要的参数，不同电烙铁之间的差异主要取决于回温性能。回温性能反映了电烙铁的控温精度和供热能力，当电烙铁接触焊盘时，烙铁头的温度会下降，控温精度高的电烙铁会及时补充热量使烙铁头的温度迅速恢复到设定值。我们都知道，要想得到良好的焊点，就必须稳定电烙铁的温度。早期的电烙铁的控温精度差或没有温控系统，电烙铁工作时的热性能不稳定，当用仪表记录焊接温度变化时，就会发现非温控系统的电烙铁在使用中的温度跌落很大。图 4-53 为温控电烙铁与非温控电烙铁的比较。

电子装联技术中的焊接就是通过熔融的焊料与两个被焊接金属表面之间生成金属间合金层而实现两个被焊接金属之间电气和机械连接的焊接技术。在电子装联技术中，目前使用的传统焊料多为 Sn-Pb 共晶和近共晶合金，其熔点为 179～189℃。随着无铅化进程的推进，高熔点的无铅焊料也被纳入了电子产品生产工艺中。常用的无铅焊料 Sn-Ag-Cu 合金的熔点为 216~221℃，这些焊料均含有锡金属，属于锡基焊料，它们的焊接温度均低于 450℃，属于软钎焊的范畴。因此，电子装联的核心技术就是锡基焊料的软钎焊技术，简称锡焊。焊接质量直接影响电子产品的性能和使用寿命。

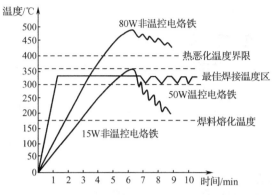

图 4-53　温控电烙铁与非温控电烙铁的比较

4.5　焊料与助焊剂

4.5.1　焊料

1．焊锡丝

常用锡基焊料除棒状产品之外，还有大量丝状产品，俗称焊锡丝或锡线，主要用于手工焊、补焊和维修。

人们将一定量的固态助焊剂（含量一般控制在 1.2%~1.8%）放入锡铅棒中，通过拉丝机将其拉成一定粗细的丝状物，制成含助焊剂的焊锡丝，其直径通常为 0.5~1.2mm。不同直径的焊锡丝的适用范围如表 4-3 所示。

表 4-3　不同直径的焊锡丝的适用范围

序号	焊锡丝直径/mm	一般适用范围
1	0.5~1.0	小焊点、热敏元器件、片式元器件、多引脚小间距的贴装器件等
2	1.0~1.2	中焊点、通孔插装元器件、多引脚中/大间距的贴装器件、搪锡及导线等
3	1.2~2.0	大焊点、上锡、屏蔽线、较大或散热快的接地、加锡拆焊等

焊锡丝根据助焊剂类型分为 RA 活性松香型、RMA 与免清洗型。RA 活性松香型焊锡丝一般不用于军品的电子装联生产。

在结构上，助焊剂由一芯发展到了多芯（最多为 5 芯），焊锡丝的使用面变得更广、使用也更方便。常用焊锡丝的断面形状如图 4-54 所示。

无铅焊锡丝目前已有 Sn-Ag-Cu 和 Sn-Cu 两大系列。焊锡丝的直径有 1.0mm、0.8mm、0.7mm、0.5mm 等。

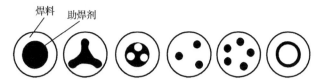

图 4-54 常用焊锡丝的断面形状

2. 无铅焊料应用中的标识问题

目前已开发出的无铅焊料的品种繁多，它不像锡铅焊料那样品种单纯、统一，现在的电子产品的焊接几乎都用的是 Sn63/Pb37。无铅焊料要复杂得多，以 Sn-Ag-Cu 系列无铅焊料为例，北美主张用 Sn3.9Ag0.6Cu，欧洲主张用 Sn3.8Ag0.7Cu，日本主张用 Sn3.0Ag0.5Cu。在 Sn-Cu 系列无铅焊料中，又出现了加 Ag、Ni、Co、Ti 等的不同品种。此外，还有加 Bi、Sb 的无铅焊料。由于不同系列的无铅焊料互混后会出现性能明显下降的现象，特别是在有铅焊料与无铅焊料的过渡期，如 Sn、Pb、Bi 互相混在一起可能会出现低熔点相，熔点仅为 97℃，这会给电子产品的维修带来不便。因此，在使用无铅焊料时，应尽可能选用大家公认的无铅焊料，尽量不使用含 Bi 的无铅焊料。为了维修方便，IPC（国际电子工业联接协会）特别制定了有关无铅焊料在应用中的标识标准，即 IPC-1066 标准。标准中规定，凡使用无铅产品，包括电子元器件的制造中所用的无铅产品及电子产品制造中所用的无铅焊料，都应标注好所用的无铅焊料的系列号。另外，标准中初步规定了 9 种类别，即 e1～e9，其中，e8 与 e9 目前尚未指定类别，e1～e7 类别如表 4-4 所示。

表 4-4　e1～e7 类别

标　识	范　畴	材　料　类　型
e1	锡/银/铜	Sn-Ag-Cu
e2	其他无铅焊料（不含 Bi）	Sn-Cu，Sn-Ag，Sn-Ag-CuX
e3	锡板（纯锡）	纯锡（Sn）
e4	贵重金属	Au，Ni-Pd，Ni-Pd-Au
e5	含锌（Zn）	Sn/Zn=SnZn（无 Bi）
e6	含铋（Bi）	含有 Bi 的材料
e7	含铟（In）	含有 In 的材料

这提示我们在电子产品制造中，对于所用的无铅电子元器件，应考虑所用器件焊端的无铅焊料的系列号。如果制造的是无铅电子产品，则应在 PCB 上标注所用无铅焊料的系列号以方便今后用户修理。

4.5.2　助焊剂

锡焊需要使用助焊剂，在 PCB 表面及液态锡（实为锡铅合金）表面有一层氧化物及其他不利于焊接的物质，这些物质阻止了 PCB 表面金属同焊锡形成键合，从而阻止了电连接的形成，这就要求助焊剂具有去除氧化物的能力。迄今为止发现的能与氧化物发生反应的物质几乎都呈酸性。实际上，所有的商业助焊剂都是以酸作为助焊剂的主体的。

1. 助焊剂的作用

无论是手工焊还是其他焊接工艺，助焊剂都是焊接过程中不可缺少的工艺材料。焊接质量的好坏除与焊接合金、元器件、PCB 质量、焊接工艺有关外，还与助焊剂的性能有十分重要的关系。这是因为焊接过程都要经过焊件界面的表面清洁、加热、润湿、扩散、溶解、冷却、凝固、形成焊点几个阶段。助焊剂在焊接过程中除起到溶解被焊件表面氧化物、污染物的作用外，还能起到防止金属表面高温再氧化、辅助热传导、降低熔融焊料表面张力、提高润湿性、改善焊点质量的作用。助焊剂的功能如图 4-55 所示。

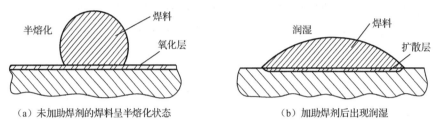

(a) 未加助焊剂的焊料呈半熔化状态　　(b) 加助焊剂后出现润湿

图 4-55　助焊剂的功能

2. 助焊剂的分类

助焊剂的品种和数量繁多，其分类主要有以下几种方法：按助焊剂的状态分类、按助焊剂的活性特性分类、按助焊剂残留物的溶解性能分类。

1）按助焊剂的状态分类

助焊剂按其状态可分为液态助焊剂、糊状助焊剂、固态助焊剂，如表 4-5 所示。

表 4-5　按助焊剂的状态分类

类　型	用　途
液态助焊剂	手工焊、浸焊、搪锡、波峰焊接
糊状助焊剂	SMT 锡膏
固态助焊剂	焊锡丝内芯

2）按助焊剂的活性特性分类

助焊剂按其活性特性可分为低活性助焊剂、中等活性助焊剂、高活性助焊剂、特别活性助焊剂，如表 4-6 所示。

表 4-6　按活性剂特性分类

类　型	标　识	用　途
低活性	R	用于较高级别的电子产品中，可实现免清洗
中等活性	RMA	用于民用电子产品中
高活性	RA	可焊性差的元器件
特别活性	RSA	元器件可焊性差或有镍铁合金

3）按助焊剂残留物的溶解性能分类

按照助焊剂残留物的溶解性能划分，助焊剂的分类如表 4-7 所示。

表 4-7　按助焊剂残留物的溶解性能分类

类　型	代　号	用　途
松香型（树脂型）	R	适用溶剂法、半水法、皂化法清洗工艺
水溶型	WS	适用水清洗工艺
免清洗型（低固体型/无挥发性有机化合物）	LS	与氮气配合可实现免清洗工艺

3．常见的三种类型的助焊剂

目前，在电子加工行业中，主要使用三种类型的助焊剂，它们是松香型助焊剂、低残渣免清洗助焊剂/无挥发性有机化合物助焊剂、水溶型助焊剂。

1）松香型助焊剂

松香型助焊剂是使用较早且应用较广泛的一类助焊剂，至今仍在大量使用。松香型助焊剂的主要成分如表 4-8 所示。

表 4-8　松香型助焊剂的主要成分

成　分		含　量
活性剂		4%～8%（以固含量总数为基准）
松　香		94%～90%（以固含量总数为基准）
添加剂	消光剂	微量或少量
	润湿剂	微量或少量
	缓蚀剂	微量或少量
	发泡剂	微量或少量

表 4-8 中的各种成分的主要功能如下。

（1）松香。

松香（松香脂）是一种天然产物，其成分与产地有关，并受环境条件的影响。松香是从松树的根或树皮中提取的天然产品，主要成分为质量分数为 70%～85%的松香酸和质量分数为 10%～15%的胡椒酸，其余为海松酸和松脂油。普通松香的活化温度为 74～220℃，熔点温度为 172～175℃。松香从 74℃开始软化，内部的松香酸呈现活性，随着温度的升高，松香酸转化为海松酸和脱氢松香酸，松香酸的活性逐渐增强；当加热到 125℃左右时，它具有轻微的流动性，可清除污渍，且可形成保护膜；在高于 150℃的温度下，它表现出溶解银、铜、锡等氧化物的能力；当温度为 200～220℃时，松香酸的活性最强；当温度达到 230℃以上时，逐渐失去活性，转化为焦松香酸；当温度达到 300℃以上时，就会转变为无活性的新松香酸或焦松香酸，完全炭化，丧失去膜能力。

松香本身是一种弱酸，故在助焊剂中起到一定的活性剂的作用，在高温下能还原锡铅焊料及 PCB 铜箔表面的氧化膜，使其相互润湿，促使熔融的锡铅焊料沿铜箔表面漫流；在焊接过程中，液态松香可以覆盖焊接部位，有效地防止焊接部位再氧化；在焊接后，可使助焊剂残留物形成一层致密的有机膜，对焊点有良好的保护作用，具有一定的防腐性能和电气绝缘性能。在助焊剂中，松香还可以起到调节比重的作用并有利于改进发泡的工艺性。以上所述表明了松香在助焊剂中所起的综合平衡作用。

松香也存在着不少缺点,如熔点低,有黏性和吸湿性,在温度和湿度作用下松香膜易发白。为了改进这些缺点,常对松香进行改进。例如,通过氢化处理减少松香结构中的双键,使它的热稳定性提高。改进后的松香有氢化松香、岐化松香、聚合松香、全氢化松香等。改进后的松香的结构相对稳定,用它们配制的助焊剂的性能也相对稳定。

(2) 活性剂。

活性剂是为了提高助焊剂性能而加入的活性物质,加入的质量分数一般为2%～10%。通常使用的活性剂包含有机胺和氨类化合物、有机酸及盐、有机卤化物。各类活性剂的特点如表4-9所示。

近年发展起来的无卤素(氯、溴等)助焊剂完全摒弃了传统的活性剂,取而代之的是一类安全活性剂——小分子有机酸。这类活性剂单独清除氧化物的能力足以满足焊接要求。同时,在焊接温度下,大部分可以升华(直接由固态变为气态而不经过液态)或气化,且残渣的绝缘电阻很大。

表4-9 各种活性剂的特点

活性剂	常用化合物	特 点
有机胺和氨类化合物	乙二胺、二乙胺、单乙醇胺、三乙醇胺、磷酸苯胺等	具有一点腐蚀性,对温度敏感;单纯胺类物质活性较弱,常与有机酸联合使用,以提高助焊剂的活性、调节pH值接近中性、降低腐蚀性
有机酸及盐	乳酸、油酸、硬脂酸、苯二酸、柠檬酸等	具有中等程度的去氧化膜能力,其作用相对缓慢,且对温度敏感。残留物有一定的腐蚀性,需要焊后清洗
有机卤化物	盐酸苯胺、盐酸羟胺、盐酸谷氨酸和软脂酸溴化物等	活性强,具有腐蚀性,需要焊后清洗

(3) 成膜物质。

成膜物质指的是焊接后助焊剂残留物形成的一层紧密的有机膜,可以保护焊点和基板,具有一定的防腐蚀性能和电气绝缘性能。松香是一种较常见的成膜物质。此外,酚醛树脂、酸性丙烯酸树脂、氯乙烯树脂、聚氨酯树脂等也是具有一定助焊性的成膜物质,并且这些成膜物质还有降低助焊剂的腐蚀性和提高电气绝缘性能的双重功效。通常成膜物质的添加量控制在10%～20%。

民用产品的电子装联中所用的助焊剂一般都有成膜物质,并且装联后的电子产品部件可以不再清洗。在军用电子产品中,一般焊接后都要清洗,并进行涂覆保护,因此成膜物质就不十分重要了。水溶型助焊剂中一般也没有成膜物质,因为使用水溶型助焊剂的电子产品在焊接后都需要清洗。

2) 低残渣免清洗助焊剂

低残渣免清洗助焊剂是适应保护大气臭氧层,为取代氟利昂而研制出的新型助焊剂,具有固态含量低、离子残渣少、不含卤素、绝缘电阻大、无须清洗、良好的助焊性等优点。这种助焊剂在国内外都得到了越来越广泛的应用。免清洗助焊剂是由下列几个组分构成的:活性剂、缓蚀剂、消光剂、发泡剂、松香,但这里的活性剂不再含有卤素。免清洗助焊剂中的固态含量比活焊剂中的固态含量要低得多。对于免清洗焊锡丝,它所含的助焊剂固态含量比活性焊锡丝中的助焊剂的固态含量要低得多,如图4-56所示。

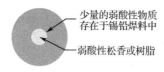
(a) 免清洗焊锡丝

(b) 中活性焊锡丝

图 4-56 两种焊锡丝中助焊剂含量示意图

低残渣免清洗低固态助焊剂含有松香或树脂，但含量不是很高，一般固体质量分数在 8%～10% 或以下，多数含少量卤素，基本要求控制在 0.2% 以下；也有的不含卤素，焊接性能基本可达到普通松香型助焊剂的效果。但焊后板面较为清洁，民品一般焊后不再清洗，但军品仍要求对该类助焊剂残留物进行清洗。

3）水溶性助焊剂（WS/OA）

根据组成助焊剂的活性剂物质的不同，水溶性助焊剂可以分为两大类：有机类和无机类。

水溶性助焊剂的性能取决于使用的活性剂（皂化剂）。水溶性助焊剂比免清洗助焊剂具有更高的活性和热稳定性，且使用的活性剂含量较高。因此水溶性助焊剂比较适合无铅焊接，但一般要求焊后 2h 内进行及时清洗。目前许多公司都有可用于电子工业的水溶性助焊剂，而且根据使用要求可以分为多种，如用于 PCB 的辊子镀锡，用于元器件引线的搪锡和难以钎焊的 PCB 的波峰焊接，用于最难钎焊元器件引线（如镀镍件）的镀锡等。

4. 对助焊剂的评价

助焊剂的主要检测评估项目有外观、物理稳定性、比重、可焊性、固态含量、卤素含量、水萃取液电阻率、铜镜腐蚀性、表面绝缘电阻、酸值及离子污染度等。由于助焊剂存在着活性与腐蚀性，因此，电子装联技术人员对选用助焊剂的型号、种类都非常慎重，并设立了专门机构对其性能进行全面测试，相关要求可参见 IPC J-STD-004B—2008。

5. 无铅可靠性焊接对助焊剂的要求

传统的锡铅焊接温度在 225℃ 左右，通常助焊剂中的活性剂的分解温度在 120～140℃，并在 230℃ 的温度下能分解完，而所用的松香等有机物的软化温度在 74℃ 左右，熔化温度为 140～150℃，在 230℃ 的温度下，短时间内不会碳化。但由于无铅焊接的温度要比传统的锡铅焊接的温度高出 40℃，所以传统的活性剂会在高温范围内过早地分解完，低软化点的松香也会在高温范围内碳化。因此应选择高分解温度的活性剂用于无铅焊接。通常活性剂的分解温度控制在 150℃ 左右，松香也应选择高软化点的松香，其软化点应控制在 110℃ 左右。同理，其他的活性剂的热分解温度均应提高，这样的助焊剂方能满足无铅焊接的需要，否则普通的助焊剂在无铅焊接中会快速分解、碳化，不利于焊接。

良好的助焊剂既要满足焊接工艺的要求，又要具备环境适应性和可靠性。因此，优良的助焊剂应具备以下特性。

（1）助焊剂在加温预热过程中能较快地去除金属表面氧化物；在焊接时能降低焊料表面张力、增加焊料的润湿性，起到良好的助焊作用。一般要求树脂型助焊剂的扩展率在 90% 以上，免清洗助焊剂的扩展率在 80% 以上。

（2）助焊剂的熔点应比焊料的熔点低，这样在焊料熔化之前，助焊剂可充分发挥其助焊作用。

（3）不挥发物含量应不大于15%；焊接时不产生焊珠飞溅，不产生有毒气体和强烈的刺激性气味，有利于保护环境和生产人员的身心健康。

（4）焊后残留物少、易去除，并且具有高绝缘性，不吸湿、不导电、不黏手。

（5）常温下长期储存不变质，价格低廉。

6．助焊剂使用基本知识

1）比重

比重是指1L液体的质量与1L水的质量的比值，体现了有效成分的浓度。由于1L水的质量接近1kg，所以液体的比重可以认为是1L液体的质量的kg数。例如，1L酒精的质量是0.78kg，那么酒精的比重为0.78。

比重的测量可用比重计，既方便、快捷，又准确，操作方法如下。

取一支250ml的量筒，装入250ml的样品。将比重计放入量筒内，使比重计悬浮在量筒中。静止后，平视观测比重计与液面交界线处的刻度数字，此数字即助焊剂的比重值。测量温度为20℃。

需要说明的是，同一液体在不同温度下的比重是不一样的。在温度升高时，体积膨胀，比重会下降。

大部分松香型助焊剂的比重都在0.80以上；不含松香的助焊剂的比重大多为0.795～0.800。

有时会发生同一厂家每次提供的助焊剂的比重不相同的情况，这是为什么呢？这主要是由于温度的影响：在不同温度下测得的比重会有差异。例如，916助焊剂，温度每升高5℃，比重会降低0.006。通常出厂时测定的比重都是在温度为20℃时测得的数值，即当温度为30℃时，比重降低了0.012。

2）色泽

有颜色的助焊剂通常含有松香或其他不饱和基团物质，这些基团受到阳光照射后会与溶解氧发生反应，形成有颜色的基团。阳光照射的时间越久，有色基团越多，因此助焊剂放置越久，颜色越深。如果供货商每次供货的储存时间不同，那么颜色也会不一样。

如果颜色变化不是太大，溶液清澈透明、不浑浊、无异臭、比重正常，则可正常使用。对于无松香的助焊剂，出现颜色变化大这个问题的可能性较小。

3）气味

助焊剂本身的味道一般都是醇类溶剂的味道，不会太难闻。

在使用过程中，尤其是手工浸焊，如果通风条件不好，则会有很刺鼻的气味，这是松香裂解产生的气味和有机酸等气化产生的刺激性气味。一般来说，助焊剂焊接时的气味不可能消除，只能尽可能地减少，但使用无松香或低固态含量的助焊剂会降低刺激性。为了消除刺激性，最好的方式是改善通风条件。

4）毒性

助焊剂绝大部分是溶剂，这些溶剂的毒性不会比酒精的毒性大。通常，助焊剂中使用的添加剂也经常用于其他领域，有些甚至是食品级的，其安全性早已被证实，如果不是大量吞服，则不会对人体构成危害。一旦大量吞服，请设法呕吐，并立即前往医院接受治疗。

7. 正确使用助焊剂

（1）要设法保证 PCB 的可焊性，如增加镀层，储存周期尽量缩短，储存时注意密闭防潮、焊接部位预涂松香保护等。优良的可焊性可以降低对助焊剂活性的要求。高度竞争的市场使许多供应商向电子厂商提供了高活性的助焊剂，以达到尽可能高的成品率，但是焊接之后的问题在处理上要大费周折。如果在开始阶段就选择低活性或低固态含量的助焊剂，那么许多担心就会成为不必要。

（2）助焊剂的使用量要尽量减少，这对于喷雾使用的波峰焊接机而言是比较容易实现的。

（3）在工艺允许的前提下，要尽量提高预热温度（板面温度在 80℃ 以上，波峰焊接机显示温度为 100～120℃）、降低传动速度（1.0～1.6m/min）、提高焊锡温度（250～270℃），这些措施都有利于减少残留物。

4.6 手工焊接

4.6.1 焊接原理

1. 润湿

润湿是指熔融焊料在被焊母材表面充分扩展并形成一层附着层。为了使焊料产生润湿作用，金属表面必须保持清洁，同时应合理地选用助焊剂，只有这样才能获得良好的焊接效果。

在一块清洁铜板上涂上一层助焊剂，并在上面放置一组焊料，将铜板加热到 (235 ± 5)℃，焊料熔化后即形成焊点。焊点与铜板接触处的切角为润湿角（θ）。润湿效果一般用润湿角表示。

当 θ 小于或等于 30°时为润湿；当 θ 为 30°～90°时为半润湿；当 θ 大于或等于 90°时为不润湿。一般当 θ 等于 20°～30°时为合格焊点。

2. 扩散

在用焊料焊接母材时，除会产生润湿现象外，还会产生向母材扩散的现象。通常金属原子在晶格点阵中处于热振动状态，一旦温度升高，原子会从一个晶格点阵中移动到另一个晶格点阵中。移动速度和扩散数量取决于加热温度与时间。

3. 冶金结合

当用锡焊铜时，虽然铜没有熔化，但由于相互扩散作用，在铜和锡界面生成了 Cu_3Sn、Cu_6Sn_5 等金属化合物。冷却之后，这层金属化合物就会把锡和铜连接在一起。

综上所述，扩散和冶金结合是在润湿的前提下完成的。我们使用助焊剂的目的是去除氧化物等污物，从而改善锡和铜的润湿状态。

4.6.2 手工焊接的具体流程

手工焊接的具体流程：电烙铁准备→清洁处理→加助焊剂→加热→加焊料→冷却→清

洗。焊接五步法如图 4-57 所示。

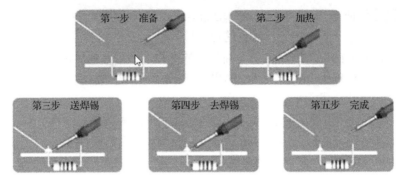

图 4-57　焊接五步法

（1）电烙铁准备。

根据焊接部位要求选择合适的烙铁头，烙铁头应能完全插入加热器内，加热部分与手柄应牢固可靠。将电烙铁加热至可以熔化的温度，在头部浸一层薄而均匀的焊料，并用清洁、潮湿的海绵或湿布擦拭烙铁头表面。

（2）清洁处理。

对待焊的导线、元器件引线、各类端子及 PCB 进行必要的清洁处理，处理时应保证可焊性。清洁处理的方法是用无水乙醇棉球进行擦洗。

（3）加助焊剂。

对所有的锡焊部位均应使用助焊剂，以便形成良好的焊点。

（4）加热。

使电烙铁接触被焊接部位，一般电烙铁与水平成 45°斜角焊接。注意：首先要保持电烙铁加热焊件各部分，如 PCB 上的引线和焊盘；其次要让烙铁头的扁平部分接触热容量较大的焊件，烙铁头的侧面或边缘部分接触热容量较小的焊件，以保持焊件均匀受热。

焊接部位应加热到适当的温度，烙铁头头部温度一般应控制在(290±10)℃，焊接时间不超过 3s（对于热敏元器件，焊接时间不超过 2s）。若在规定时间内未焊接好，则应等焊点冷却后复焊，复焊次数不得超过 3 次。在焊接热敏元件时，应采取必要的散热措施（如用无水乙醇棉球夹住元件本体散热），以防止焊锡氧化，元器件内部损伤、PCB 受损。

（5）加焊料。

锡焊时焊料应加在电烙铁和焊接部位的接合处，焊料要适量。加焊料后，烙铁头应带着熔融焊料移动一定的距离，以保证焊料覆盖连接部位。当熔化了一定量的焊锡后，将焊锡丝移开。

（6）冷却。

焊点应在室温下自然冷却，严禁用嘴吹或用其他强制性冷却的方法。在焊料冷却和凝固期间，焊点不应受到任何外力的影响。

（7）清洗。

对锡焊后残留的助焊剂、油污、灰尘等污物必须进行 100%的清洗。

焊接完成后，应按如下步骤对烙铁头进行保护。

① 清洁擦拭烙铁头并加少许锡丝保护，如图 4-58 所示。

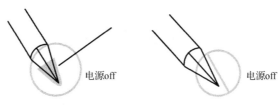

图 4-58　烙铁头镀锡保护

② 调整温度设定旋钮至最低温度。
③ 将电源开关切换至电源 off 位置。
④ 关掉总电源。

在焊接过程中，若出现不良操作手法，将会使焊点出现质量问题。常见的不良操作手法如下。

① 烙铁头不清洗就直接使用，如图 4-59 所示。
② 未给焊盘和物料预热就直接送锡，如图 4-60 所示，容易导致锡珠的出现。

图 4-59　烙铁头不清洗　　　　　图 4-60　未给焊盘和物料预热

③ 锡丝直接接触烙铁头，使锡丝中的松香飞溅，如图 4-61 所示。
④ 烙铁头有氧化的余锡，导致焊锡不良，如图 4-62 所示。

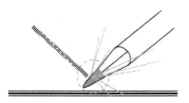　　　　　　

图 4-61　锡丝中的松香飞溅　　　图 4-62　烙铁头有氧化的余锡

⑤ 焊锡时不能用力滑动烙铁头，如图 4-63 所示，避免划伤 PCB 表面。
⑥ 焊锡时不能连续地取放，如图 4-64 所示，避免受热不均。

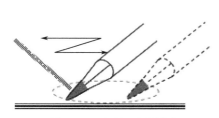　　　　　　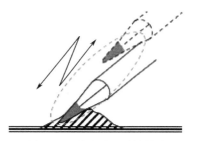

图 4-63　用力滑动烙铁头　　　　图 4-64　连续地取放烙铁头

4.7 元器件的安装

电子元器件在安装的过程中，应根据相关图纸和技术文件的要求及注意事项操作。

元器件的外观不同，安装的方式也不同，每类元器件都有其安装原则。

（1）手工焊接元器件装联的顺序原则是先低后高（如先电阻器、电感器，后半导体管）、先轻后重（如先电容器后继电器）、先非敏感元器件后敏感元器件（如先非静电/非温度敏感器件，后静电/温度敏感器件）、先一般后特殊（如先分立元器件后插装集成电路）。

（2）在安装双列直插式集成电路时，要弄清引脚的排列顺序，辨别 IC 方向标记，一定要对准插孔位置，一般使器件自由落入 PCB 焊盘内，不要倾斜，以防引脚折断或偏斜。过锡不畅时可适当抬高装联高度，但引脚露出板面的高度应控制在 0.5mm 左右。

（3）根据元器件安装环境的限制，轴向元器件可以采用立式安装或卧式安装。当采用立式安装时，要与 PCB 垂直，无极性元器件标识从上至下读取，极性标识位于顶部。长引线或裸露印制线上方的引线要有聚四氟乙烯套管保护，避免短路，并且套管不得妨碍焊点，需要覆盖保护区域，如图 4-65 所示。所有引脚上的支撑肩紧靠焊盘，引脚伸出长度满足要求，如图 4-66 所示。立式安装的稳固性稍差。当采用卧式安装时，元器件本体底端与 PCB 板面一般要求留有 0.25～1mm 的间隙，如 PCB 表面的印制线有阻焊膜等防护，当无裸露的印制线时，非金属封装的元器件可贴板安装。

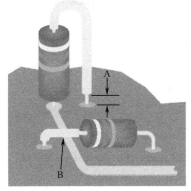

A—聚四氟乙烯套管端面与 PCB 之间的距离；B—聚四氟乙烯套管

图 4-65 引线套管保护

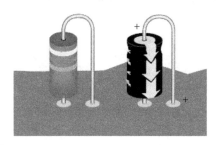

图 4-66 立式安装

对于工作频率低的元器件，这两种安装方式均可以采用；对于工作频率较高的元器件，最好采用卧式安装，这样可以使引线尽可能短一些，以防止产生高频寄生电容量，影响电路。

（4）非轴向元器件有自带过锡缝隙的可贴板安装（如多圈电位器），如果无自带过锡缝隙，则一般需要留有至少 0.75mm 的过锡缝隙（如立式电容器），如图 4-67 所示。元器件本体封装不能插入焊孔中，一般需要留有至少 0.75mm 的距离，以便在焊接时过锡。

（5）装联后需要剪掉导线或元器件引线的多余部分，引线露出焊点 0.5～1mm，如果双列直插式集成电路的引脚直径超过 1mm，则一般不剪除。

（6）为了易于辨认，在安装电子元器件时，各种电子元器件的标注、型号及数值等信息应朝上或朝外，以在焊接和检修时利于查看元器件的型号数据。

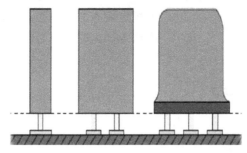

图 4-67 无自带过锡缝隙的元器件

（7）装配好的元器件在 PCB 组装件上的排列必须做到型号规格的标记向上、方向一致，以便于观察。要求横向排列的电阻器标称值色环在左，误差标注色环（金或银）在右；纵向排列的电阻器标称值色环在上，误差标注色环（金或银）在下；无极性电容器的安装方向要利于查看其标称值，如图 4-68 所示。

（8）安装在 PCB 组装件上的元器件不允许相碰，元器件外壳之间最少留有 0.5mm 的间隙，避免短路，如图 4-68 所示。

（9）机械固定器件。

机械固定器件若进行波峰焊接，则在插装元器件前，应先将那些需要机械固定的元器件进行机械安装。需要注意的是，金属封装外壳不能与焊盘发生短路，安装时可以借助绝缘垫片或限位装置进行隔离，如图 4-69 所示。

一般情况下，功率器件的散热片、支架、卡子宜在 PCB 焊接清洗后进行装配。

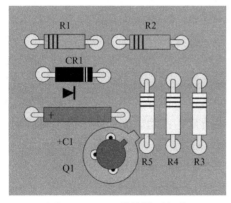

图 4-68 元器件的排列标准

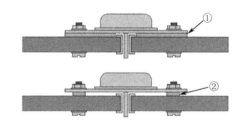

①—绝缘垫片；②—限位装置

图 4-69 机械固定限位隔离

4.8 焊点质量判断

一个合格的焊点要满足以下几方面的要求。

1. 从外观上看

（1）如图 4-70 所示，合格的焊点应在充分润湿的焊盘上形成对称的润湿角，并终止于焊盘的边缘。

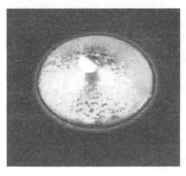

图 4-70　合格的焊点

（2）焊点应光洁、平滑、均匀、无气泡、无针孔、无拉尖、无桥连、无裂纹、无虚焊和漏焊。

（3）焊点表面完整、连续、圆滑，表面润湿良好，润湿角在 15°～30°为佳。

（4）焊盘表面完全被焊料覆盖，焊点大小和焊盘大小相当，透锡量需要达到焊孔深度的 75%，焊锡量应适当，焊锡无热损伤。

（5）焊点略显引线轮廓，引线露出焊点 0.5～1mm。

（6）焊点清洁，无可见助焊剂残渣。

2．从性能上看

1）达到电气连接的目的

锡焊连接不靠压力，而是靠焊接过程中形成牢固连接的合金层达到电气连接的目的的。如果焊锡仅仅是堆在被焊件的表面或只有少部分形成合金层，则在最初的测试和工作中也许不易发现焊点存在的问题。这种焊点在短期内也能通过电流，但随着条件的改变和时间的推移，接触层氧化，电路会出现时通时断或干脆不工作的情况，而这时观察焊点外观依然连接良好，这是电子产品使用中最令人头疼的问题，也是产品制造中必须十分重视的问题，因此，为了保证被焊件焊点的电气接触良好，必须避免虚焊。

虚焊是指焊料与被焊件表面没有形成合金结构，焊料只是简单地依附在了被焊金属的表面。虚焊主要是由待焊金属表面的氧化物和污垢造成的，焊点成为有接触电阻的连接状态，导致电路不正常工作，出现时好时坏的不稳定现象，噪声增大且没有规律性，给电路的调试、使用和维护带来了重大隐患。此外，也有一部分虚焊点在电路开始工作的一段较长时间内会保持接触尚好的状态，因此不容易被发现。但在温度、湿度等不合适的环境条件下，接触表面会逐步氧化。虚焊点的接触电阻会引起局部发热，局部温度升高又会促使不完全接触的焊点情况进一步恶化，甚至使焊点脱落，最终导致电路完全不能正常工作。

一般来说，造成虚焊的主要原因表现为：焊锡质量差；助焊剂的还原性不良或用量不够；被焊接处表面未预先清洁好，镀锡不牢；烙铁头的温度过高或过低，表面有氧化层；焊接时间太长或太短；在焊接过程中，当焊锡尚未凝固时，焊接元器件松动。

2）具有足够的机械强度

焊接不仅有电气连接的作用，它还是固定元器件、保证机械连接的手段。为保证被焊件在受到冲击时不至脱落、松动，要求焊点有足够的机械强度。一般可采用把被焊件的引线端子打弯后焊接的方法。作为焊锡材料的铅锡合金，其本身强度是比较低的，常用锡铅焊料抗拉强度为 3～4.7kg/cm^2，要想增加强度，就要有足够大的连接面积。如果是虚焊点，则焊料仅仅堆在焊盘上，就谈不上强度了。

3．缺陷焊点的表现

焊料不足或过量、冷焊点、焊点裂纹或位移、润湿不良、焊点有麻点或气孔、焊点拉尖或桥连都是缺陷焊点。

（1）如图 4-71 所示，焊盘上有孔洞、气孔。

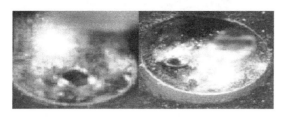

图 4-71　孔洞、气孔

（2）如图 4-72 所示，元器件本体封装的弯月面涂层进入焊孔中。

（3）如图 4-73 所示，在焊接应力及其他致脆因素的共同作用下，焊接点中的局部区域的金属原子的结合力遭到破坏，会使引线与焊料填充之间产生裂纹。

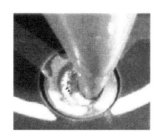 

图 4-72　弯月面涂层进入焊孔中　　　　图 4-73　引线与焊料填充之间的裂纹

（4）图 4-74 是引线与焊孔之间润湿不良；图 4-75 为由焊盘脏污氧化导致的润湿不良。

图 4-74　引线与焊孔之间润湿不良　　　　图 4-75　焊盘润湿不良

（5）如图 4-76 所示，焊锡没有完全润湿，出现拉尖现象。

（6）如图 4-77 所示，焊点上焊料堆积，有可能形成虚焊。

图 4-76　拉尖　　　　　　　　　　　　图 4-77　焊料堆积

练 习 题

填空题

1. 轴向元器件引线除污起点距根部（　　　）mm，非轴向元器件引线除污起点距根部约（　　　）mm。

2. 各种元器件搪锡前均应用（　　　）校直引线。

3. 元器件的搪锡部位在去除氧化层后应在（　　　）h 内搪锡，以免再次（　　　）和粘污。

4. 所有镀金引线元器件均需要搪锡（　　　），需要用（　　　）进行搪锡。

5. 所有元器件搪锡后均应在室温下（　　　），不允许用无水乙醇等（　　　）冷却。

6. 元器件成形常用的手工成形工具和工装有（　　　）、（　　　）、轴向元器件（　　　）。

7. 手工焊接工艺流程：（　　　）→（　　　）→（　　　）→（　　　）→（　　　）→（　　　）→（　　　）。

8. 当元器件引线表面粘污或氧化严重时，可以用（　　　）去除污染物或氧化层，但不可将引线上的（　　　）去除，并且不允许在引线上产生（　　　）。

9. 直径大于 1.30mm 的元器件引线不能（　　　）。

10. 元器件搪锡后外观应无（　　　）、（　　　）；漆层应完好，（　　　）、（　　　）现象；元器件的规格标志应（　　　）；搪锡部位的表面应（　　　）、无（　　　）与（　　　）现象；锡层厚薄（　　　），无（　　　）和（　　　）黏附。

判断题（正确的画√，错误的画×）

1. 可以使用镊子对元器件引线进行校直。（　　　）

2. 锡锅搪锡温度不大于290℃。（　　　）

3. 集成电路、三极管、运放等内部有引线键合的器件不可以使用超声波搪锡。（　　　）

4. 如果在规定搪锡时间内没有完成搪锡，则可待被搪锡件冷却后进行再一次的搪锡操作。（　　　）

5. 在对热敏电阻器进行搪锡时，其根部要用半干的无水乙醇棉球散热，搪锡时间小于 2s。（　　　）

6. 元器件引线成形后挤压形变超过引线直径的15%的元器件不能使用。（　　　）

7. 双列直插式集成电路引线搪锡高度不允许超过器件本体的下端面，并且器件本体不应留有锡渣。（　　　）

8. 引线在弯曲成形过程中，不应使元器件本体破裂、密封损坏或开裂，也不应使引线与元器件内部连接断开。（　　　）

9. 在焊料冷却和凝固期间，焊点不应受到任何外力的影响。（　　　）

10. 电烙铁搪锡温度为(290±10)℃，时间为 2～3s，搪锡极限次数为 3 次。（　　　）

简答题

1. 对成形后的元器件的标称值方向的要求有哪些？

2. 手工焊接元器件装联的顺序原则是什么？

3. 在 PCB 组件上的元器件的排列要求是什么？

4. 一个合格的焊点从外观上看要满足哪些要求？

答　案

填空题

1. 1~2、0.5
2. 无齿平头钳
3. 2、氧化
4. 两次、不同锡锅
5. 自然冷却、强制
6. 无齿平头钳、无齿圆头钳、成形工装
7. 电烙铁准备、清洁处理、加助焊剂、加热、加焊料、冷却、清洗
8. 绘图橡皮或细砂纸、镀层、刻痕
9. 弯曲成形
10. 损伤、裂痕、无烧焦、脱落、清晰、光滑明亮、拉尖、毛刺、均匀、残渣、助焊剂

判断题（正确的画√，错误的画×）

1. ×　2. √　3. √　4. √　5. ×　6. ×　7. √　8. √　9. √　10. √

简答题

1. 对成形后的元器件的标称值方向的要求有哪些？

答：成形后的元器件应做到：卧式元器件规格型号的标记向上；立式元器件规格型号的标记向外；无极性元器件的标记方向一致。特殊元器件可遵循极性、数值、型号的先后顺序原则成形。

2. 手工焊接元器件的顺序装联原则是什么？

答：手工焊接元器件装联的顺序原则是先低后高（如先电阻器、电感器后半导体管）、

先轻后重（如先电容器后继电器）、先非敏感元器件后敏感元器件（如先非静电/非温度敏感器件，后静电/温度敏感器件）、先一般后特殊（如先分离元器件后插装集成电路）。

3．在 PCB 组装件上的元器件的排列要求是什么？

答：装配好的元器件在 PCB 组装件上的排列必须做到型号规格的标记向上、方向一致，以便于观察。要求横向排列的电阻器标称值色环在左，误差标注色环（金或银）在右；纵向排列的电阻器标称值色环在上，误差标注色环（金或银）在下；无极性电容的安装方向要利于查看标称值。

4．一个合格的焊点从外观上看要满足哪些要求？

答：(1) 合格的焊点应在充分润湿的焊盘上形成对称的润湿角，并终止于焊盘的边缘。

(2) 焊点应光洁、平滑、均匀、无气泡、无针孔、无拉尖、无桥连、无裂纹、无虚焊和漏焊。

(3) 焊点表面完整、连续、圆滑，表面润湿良好，润湿角在 15°～30°为佳。

(4) 焊盘表面完全被焊料覆盖，焊点大小和焊盘大小相当，透锡量需要达到焊孔深度的 75%，焊锡量应适当，焊锡无热损伤。

(5) 焊点略显引线轮廓，引线露出焊点 0.5～1mm。

(6) 焊点清洁，无可见助焊剂残渣。

第 5 章 导线加工

导线是指用作电线、电缆的材料,在工业上也指电线,一般由铜、铝、银(导电性、导热性好)、金所制,用来疏导电流或导热。本章介绍了常用线材的基础知识和生产过程中的下线、剥头、搪锡、焊接等的基本操作方法和注意事项,对于零基础操作者具有很好的指导意义。

导线批量加工过程应使用自动化工具、工艺装备、辅助加工测量等方法,以减小手工操作的比例,满足自动化生产条件,便于采用自动化手段提高加工效率。

5.1 导线下线

5.1.1 常用线材的基础知识

导线用来输送电能和信号,是电线电缆的主要组成部分,分为裸线、电磁线和绝缘线。工业电气行业上的导线指的是带绝缘层且通过导体传输电能的导体材料(俗称芯线)。常规导线一般由绝缘体、芯线组成。

1. 常见导线导体材料

常见导线导体材料的种类有铜芯、铝芯、银、镀银、镀锡等;导线内部导体数量以芯(俗称股)计数,一般分为单芯、双芯、多芯,如图 5-1 所示。

(a)单芯铝导线　　(b)单芯铜导线　　(c)多股铜导线　　(d)多芯铜镀锡导线

图 5-1　常见导线种类

单芯导线成本低,多用于民用电力、低频等环境;在同等截面条件下,多芯导线除较单芯导线柔软、易弯曲外,根据电子的趋肤效应,其载流能力还更强,相应的生产成本也较高。橡塑绝缘导线工作电压一般不超过 500V。

2. 线缆的含义

线缆是简称,它包含导线和电缆两层含义。一般导线和线缆特指用于电力、通信及相关传输用途的材料。导线和电缆并没有严格的界限。通常将芯数少、产品直径小、结构简单的产品称为导线（俗称电线）；将没有绝缘层的产品称为裸导线；其他的称为电缆，如图 5-2 所示。由于数据传输技术的发展和需求，本书将光纤制成光缆一并纳入了线缆的范畴。

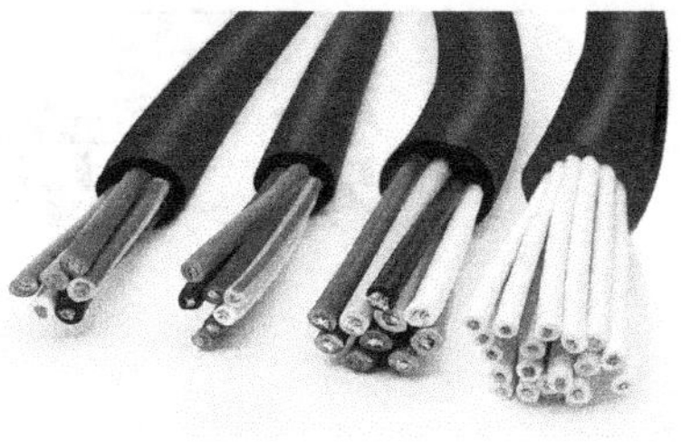

图 5-2　线缆

3．导线绝缘层

绝缘层是在导线外围均匀而密封地包裹一层不导电的材料，将导体与大地及不同相的导体在电气上彼此隔离，以保证电能的输送。绝缘层是线缆结构中不可缺少的组成部分。常以树脂、塑料、硅橡胶、聚乙烯等材料形成绝缘层，以防止导电体与外界接触造成漏电、短路、触电等事故。

选用不同的绝缘材料可获得不同的特性。导线的绝缘材料根据耐压等级、柔软度、防水、耐磨、老化、耐温等需求，采用聚乙烯（PVC）、聚氯乙烯（PVC-NBR）、交联聚乙烯（XLPVC）、聚烯烃、聚丙烯（PP）、聚四氟乙烯（PTFE/F-4）、聚全氟乙丙烯（FEP/F-46）、聚酰胺（PA6）、聚酰亚胺（PI）、橡胶、硅橡胶等材料制成。导线绝缘层要求具备良好的电气及机械性能，还应根据导线使用环境具备耐温、阻燃、防水、防潮、耐溶剂等性能。

4．线缆分类

线缆通常是由几根或几组导线（每组至少两根）绞合而成的，每组导线之间相互绝缘，并常围绕着一根中心扭成，整个外面包有高度绝缘的覆盖层。

线缆产品的命名原则如下。

1）产品名称中包括的内容

（1）产品应用场合或大小类名称。

（2）产品结构材料或型式。

（3）产品的重要特征或附加特征。

基本按上述顺序给线缆命名，有时为了强调重要特征或附加特征，会将特征写到前面或相应的结构描述前。

2）产品结构描述的顺序

产品结构描述遵循从内到外的原则：导体→绝缘层→内护层→外护层→铠装型式。

线缆的型号由以下 8 部分组成。

（1）用途代码——不标为电力线缆，K 为控制缆，P 为信号缆。

（2）绝缘代码——Z 为油浸纸，X 为橡胶，V 为聚氯乙烯，YJ 为交联聚乙烯。

（3）导体材料代码——不标为铜，L 为铝。

（4）内护层代码——Q 为铅包，L 为铝包，H 为橡套，V 为聚氯乙烯护套。

（5）派生代码——D 为不滴流，P 为干绝缘。

（6）外护层代码（见图 5-3）。

（7）特殊产品代码——TH 为湿热带，TA 为干热带。

（8）额定电压——单位为 kV。

第一个数字		第二个数字	
代号	铠装层类型	代号	外被层类型
0	无	0	无
1		1	纤维绕包
2	双钢带	2	聚氯乙烯护套
3	细圆钢丝	3	聚乙烯护套
4	粗圆钢丝	4	

图5-3 电缆外护层数字代号含义

5．常见线缆型号

（1）SYV：实心聚乙烯绝缘射频同轴电缆。

（2）SYWV（Y）：物理发泡聚乙烯绝缘有线电视系统电缆。该射频同轴电缆（SYV、SYWV、SYFV），适用于闭路监控及有线电视工程。

SYWV（Y）、SYKV有线电视、宽带网专用电缆结构：（同轴电缆）单根无氧圆铜线+物理发泡聚乙烯（绝缘）+（锡丝+铝）+聚氯乙烯（聚乙烯）。

（3）RVV：护套线，适用于楼宇对讲、防盗报警、消防、自动抄表等工程。

（4）RVVP：屏蔽线信号控制电缆、铜芯聚氯乙烯绝缘屏蔽聚氯乙烯护套软电缆，适用于仪器、仪表、对讲、监控、控制安装。

（5）RG：物理发泡聚乙烯绝缘接入网电缆，适用于同轴光纤混合网（HFC），用来传输数据模拟信号。

（6）KVVP：聚氯乙烯护套编织屏蔽电缆，适用于电器、仪表、配电装置的信号传输、控制、测量。

（7）RVV（227IEC52/53）：聚氯乙烯绝缘软电缆，适用于家用电器、小型电动工具、仪表及动力照明。

（8）AVVR：聚氯乙烯护套安装用软电缆，适用于楼宇对讲系统、安防监控报警系统，电器内部装线控制用线，计算机、仪表和电子设备及自动化装置等信号控制用线。

（9）SBVV HYA：数据通信电缆（室内/外），用于电话通信及无线电设备的连接，或作为电话配线网的分线盒接线用。

（10）RV、RVP：聚氯乙烯绝缘电缆，适用于市话电缆、电视电缆、电子线缆、射频电缆、光纤缆、数据电缆、电磁线、电力通信或仪器、仪表电缆。

（11）AF高温线、AFP屏蔽高温线都属于含氟类绝缘安装线，都具有优良的耐腐蚀性能，抗油、抗强酸、抗强碱、抗强氧化剂等；优良的电绝缘性能、耐高电压、不吸潮、高频损耗小、绝缘电阻大；优良的耐老化性能、耐燃烧、使用寿命长。这类电缆广泛应用于电子行业中，可用于温度补偿导线、耐低温导线、高温加热导线、耐老化导线及阻燃导线。

6．导线的选择

（1）信息传输导线。

用于信息传输系统的电线电缆主要有市话电缆、电视电缆、电子线缆、射频电缆、光纤缆、数据电缆、电磁线、电力通信电缆或其他复合电缆等。

（2）电力系统导线。

电力系统采用的电线电缆产品主要有架空裸电线、汇流排（母线）、电力电缆（塑料线缆、橡套线缆、架空绝缘电缆）、分支电缆（取代部分母线）、电磁线及电力设备用电气装备电线电缆等。

（3）仪器系统导线。

仪器系统导线除架空裸电线外几乎其他所有产品均有应用，但主要是电力电缆、电磁线、数据电缆、仪器仪表线缆等。在选用导线时，一般要注意线缆型号、规格（导体截面）。

5.1.2 屏蔽线知识

1. 屏蔽线的概念

外部有导体包裹的导线叫屏蔽线，它是为减少外电磁场对电源或通信线路的影响而专门采用的一种带金属编织物或铜（铝）箔外壳的导线。这种屏蔽线也有防止线路向外辐射电磁能的作用，如图5-4所示。

（a）屏蔽线

（b）屏蔽双绞线

图5-4 屏蔽线

屏蔽线一般分为屏蔽电线和屏蔽信号线，如图5-5和图5-6所示。本专业特指屏蔽信号线。

图5-5 屏蔽电线

图5-6 屏蔽信号线

2. 屏蔽线的原理

屏蔽布线系统在普通非屏蔽布线系统的外面加上金属屏蔽层，然后利用金属屏蔽层的反射、吸收及趋肤效应实现防止电磁干扰（EMI）及电磁辐射的功能。屏蔽布线系统综合利用了双绞线的平衡原理及屏蔽层的屏蔽作用，因而具有非常好的电磁兼容（EMC）特性。电磁兼容是指电子设备或网络系统具有一定的抵抗电磁干扰的能力，同时不能产生过量的电磁辐射。也就是说，要求该设备或网络系统既能够在比较恶劣的电磁环境中正常工作，又不能辐射过量的电磁波干扰周围其他设备及网络的正常工作。

屏蔽电缆抵抗外界干扰主要体现在信号传输的完整性可以通过屏蔽系统得到一定的保证。屏蔽布线系统可以防止传输数据受到外界电磁干扰和射频干扰的影响。电磁干扰主要是低频干扰，电动机、荧光灯及电源线都是通常的电磁干扰源。射频干扰（RFI）是高频干扰，主要是无线频率干扰，包括无线电、电视转播、雷达及其他无线通信。

对于电磁干扰，选择编织层屏蔽金属网屏蔽较有效，因其具有较低的临界电阻。对于射频干扰，金属箔层屏蔽较有效，因为金属网屏蔽产生的缝隙可使高频信号自由地进出。对于高低频混合的干扰场，要采用金属箔层加金属网的组合屏蔽方式，即 S/FTP 形式的双层屏蔽线缆，这样可使金属网屏蔽适用于低频范围的干扰，使金属箔屏蔽适用于高频范围的干扰。

屏蔽层需要接地，外来的干扰信号可被该层导入大地，避免干扰信号进入内层导体产生干扰，同时降低传输信号的损耗。屏蔽线的作用是将电磁场噪声源与敏感设备隔离，切断噪声源的传播路径。屏蔽分为主动屏蔽和被动屏蔽：主动屏蔽是为了防止噪声源向外辐射，是对噪声源的屏蔽；被动屏蔽是为了防止敏感设备遭到噪声源的干扰，是对敏感设备的屏蔽。屏蔽层接地的形式将直接影响屏蔽效果。电场、磁场屏蔽层的接地方式有不接地、单端接地或双端接地三种。

3．屏蔽线结构分类

（1）普通屏蔽线：绝缘层+屏蔽层+导线。

（2）高级屏蔽线：绝缘层+屏蔽层+信号导线+屏蔽层接地导线。

（3）屏蔽信号线一般由导体、绝缘层、屏蔽层三部分或外加屏蔽保护层四部分组成。常见的屏蔽信号线有屏蔽导线、双绞屏蔽线、射频线，型号如 RVVP、KVVRP、AFP 等。

（4）RVVP：是一种软导体 PVC 绝缘线外加屏蔽层和 PVC 护套的电缆。这种由铜芯、聚氯乙烯绝缘、屏蔽、聚氯乙烯护套组合而成的软电缆又叫作电气连接抗干扰软电缆。

（5）KVVRP：是指由铜芯、聚氯乙烯绝缘、聚氯乙烯护套、编织屏蔽组成的控制软电缆，多用在信号干扰较大的地区。

5.1.3 导线质量检查与存储

1．导线质量检查

导线、线缆的检查一向是国家标准线缆里面的一个重要环节，用户常规入厂或装前检查一般包括以下几项。

1）质量证书

检查合格证是否规范。合格证应有厂名、厂址、检验章、生产日期；产品商标、型号、规格、电压等标注。

2）线缆常规外观质量检查

检查方法：目测或放大镜。

要求：导线外观应平直、清洁，绝缘层无气泡、凸瘤、裂痕及老化现象，无破损划伤，芯线无明显偏心及发黑氧化现象。

屏蔽线表面应光滑、清洁，不应有损伤导体屏蔽层的毛刺、锐边和个别单线凸起或断裂，屏蔽线的金属编织层应无锈蚀；金属编织线的断接处在1m内只允许有一处，且断接的金属丝不多于2根。

3）线缆性能检查

（1）导线直流电阻的测量。

线缆的导电线芯主要传输电能或电信号。导电线缆的电阻是其电气性能的主要指标。在交流电压作用下，线芯电阻由于集肤效应，邻近效应面比直流电压作用时大，但在电压频率为50Hz时，两者相差很小。标准要求检查线芯的直流电阻或电阻率是否超过标准中规定的值。通过此项检查可以发现生产工艺中的某些缺陷，如导线断裂或其中部分单线断裂、导线截面不符合标准、产品的长度不正确等。

（2）绝缘电阻的测试。

绝缘电阻是反映电线电缆产品绝缘特性的重要指标，它与该产品的耐电强度、介质损耗，以及绝缘材料在工作状态下的逐渐劣化等均有密切的关系。对于通信电缆，线间绝缘电阻过低会增大回路衰减、回路间的串扰及在导电线芯上进行远距离供电泄漏等，因此要求绝缘电阻应高于规定值。

测定绝缘电阻可以发现工艺中的缺陷，如绝缘干燥不透或护套损伤受潮、绝缘受到污染和有导电杂质混入、各种原因引起的绝缘层开裂等。在电线、电缆的运行中，要经常检查绝缘电阻和泄漏电流，并以此作为是否能够继续安全运行的主要依据。

目前，除了用欧姆计（摇表）测量线缆的绝缘电阻，常用的还有检流计比较法、高阻计法（电压-电流法）。当用量程为500V的兆欧表测量屏蔽套与芯线间的绝缘电阻时，此绝缘电阻应大于500MΩ。

2. 导线存储

电线电缆产品的存储是非常重要的环节，如果存储方法欠妥，则会对电线电缆产品的质量造成损坏，影响使用的安全性。

（1）线缆存储环境：温度为-5～30℃、湿度为(20%～75%)RH。

（2）线缆严禁与酸、碱及矿物油类接触，要与这些有腐蚀性的物质隔离存放。

（3）储存电线的库房内不得有破坏绝缘及腐蚀金属的有害气体。

5.2 线缆组件制作工艺

5.2.1 线缆组件制作的工艺流程及一般要求

1. 线缆组件制作的工艺流程

线缆组件制作的工艺流程如图5-7所示。

2. 线缆组件制作一般要求

线缆组件制作一般主要包含"人、机、料、法、环"五方面内容。

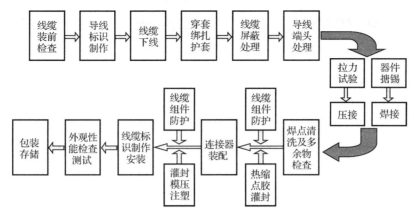

图 5-7 线缆组件制作的工艺流程

1）人员

(1) 熟悉技术文件要求和线缆制作的流程。

(2) 掌握所用工具、设备的使用方法。

(3) 熟悉电连接器分解和组装流程并熟知导线的型号规格。

(4) 操作人员应能熟练完成线缆制作的所有工序工作。

(5) 检验人员应掌握被检产品的技术要求及合格标准，掌握正确的检验方法。

2）工具设备

(1) 主要工具有卷尺、钢板尺、螺钉旋具、剪刀、斜口钳、扁嘴钳、留屑钳、镊子、电烙铁、压接钳、蜂鸣器、下线板、绞丝钳、鱼口钳等。

(2) 主要设备有导线热脱器、激光剥线机、锡锅、温控焊台、热风枪、标牌打印机、激光刻字机、吸尘器等。

(3) 主要仪器、仪表有数字万用表、兆欧表、耐压测试仪、电缆测试仪、拉力测试仪、微欧计等。

线缆组装件制作中使用的工具和设备选用原则为：性能安全可靠，便于操作和维修；各种测试设备、试验设备、计量器具和仪表必须具有合格证，并在检定有效期内使用。自制和仿制的工具、设备必须经技术鉴定，以保证产品安装质量。

3）材料

检查和核对线缆、元器件及辅料等的型号、规格、牌号、数量、出厂日期及合格证明文件等，应符合相关标准和技术要求。

线缆装联常规材料如下。

(1) 焊接材料：除特殊要求外，手工焊接一般应采用符合 GB/T 3131—2001 中的 S-Sn60Pb 或 S-Sn63Pb 线状焊料，焊料直径按连接点的大小选择。

当采用助焊剂芯焊料或液态助焊剂时，应采用符合 GB/T 9491—2002 的 R 型或 RMA 型助焊剂。

(2) 自制助焊剂中的氢化松香应符合 GB/T 14020—2006 的要求，无水乙醇应符合 GB/T 678—2002 的要求，配方宜为（质量比）：氢化松香（特级松香）30%、无水乙醇（化学纯）70%。

(3) 对于清洗剂，应保证它对清洗对象无腐蚀、无污染。线缆组件的清洗剂一般采用无水乙醇、异丙醇、航空洗涤汽油等。如果使用其他溶剂清洗，则应避免组装件上的材料出现龟裂、溶胀等现象。

（4）根据产品的应用环境，导线束绑扎材料一般使用扎带、缠绕管、锦丝绳、无碱玻璃纤维绳、自黏胶带等。

4）制作依据

线缆组件的制作应依据图纸、操作工艺、流程卡等技术文件和相关质量要求。

电缆组件设计图纸中应明确标注线缆的规格、颜色、护套材质及规格、连接关系和线缆长度（含起止位置、分叉位置）等，必要时应注明走线弯曲位置和方向。

5）环境

线缆组件的制作环境应符合产品应用行业相关标准要求，包括温度、湿度、照度、水、电、气等相关要求。

（1）厂房内的温度应为(25±5)℃，相对湿度应为30%～75%。

（2）厂房内的噪声、有害或挥发性气体应能得到有效控制，并符合国家有关标准和规定。

（3）厂房内应整洁干净，并有良好的照明条件，工作台台面的光照度不低于500lx。

（4）厂房应具有良好的接地系统。

（5）厂房内应划分工作区和非工作区，严禁无关人员进入工作区。

5.2.2 线缆标识

线缆组件均应标注标识区并明确标注方法要求。

线缆组件一般可采用激光、喷码、标签和套管等方法标识。所有标识应清晰、牢固，标识内容一般包括产品代号、批编号等信息。

1. 标识套管的作用

通过在导线端头套入的标识套管印制的文字、符号等可以为导线增加提示，便于安装和检修。

在一个线路系统中，运行维护人员不可能对繁多的设备和线路做到一一熟记，为了在巡视检查中做到不遗漏，对线路的标识管理必不可少。在对每条线路做好标识后应进行整理汇总，并张贴在醒目的位置，在今后进行巡视检查时，只要严格按照项目要求逐一检查就可以做到不遗漏。线缆标识系统不仅可以为运行检修人员进行正确的日常维护和异常事故处理提供正确保证，还可以为后续人员提供帮助，即使是新上岗人员，只要按照标识就不会产生误操作。

线缆标识套管还可以为设备和线路增加提示，提高警戒性。在一些重要的部分（如容易误操作或误碰的地方）增加醒目的提示性标识，以提示运行检修人员保持一定距离并采取防止误碰、震动等措施。

2. 标识套管的分类及选用

标识套管材料一般为聚氯乙烯套管、热缩管、覆膜标签等。

标识套管选用原则考虑可实现性及环境适应性。

1）PVC 套管标签

PVC 套管标签是由聚氯乙烯材料及可塑剂等制成的，如图 5-8 所示。标识材料具有成本低的特点，但一般为白色，非阻燃材料居多，耐温等级低、不易自然降解。

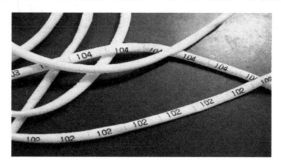

图 5-8　PVC 套管标签

2）热缩套管

热缩套管常采用辐照交联聚烯烃材料，如图 5-9 所示，它是一种高分子形状记忆标识材料，一般收缩比为 2∶1～4∶1，如图 5-10 所示。热缩套管具备环保、阻燃、耐磨、耐老化等特性；作为线缆标识套管，除具有良好的电气绝缘性能外，对于细导线接点还要兼具一定的应力防护作用。

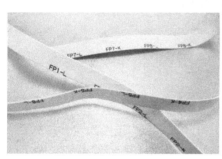

（a）盘料式　　　　　　　　　　　　（b）编带式

图 5-9　热缩套管

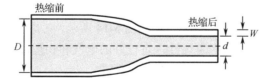

图 5-10　热缩比例示意图

3）硅橡胶冷缩管

硅橡胶冷缩管由特制硅橡胶原料制成，如图 5-11 和图 5-12 所示，它具有收缩倍率大、物理机械性能强、耐刺扎等优点，适用于通信、有线电视连接接头的防水、防潮密封，以及电线电缆连接的绝缘密封及其他类型连接件的绝缘保护等。

图 5-11 硅橡胶冷缩管

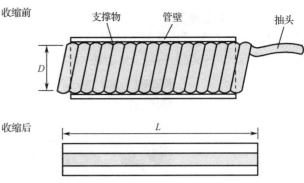

图 5-12 热缩示意图

4）带胶双壁热缩管

带胶双壁热缩管如图 5-13 所示，它是由辐射交联聚烯烃材料和热熔胶共挤制造而成的，其外层辐射交联聚烯烃绝缘、阻燃、理化电气性能优异，内层热熔胶具有缓冲机械应变性能和密封性强等特点。带胶双壁热缩管的主要功能有绝缘、密封、防水、防腐、防漏气等。带胶双壁热缩管广泛应用于各类线束、各类线缆和金属管等的密封绝缘、防水、防腐等很多行业和领域。

图 5-13 带胶双壁热缩管

带胶双壁热缩管的特点：收缩温度为 80~150℃，工作温度为-45~125℃，无须移开连接器就可以方便地修补损伤的绝缘层，可选用 EVA 热熔胶或聚酰胺（PA）热熔胶，具有高收缩比（3∶1、4∶1），可用作非规则形状物件的绝缘和密封保护，符合 RoHS、REACH 等环保要求。

5）PVC 套管

PVC 套管由环保 PVC 胶粒挤出成形，如图 5-14 所示，它是一种柔软阻燃不收缩套管。PVC 套管具有高弹性、耐酸及耐腐蚀性，有较好的电气和物理性能，主要用于电子元件、家电、汽车、玩具、机械、电动机及变压器等领域。

图 5-14 PVC 套管

6）黄腊管

黄腊管又称聚氯乙烯玻璃纤维软管，如图 5-14 所示，是以无碱玻璃纤维编织而成并涂以聚乙烯树脂，再经塑化而成的电气绝缘漆管。黄腊管使用历史比较悠久，生产工艺相对简单，曾经占据了绝缘套管市场比较大的份额，但是由于其耐温等级低，性能没有硅树脂等玻璃纤维套管优越，最重要的是不环保，无法通过相关环保认证，因此逐渐被硅树脂玻璃纤维管取代，其应用市场呈越来越小的趋势。

图 5-15 黄腊管

7）黄绿热缩管

黄绿热缩管（见图 5-16）与普通 PE 热缩管一样，由辐射交联聚烯烃材料制成，且电气理化性能优良。黄绿热缩管主要用于电气绝缘防护、焊点防锈/防腐、机械防护、线束加工等行业，在电子、通信、机械和汽车制造领域有广泛的应用。根据电工 GB 2681—81 电工成套装置中的导线颜色标准，黄色和绿色交替贴接，以此作为安全的接地线标识。绝缘行业中也将黄绿热缩管看作地线标识色，因此黄绿热缩管得以流行和推广应用。

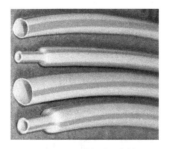

图 5-16 黄绿热缩管

黄绿热缩管的适用温度是-55～125℃；起始收缩温度为80℃，完全收缩温度为120℃；径向收缩比为 2∶1、3∶1、4∶1、6∶1 等；使用烘箱和热风枪加热即可收缩。

3．套管标识方法

套管标识方法一般采用记号笔手写或热转印标识机、喷码、激光等设备方式，通过人工或计算机导入方式自动完成，如图 5-17 所示。自动化标识设备不但可以连接主机作为外设的标签打印设备，还可以使用其本身的键盘和液晶显示独立地制作中文标签，以提高电子、电力、数据通信或实验室等领域的标识管理效率。自动化标识设备配备完美的中英文矢量字库，使之可以打印不同大小的阿拉伯数字、符号、中英文字体等。

 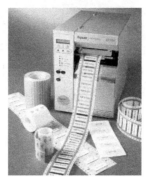 

（a）热转印标识机　　　　　　　（b）打标机　　　　　　　（c）手持式打标机

图 5-17　标识打印设备

1）手写标识

手写标识为装配工艺过程中的临时标识方法，一般要求用记号笔书写清晰、固定牢固。

2）热转印标识

热转印标识的标识设备分为标签机、套管标签机等；一般为台式，特殊现场可选用充电式手持标签设备；标识内容有中文、英文、数字、阿拉伯字母等。常见套管热转印标识机品牌有丽标、硕方、贝迪等。

热转印标识的主要功能如下。

（1）可实现重复印刷及序号的连续印刷。

（2）适用于 0.75、1.0、1.5、2.5、4.0、6.0（mm）套管或平面标签。

（3）所印套管与标签可自动半切、不切或全切。

（4）可选择水平或垂直印字。

（5）可自动设置套管的标签长度。

（6）可自行设定字体大小。

（7）内置多种符号，如特殊字母、数字、单位、点设符号等。

3）喷码标识

喷码标识的主要功能如下。

（1）可印刷中英文、图形、小字符、二维码等。

（2）可印刷黑白色、彩色，适合批量生产任务。

喷码机广泛用于电线电缆、电器电子、汽车制造及零配件、航空航天、塑料制品、钢铁制品等行业，其产品坚固、可靠、耐用，如图 5-18 所示。

如图 5-19 所示，几十种不同型号、颜色的墨水可以满足各种产品及各种材料的特殊喷印要求。在线缆绝缘材料上使用的专用墨水具有绝对抗迁移、高反差、附着力强及安全无毒、环保的特点，并且操作简便，可选数据库，可随意编辑喷印内容。专用墨水适用于各种材料的喷印，轻松实现日期、时间、批号、图形、商标等各行业的喷印。直接使用喷码机或计算机编辑所需图形 LOGO，轻松实现任何图形 LOGO 的喷印。

图 5-18 喷码机　　　　　　　　图 5-19 墨水样本

4）激光标识

激光标识的特点：持久性强、不易更改；对于有防腐要求的金属零件，易损伤防腐镀层。

紫外线激光电缆标识技术保证了打印标记永不褪色，不会对电缆的物理性能和电气性能造成任何损害，保证了打印标识永不褪色，如图 5-20 和图 5-21 所示，而采用喷墨技术打印的标识就达不到这样的效果。

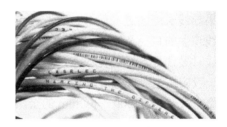

图 5-20 金属产品激光标识　　　图 5-21 导线紫外线激光标识

5）覆膜标签

覆膜标签具有耐温、防水、易更换的特点。

覆膜标签是一种带有丙烯酸压敏粘胶及透明乙烯膜并具有覆盖保护膜的耐用胶带，如图 5-22 所示，留有可供热转印的空白区域。覆膜标签的外观统一、透明并具有良好的防水、防油性能。

4. 标识工艺要求

线缆标识热缩套管的制作要准确、简洁，根据现场生产规程和运行规范，系统性地制作并安装到位。

5. 标识套管装配工艺

标识套管装配工艺原则：标识面向上，便于查看；安装到位，安装方向与图纸及工艺文件保持一致，若无要求则保持安装方向一致。

图 5-22 覆膜标签

PVC 标识及热缩套管标识应在焊接或压接前预先套入，装联后将套管推入安装位置；覆膜标签可在导线装联后在安装位置粘贴缠绕，标识位置不应被安装件阻挡。

5.3 线缆下线

1. 手工下线工具选择

导线手工下线常用工具有剪刀、斜口钳、剪线钳，如图 5-23 和图 5-24 所示。

2. 手工下线长度控制

在手工下线过程中，下线长度根据所需长度，一般使用钢板尺、盒尺等，如图 5-25 所示。

图 5-23 斜口钳

图 5-24 剪线钳

图 5-25 导线测量下线示意图

如果导线长度超过一般盒尺（3m、5m）的长度，则可定长重复折叠计量；超长线缆可根据线缆盘的直径及圈数粗略计算。

下线时导线呈自然平直状态，导线束下线长度应考虑焊接、拐弯、返修等过程的工艺余量。一般应根据线缆长度增加 10～200mm 的余量；当线缆分叉复杂、拐弯次数较多时，下线长度一般应增加 200～400mm 的余量。

3. 线缆自动下线剥线设备

常见全自动下线系统一般由自动送线、计量剪切、收线三个单元组成，如图 5-26 所示，它除了可以对普通导线进行切剥，还可以对双层护套导线及橡胶线材导线进行切剥。该机具有分段切剥功能，它的线位加工范围也更宽（$0.05 \sim 6 mm^2$），可适应各种不同要求线位导线的加工。

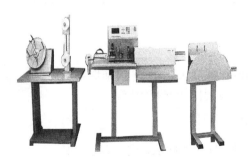

图 5-26 全自动下线系统

全自动下线剥线设备的特点如下。

（1）采用微处理技术，可将加工参数有序地存储起来，当再次加工时无须重复设定。同时，采用中英文操作菜单，操作方便。

（2）速度快、精度高：快速更换导管，无须使用任何工具和进行调整。

（3）剥线切口整齐，剥线速度快且质量高，如图5-27和图5-28所示。

图5-27　全自动导线下线剥线生产操作

图5-28　剥线样品

5.4　导线端头处理

导线电气装联前，需要根据导线芯线焊接、压接需求对导线端头绝缘层进行处理。导线端头处理流程如图5-29所示。

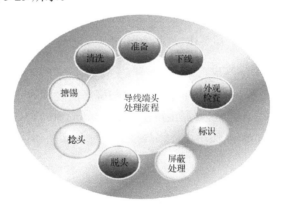

图5-29　导线端头处理流程

5.4.1　导线屏蔽层处理

导线屏蔽层处理一般采用手工镊子对屏蔽编制层进行逐根挑开梳理，效率低。此方法适用于单根或数量较少情况下的导线的屏蔽层梳理；随着批量生产对效率提升的要求，一种自动化屏蔽处理设备逐渐在工业生产中得到应用，如图5-30所示。

（a）导线的屏蔽层自动梳理设备

（b）梳理后的屏蔽层

图5-30　导线屏蔽自动梳理

1. 屏蔽层手工挑头四步法

屏蔽层手工挑头四步法如图 5-31 所示。

（1）对需要挑出绝缘线芯处的屏蔽层进行扩张处理。
（2）用镊子将扩张处的屏蔽层剥开，注意不应损伤金属编织层和线芯绝缘层。
（3）在屏蔽层剥开处用镊子将绝缘芯线挑出。
（4）将留下的空编织层拉直后按所需接地长度剪断。

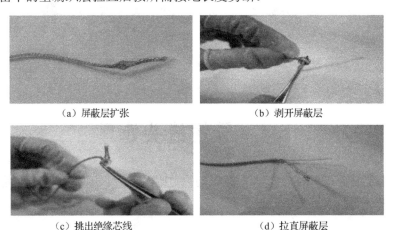

（a）屏蔽层扩张　　　　　　　　（b）剥开屏蔽层

（c）挑出绝缘芯线　　　　　　　（d）拉直屏蔽层

图 5-31　屏蔽层手工挑头四步法

2. 屏蔽层非接地引出端处理

（1）将屏蔽层端头处扩张、修齐，在绝缘层与屏蔽层之间衬 8～10mm 相应直径的聚四氟乙烯套管，且聚四氟乙烯套管要露出屏蔽层 2～3mm；用 TR0.3～TR0.8 圆铜单线或裸导线在屏蔽层上缠绕 4～6mm，然后用焊锡焊接，如图 5-32 所示，焊接后略显圆铜线轮廓，焊点无毛刺与拉尖。

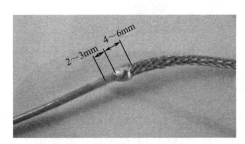

图 5-32　屏蔽层非接地引出端处理方式 1

（2）在绝缘层与金属编织层之间套 14～16mm 的薄壁热缩套管 1 并进行热缩。将金属编织层端头处反向折回 4～5mm，然后测量露出的热缩套管长度为 7～8mm，扩张、修齐金属编织层，在金属编织层外套相应孔径（长度为 14～16mm）的薄壁热缩套管 2 并进行热缩，如图 5-33 所示。

注意：热缩后薄壁热缩套管 1 露出薄壁热缩套管 2 的长度约为 2mm（建议采用超薄热缩套管）。

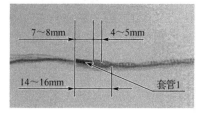 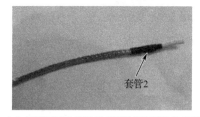

(a) 绝缘层与金属编织层之间套薄壁热缩套管1　　(b) 屏蔽层的非接地引出端热缩处理后的效果

图 5-33　屏蔽层非接地引出端处理方式 2

3. 屏蔽层接地引出端处理

(1) 将屏蔽层端头处扩张、修齐，在绝缘层上衬 15mm 左右（相应直径）的聚四氟乙烯绝缘套管，用 TR0.3～TR0.8 圆铜单线缠绕在屏蔽层上焊接并引出接地，引出长度一般为 7～8mm。如图 5-34 所示，圆铜单线缠绕在屏蔽层上的长度为 4～6mm、聚四氟乙烯绝缘套管露出屏蔽层的长度为 2～3mm。

(2) 将导线从屏蔽层挑出后，在绝缘层与屏蔽层之间套长度为 8～10mm 的薄壁热缩套管 1 并进行热缩处理，热缩套管 1 露出屏蔽层的长度为 2～3mm；按照要求使用留屑钳等工具剪断屏蔽层，进行修整处理，将接地导线芯与修整后的屏蔽层捻合成一处并进行焊接处理，再套上长度为 15～20mm 的热缩套管 2 并进行热缩处理，如图 5-35 所示。

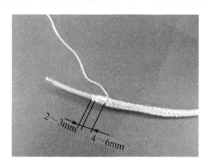 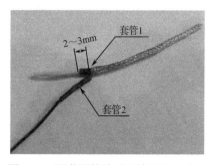

图 5-34　屏蔽层接地引出端处理方式 1　　图 5-35　屏蔽层接地引出端处理方式 2

4. 多屏蔽层接地引出端处理

(1) 将接地导线芯线与修整的屏蔽层拧在一起进行焊接处理，并套上长度为 15～20mm（相应直径）的热缩套管进行热缩处理，如图 5-36 所示。

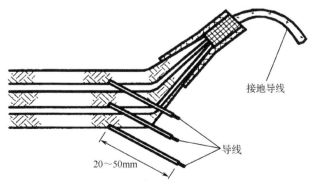

图 5-36　多屏蔽层接地引出端示意图 1

（2）将屏蔽层依次穿入后一个屏蔽层内并与后一个屏蔽层焊接在一起，屏蔽层末端套热缩套管的长度一般为12~15mm，并用黑色导线引出接地，如图5-37所示。一般在大线扎屏蔽层处理时使用此种方法。

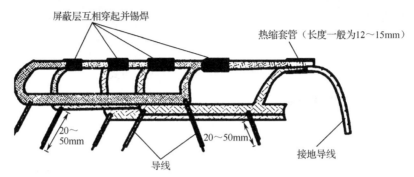

图 5-37 多屏蔽层接地引出端示意图 2

5.4.2 剥线工具选用及质量要求

导线端头剥线工具根据要求使用冷剥、热剥及激光剥线三种方式。

1．冷剥

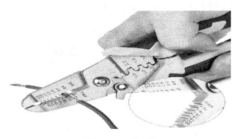

图 5-38 冷剥

冷剥是指使用机械式冷剥钳剥除导线绝缘层。

要求：钳口尺寸选择与导线芯线直径匹配；绝缘层断面整齐，不允许芯线有断丝、拉伤现象，如图5-38所示。

影响剥线质量的是冷剥钳的钳口，按照导线冷剥技术要求的规定，轻微的擦伤是允许的。剥线钳的钳口要做检定，合格后方可使用。

在进行剥线操作时，要根据导线直径选择钳口的大小，剥线时要使导线与钳口运动方向一致，并保持在同一水平线上，不得倾斜。剥线后用放大镜等设备检查导线端头是否符合导线端头处理的技术要求。

2．热剥

对于车辆、通信、航空等可靠性要求高的行业，导线端头处理采用热剥方式，可以有效避免冷剥方式多人操作中不可避免的断丝、压伤等质量缺陷。

导线剥头处理要求如下。

（1）应保护好剥头的导电芯线，以免导电芯线层次散乱，当导电芯线层次被弄乱时，应重新按原方向轻轻捻紧，使其恢复原状，并保持清洁。

（2）根据型号、规格选择使用热剥器的不同挡位，温度过高会导致绝缘层变色、长度超过2mm或导电芯线发生淬化，应重新对导线进行剥头处理。

（3）导线热脱后，将热工刀置于安装支架中，避免掉落及烫伤人体。

（4）剥头时不应将导线绝缘层剥成斜三角形，如图 5-39

图 5-39 剥线缺陷

所示。

（5）对于纤维聚氯乙烯绝缘安装线 ASTVR，剥头后应保证纤维绕包绝缘不外露。如图 5-40 所示，当纤维绕包绝缘层露出聚氯乙烯绝缘层时，应对纤维绕包的内绝缘层进行二次处理。

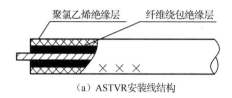 

(a) ASTVR安装线结构　　　　　　(b) 纤维绕包绝缘外露

图 5-40　ASTVR 端头处理

热剥器的操作要领如下。

导线热剥器如图 5-41 所示，它适用于三层高温绝缘线、纤维线、铁氟龙线等高温绝缘线材，温度在 149～788℃ 内可调，可将绝缘层迅速熔断、拉脱，不粘连、不烧焦。导线热剥器配置有安全支架，可以有效固定钳子，防止掉落及烫伤人体；内置式轻触开关，自动转钳口温度为预热和操作两种状态，提高了安全性能及使用寿命。

钳口采用封闭式电热丝设计，热损耗非常小，电源消耗仅为 33W（最高温度时）。电热丝加热迅速，耐氧化性能出色，配置有不同线孔以适用于不同线径，并有多种型号可供选择。导线热剥器可满足一般线径的要求，镊形设计使操作更简便，剥口平整，不伤芯线；剥离时无须 180°转动手柄，只需轻轻转动 15°再拉出，剥离工作即可完成；内置封闭式电热丝完全密封在钳口内，能大大提高热效率并降低功耗，防止氧化、免除维护；高强度的镍铁合金钳口具有耐高温、耐磨、抗氧化、不易变形等特点；刀头经过钝化处理，不伤芯线，手柄长度可调，使剥离的长度精确，可贴近底部操作。

① 把需要热脱的导线放入与导线线径匹配的孔径热工刀头中，适当用力，并将操作时间控制在 3s 内，使热脱后的绝缘层与导线脱离。

② 把需要热脱的导线放入平口型热工刀头内夹住，往返转动 180℃ 后适当用力，将操作时间控制在 3s 内，使热脱后的绝缘层与导线脱离。

③ 热剥器钳口对应的导线尺寸如图 5-42 所示。

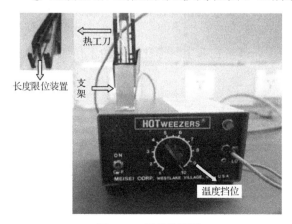 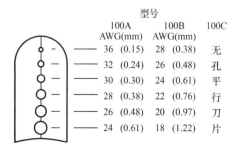

图 5-41　导线热剥器　　　　　　图 5-42　热剥器钳口对应的导线尺寸

④ 热剥器加热温度与适配的导线型号如表 5-1 所示。

表 5-1 热剥器加热温度与适配的导线型号

挡位	（上限）温度/℃	导线型号	导线名称
1	150～170	ASTVR	纤维聚氯乙烯绝缘安装线
2	210～230	AF-200	铜线芯聚四氟乙烯薄膜绝缘安装线
3	260～300	AF（AF-1） AFP（AFPF）	（镀银）铜芯聚四氟乙烯薄膜绝缘安装线，（镀银）铜线聚四氟乙烯屏蔽安装线
4	300～350	AF250A	铜线芯聚四氟乙烯薄膜绝缘安装线

导线热剥器的使用注意事项如下。

① 开机前调节剥头长度挡片到所需位置，使每次剥头长度均匀。注意：需要在红色把手处调整，不能直接在挡片处调整，否则会影响挡片与刀头的平行。

② 将手柄插头插入所需温度插孔（"HI"或"LO"），再根据不同绝缘体材料调节手柄温度到所需位置。此步有以下几点注意事项。

a）需要在关机状态下插入或更换插头位置孔。

b）不能同时使用"HI""LO"两个插孔。

c）温度设定能将绝缘层迅速熔断，以不烧焦、不粘刀头、不产生烟雾为准。

d）在"HI"状态下，应避免温度超过"挡位 9"，否则将影响刀头寿命。

③ 将导线端头放入相应孔径的刀口位置，夹紧镊子并转动约 15°，以熔断整个绝缘层。此步有以下几点注意事项。

a）剥头刀口朝上握持手柄，刀口背面正对操作者以便适合刀口。

b）国产导线刀口选择以刀口直径略小于导线线径为准。

c）在转动刀口的过程中，不能过分用力夹紧，以免在导线上留下刻痕。

④ 用手拉脱绝缘端头。建议不要用手柄刀头直接拉脱绝缘体，以免损伤导线芯线及刀头。

⑤ 将手柄放入主机支架上，使剥头温度自动回到预热状态。注意：在不使用手柄时，不要将手柄任意放置在其他地方，以免损伤人体并避免手把过热，延长刀头寿命。

⑥ 维护：只需经常清洁刀口即可，如果有绝缘层残留物，则可用鬃刷或软金属刷去除，不可使用锉刀去除。

⑦ 环境：在通风良好的工作环境中使用，或者在有空气净化设备的工作场所使用，否则热剥产生的烟雾将严重影响身体健康。

3. 激光剥线

（1）激光剥线系统（见图 5-43）可适用于多种绝缘层材料不同的导线，如 PVC、PTFE、FEP、聚酰胺等，可实现高质量、高精度的环形剥线。可剥导线长度为 3～65mm（该长度为导线末端与切割后绝缘层之间的距离）。激光剥线系统可加工的导线或电缆的直径是 0.5～7mm，剥线过程（包括导线装载和卸载）只需几秒钟。

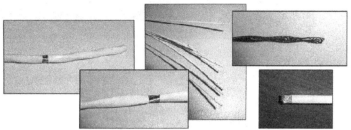

图 5-43　激光剥线系统

（2）随着电气制造技术的发展，一种能满足高效、高质量的在线式全自动激光剥线标识系统应运而生，如图 5-44 所示。该系统集成了自动送线单元、激光剥皮单元、计量剪切单元及紫外激光标识单元组。

图 5-44　在线式全自动激光剥线标识系统

4．剥线质量检查

（1）导线剥头后的绝缘层切口应整洁，没有任何拉伸、磨损、变色、烧焦的痕迹，如图 5-45 所示。

（2）导线剥头后不能有下列缺陷。

① 导线剥头后的绝缘层厚度减少了 20%以上，如图 5-46（a）所示。

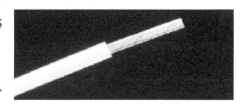

图 5-45　合格的导线端头处理

② 导线剥头后的绝缘层有烧焦的痕迹，如图 5-46（b）所示。

③ 导线剥头后的绝缘层不整齐或粗糙的部分大于绝缘层外径的 50%，包括磨损、拖尾及突出，如图 5-46（c）、（d）所示。

④ 导线的芯线有刮断、切断和折断的现象。

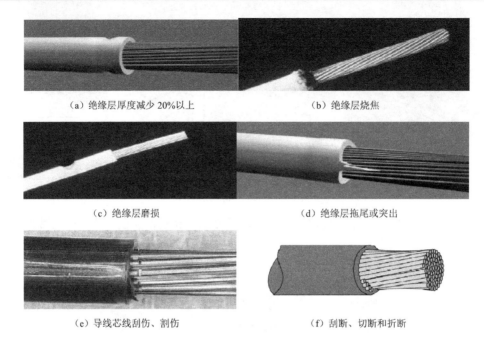

(a) 绝缘层厚度减少 20%以上　　(b) 绝缘层烧焦

(c) 绝缘层磨损　　(d) 绝缘层拖尾或突出

(e) 导线芯线刮伤、割伤　　(f) 刮断、切断和折断

图 5-46　导线端头处理缺陷

5. 芯线绞合工艺

使用无齿平头钳将脱去绝缘层后的多股绞合线的导线芯线按原绞合方向绞合，操作时应使绞合线芯均匀顺直、松紧适宜，不应曲卷或单股越出，不得损伤芯线或使芯线折断。

（1）多股绞合导电芯线应按照原绞合方向绞合。

（2）对于直径在 1mm 以内的多股绞合导电芯线，可以用手直接进行绞合，绞合方向按照原绞合方向的 30°～45°进行绞合，如图 5-47 所示。对于直径在 1mm 以上的多股绞合导电芯线，可以用工具（如平口钳）进行绞合。

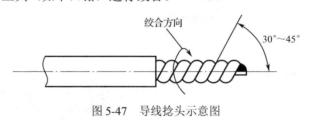

图 5-47　导线捻头示意图

5.5　导线端头搪锡的方法及要求

1. 导线搪锡

搪锡就是将要锡焊的元器件引线或导电的焊接部位预先用焊锡润湿，一般也称镀锡、上锡等。应及时对脱去绝缘层的芯线进行搪锡处理。

焊接前要求通过搪锡的方式去除焊接部位表面的氧化层，以增加元器件引线或导线的可焊性。可靠性需求高的相关行业为防止镀金器件焊接过程中的"金脆"现象，要求必须对镀金的导线芯线、元器件引线、各种接线端子的焊接部位进行搪锡处理，只有经过搪锡处理后才能进行焊接。

导线搪锡的要求如下。

（1）搪锡后的导电芯线表面应光洁、平滑，无拉尖、毛刺等现象，焊料润湿良好、分布均匀，芯线轮廓略显。

（2）搪锡后的芯线用无水乙醇擦洗干净，表面不应黏附焊料、助焊剂的残渣等多余物。

（3）对于多股绞合导电芯线，焊料应能渗透到芯线内部，且芯线根部应留有 0.5～1mm 的不搪锡长度，如图 5-48 所示。

（4）当发现焊料流入导线绝缘层内部时，应立即重新进行剥头、搪锡操作。

（5）搪锡部位冷却后，表面不应有黑点存在，如图 5-49 所示。

图 5-48　导线搪锡示意图　　　　　图 5-49　搪锡部位表面不应有黑点

2．搪锡方法

1）手工搪锡

操作人员用镊子轻轻夹住导线绝缘层，用小毛笔蘸取少量助焊剂均匀涂抹。搪锡导线的温控烙铁的烙铁头温度应控制在(290±10)℃，搪锡时间不大于 3s。

导线的手工搪锡操作步骤如下。

（1）在导线芯的 3/4 处向端头方向进行搪锡，时间控制在 2s 以内。

（2）搪锡后，用脱脂棉或无纺布蘸取少量无水乙醇将导线端头擦洗干净。

（3）手工搪锡适合数量不多的单根导线搪锡，存在人工操作搪锡不均匀现象。

2）锡锅搪锡

将导电芯线蘸取适量的助焊剂并垂直浸入锡锅中，热浸焊料，锡锅中的焊料温度不高于 290℃。搪锡时间为 1～2s，导线绝缘层修整处应距离焊料 0.5～1mm，如图 5-50 所示。

锡锅搪锡适合批量搪锡操作，由于高温长期加热使用，因此存在焊锡氧化现象，注意及时更换锡锅中的焊锡。

图 5-50　锡锅搪锡

3．阻焊夹

为防止导线焊点应力损伤，在高端产品线缆组件制造中，在线芯搪锡及焊接过程中，导线芯线与绝缘层之间有 1～2mm 的间距要求不能搪锡。经试验验证，阻焊夹可作为一种阻止芯线搪锡及焊接过程中"爬锡"现象的实用工具。

阻焊夹由硬质铜/铍合金制成。如图 5-51 所示，阻焊夹头部孔径与导线直径吻合。阻焊夹抓住导线时可以灵活翻转，可以满足焊接一定范围内单股和多股线的规格要求。

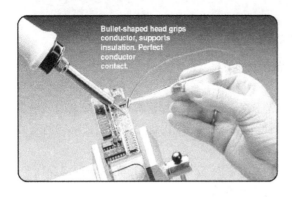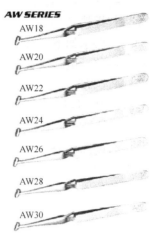

图 5-51 阻焊夹

阻焊夹规格如表 5-2 所示。

表 5-2 阻焊夹规格

牌 号	全长/(in/mm)	导线接触长度/(in/mm)	工具头部孔径/(in/mm)
AW18	5" 127mm	1/16" 1.59mm	0.046"~0.047" 1.17~1.19mm
AW20	5" 127mm	1/16" 1.59mm	0.035"~0.036" 0.89~0.91mm
AW22	5" 127mm	1/16" 1.59mm	0.028"~0.029" 0.71~0.74mm
AW24	5" 127mm	1/32" 0.79mm	0.022"~0.023" 0.56~0.58mm
AW26	5" 127mm	1/32" 0.79mm	0.017"~0.018" 0.43~0.46mm
AW28	5" 127mm	1/32" 0.79mm	0.012"~0.014" 0.30~0.36mm
AW30	5" 127mm	1/32" 0.79mm	0.010"~0.011" 0.25~0.28mm

4．导线端头处理方面常见质量问题

（1）导线端头未采用热脱处理，造成导线芯线断裂。
（2）导线端头屏蔽层未按照标准要求进行处理，造成导线绝缘层被屏蔽层扎破。
（3）导线屏蔽层接地方式不正确，造成接地线焊点开裂。
（4）导线端头与接线端未进行搪锡处理，造成虚焊。
（5）细导线热脱时温度过高，造成导线脆化、芯线断裂。
（6）搪锡时间过长，造成应力损伤，导致芯线断线。

5.6 导线与接线端子的焊接要求

1．片式接线端子

在焊接片式接线端子时，将导线穿过端子的孔并弯成钩，钩在接线端子上，导线缠绕在端子不相邻的两个面上，如图 5-52 所示。导线端头的处理方法与导线端头处理方法相同。这种方法的强度低于绕焊的强度，但操作简便，导线绝缘层距离端子 0.5~1mm，焊接时不会造成相邻导体的短路。

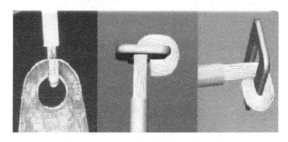

图 5-52 片式接线端子导线缠绕

2．柱形接线端子

1）柱形接线端子缠绕

对于柱形接线端子，在进行导线缠绕时，要与端子底座平行，并且同方向缠绕；按顺序由底部向上排布，直径较大的导线缠绕在接线端子的底部；保证导线或引脚在焊接前与端子之间有可靠的机械连接。如图 5-53（a）所示，一般导线缠绕接触弧度不小于 270°，约 3/4 圈为缠绕合格，最小极限接触弧度不小于 180°为可接受；对于直径小于 0.3mm 的细导线，缠绕端子不超过 3 圈；一般情况下，一个接线端子最多缠绕 3 根导线。图 5-53（b）中的导线缠绕接触弧度过小（小于 180°）；图 5-53（c）中的导线芯线重叠缠绕，且导线端头伸出过长，均匀缠绕不合格。

（a）柱形接线端子导线缠绕（合格）

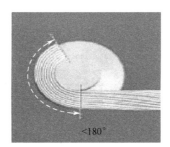
（b）缠绕接触弧度小于 180°（不合格）

（c）重叠缠绕且端头伸出（不合格）

图 5-53 柱形端子缠绕示意图

2）柱形接线端子焊接

如图 5-54（a）所示，导线的绝缘层末端与焊料之间要有一个与导线直径大小相等的绝缘间隙；如图 5-54（b）所示，导线绝缘层末端与焊料之间的绝缘间隙过大，是不合格的；如图 5-54（c）所示，导线绝缘层末端与焊料之间的绝缘间隙过小，也是不合格的。

（a）一个线径的绝缘间隙（合格）

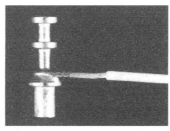
（b）绝缘间隙过大（不合格）

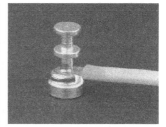
（c）绝缘间隙小（不合格）

图 5-54 柱形端子导线绝缘间隙

3）柱形接线端子焊点

如图 5-55（a）所示，焊点锡量均匀、略显导线轮廓，绝缘层未因焊接而熔伤、烧焦或有其他损伤；如图 5-55（b）所示，绝缘层有轻微熔化，在可以接受的范围之内；如图 5-55（c）所示，绝缘层端头完全熔化致使焊点脏污，是不合格的。

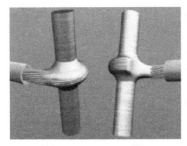
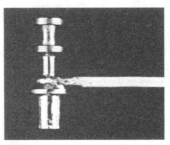

(a) 锡量均匀且绝缘层无损伤（合格）　　(b) 绝缘层轻微熔化（可接受）　　(c) 绝缘层端头熔化使焊点脏污（不合格）

图 5-55　柱形接线端子焊点

4）维修余量

在进行导线焊接时，要留有足够 1～2 次的维修余量，一般长度为 8～20mm，如图 5-56 所示。

图 5-56　足够的维修余量

5.7　线缆组件制作技术

随着电子工艺技术的发展及高质量产品的制造需求，市场发展出了恒温式、调温式、温控焊台及智能温控焊台、防静电焊台等。如快克、白光、Weller、JBC 等数显防静电自动温控焊台。当焊接高热容量焊点时，如 5mm^2 以上的导线、接线柱、粗焊杯等，可选择大功率电烙铁。

焊接温度的确定应考虑元器件过热损坏和热容量等因素。常规导线及元器件的焊接温度为 280～320℃，应使电烙铁处于最佳加热状态；对于粗导线，（截面积大于 6mm2）可适当提高焊接温度，但不应超过 360℃。另外，考虑到高热容量的影响，应选择高功率（100～300W）焊台。焊接时间的确定与电烙铁的选择、连接点的大小和形状、被焊接金属的表面状态、助焊剂性能等因素有关，同时要熟练掌握操作技能，一般需要 2～3s。焊接时间过短会造成冷焊；时间过长会导致助焊剂挥发，产生焊料回缩现象，破坏已经形成的焊点。焊接时烙铁头要同时接触引线和焊盘，将热量传递给焊接部位，促使焊料和被焊金属间的润湿和扩散，形成焊点。

烙铁头的选择要依据焊接对象的温度、防静电等需求，并正确选择焊台功率和功能。另外，还可以根据产品形状选择烙铁头。各种形状的烙铁头如图 5-57 所示。

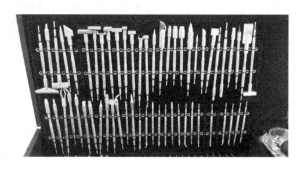

图 5-57　各种形状的烙铁头

1. 线缆组件分类

要制作线缆组件，首先要了解电缆束、电缆束毛坯和线缆组件的概念。

（1）电缆束是由多根电缆或多根导线组合成的束状半成品。

（2）电缆束毛坯是电缆、电缆束经加工后形成的一定几何尺寸的半成品。

（3）线缆组件由电缆束毛坯与部件、电子元器件装配连接成一个整体，是具有使用功能的制品。

线缆组件按种类可分为多芯电缆和射频电缆；按频率可分为低频电缆和高频电缆，其中，高频电缆又分为普通高频电缆、微波电缆、稳相高频电缆、稳幅高频电缆；按连接方式可分为焊接和压接两种形式。本节特指多芯电缆的制作。

多芯电缆是由多根导线、装焊有电连接器、具有一定长度的单组或多组线束组成的线缆，是用以传输电能、电子信息和实现电磁能转换并具有使用功能的线材产品。

电连接器是一种安装在电缆或设备上供传输线系统进行电连接的可分离元件，即连接两个有源器件的器件，用来传输电流或信号。

电连接器产品按外形结构可分为圆形连接器和矩形（横截面）连接器，其中矩形连接器包括异形连接器和复合连接器；按工作频率可分为低频连接器和高频（以 3MHz 为界）连接器，如图 5-58 所示。

　　（a）圆形连接器　　　　　　　（b）矩形连接器　　　　　　（c）高/低频连接器

图 5-58　各种电连接器

多芯电缆制作工艺流程如图 5-59 所示。

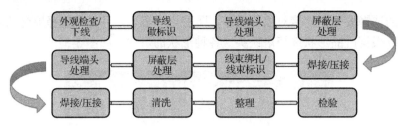

图 5-59 多芯电缆制作工艺流程

2. 电连接器焊接要求

焊接时要保证每个焊点焊接牢固、接触良好，要保证焊接质量。焊点应光滑、光亮、无毛刺；锡量适中，锡和被焊物融合牢固，焊点不能大于焊杯。不应有虚焊和假焊，虚焊是焊点处只有少量锡焊住，会造成接触不良，时通时断；假焊是指表面好像焊住了，但实际上并没有焊住，有时用手一拔，就可以从焊点中拔出引线。虚焊和假焊都会给电子制作的调试和检修带来极大的困难。只有经过大量、认真的焊接实践，才能避免这两种情况的发生。

电连接器包括端子、防水栓、护套及护套附件、硬线式盒体及附件等。在各类电子系统中，电连接器在器件与器件、组件与组件、系统与系统之间进行电气连接和信号传递，是构成一个完整系统所必须的基础元件，广泛应用于各种电气线路中，起着连接或断开电路的作用。提高电连接器的可靠性首先是制造厂的首要任务。保证电路可靠性需要正确选择和使用电连接器，但由于电连接器的种类繁多、应用范围广泛，因此，正确选择电连接器也是提高其可靠性的一个重要方面。只有通过制造者和使用者双方的共同努力，才能最大限度地发挥电连接器应有的功能。

电连接器有不同的分类方法：按照频率分，有高频连接器和低频连接器；按照外形分，有圆形连接器、矩形连接器；按照用途分，有 PCB 用连接器、机柜用连接器、音响设备用连接器、电源连接器、特殊用途连接器等。下面主要论述低频连接器（频率在 3MHz 以下）的选择方法：需要从电气参数、安全参数、机械参数、环境参数、连接方式、安装方式和对接方式等方面进行选择。

1）电连接器的基本电气参数要求

（1）额定电压。

额定电压又称工作电压，主要取决于电连接器使用的绝缘材料、接触对之间的间距（爬电距离）。某些元件或装置在低于其额定电压时，可能不能实现其应有的功能。事实上应将电连接器的额定电压理解为生产厂家推荐的最高工作电压。原则上说，电连接器在低于额定电压的条件下都能正常工作。选择时倾向于根据电连接器的耐压（抗电强度）指标，按照使用环境、安全等级要求合理地选用额定电压。也就是说，相同的耐压指标根据不同的使用环境和安全等级要求，可使用不同的最高工作电压，这也比较符合客观使用情况。

（2）额定电流。

额定电流又称工作电流。同额定电压一样，在低于额定电流的情况下，电连接器一般都能正常工作。在电连接器的设计过程中，通过对电连接器的热设计来满足额定电流的要求，因为在接触对有电流流过时，由于存在导体电阻和接触电阻，接触对会发热；当其发热超过一定极限时，将破坏电连接器的绝缘性能，也会使接触对表面镀层软化，造成故障。

因此，要限制额定电流，就要限制电连接器内部的温升不超过设计的规定值。需要注意的是，对于多芯连接器，额定电流必须降额使用，在大电流场合更应引起重视。例如，直径为 3.5mm 的接触对，一般规定其额定电流为 50A，但在 5 芯时要降额 23%使用，即每芯的额定电流只有 38.5A，芯数越多，降额幅度越大。

（3）接触电阻。

接触电阻是指两个接触导体在接触部分产生的电阻。需要注意的是，电连接器的接触电阻指标事实上是接触对电阻，包括接触电阻和接触对导体电阻。通常，接触对导体电阻较小，因此接触对电阻在很多技术规范中都被称为接触电阻。

在连接小信号的电路中，要注意给出的接触电阻指标是在什么条件下测试得到的。因为接触表面会附着氧化层、油污或其他污染物，所以两接触件表面会产生膜层电阻，在膜层厚度增加时，电阻会迅速增大，使膜层成为不良导体。膜层在高接触压力下会发生机械击穿，或在高电压、大电流下发生电击穿。

某些小体积的电连接器的接触压力相当低，使用场合仅为 mA 和 mV 级，膜层电阻不易被击穿，可能影响电信号的传输。在 GB 5095.1～5095.9—1997《电子设备用机电元件基本试验规程及测量方法》中的接触电阻测试方法之一"接触电阻——毫伏法"规定，为了防止接触件上绝缘薄膜被击穿，测试回路的开路电动势的直流或交流峰值应不大于 20mV，直流或交流试验电流应不大于 100mA。事实上，这是一种低电平接触电阻的测试方法。因此，当有此要求时，应选用有低电平接触电阻指标的电连接器。

（4）屏蔽性。

在现代电气电子设备中，元器件的密度及它们之间相关功能的日益增加对电磁干扰提出了严格的限制。电连接器往往用金属壳体封闭起来，以阻止内部电磁能辐射或外界电磁场的干扰。在低频时，只有磁性材料才能对磁场起明显的屏蔽作用。此时对金属外壳的电连续性有一定的规定，也就是外壳接触电阻。

电连接器的接和面在焊接过程中应使用保护盖或胶带进行保护，防止残留飞溅物，焊接后应彻底清除多余助焊剂，不能有焊料留到或溅到电连接器上。

2）电连接器的焊接要求

（1）电连接器向下倾斜 45°，需要对镀金焊杯进行 2 次搪锡。

（2）焊接时助焊剂涂抹在导线芯线上。

（3）导线插接到位、焊锡量饱满、从左向右依次焊接。

（4）导线绝缘层距离焊杯 0.5～1mm 或一个线径的距离。

3）焊杯的焊接要求

一般情况下，焊接电连接器的接点是以焊杯的形式呈现的，下面以如图 5-60 所示的 Y3A 型圆形连接器为例来讲述焊杯的焊接要求。

图 5-60　Y3A 型圆形连接器

在焊接前应检查电连接器的外观质量：电连接器壳体不应有裂纹或边缘破损，绝缘体上不应有裂纹、气泡，编号应无损坏，螺帽上应无螺纹被压伤、挤伤和缺扣现象，不缺少紧定螺钉；绝缘体上的所有接触件都应能正常被锁定（无缩针），插针应无弯曲、变形等现象；当插针和插孔银层变黑（有其他损伤不应使用）时，应用无水乙醇擦洗干净。

（1）首先将做好端头处理的导线插入焊杯中，插入时要求导线垂直插入，并且导线要轻触焊杯的后壁，如图 5-61 所示。

（2）焊杯中的焊料应 100%填满，焊料达到焊杯的 75%是可以接受的，如图 5-62 所示。

图 5-61　将导线插入焊杯中

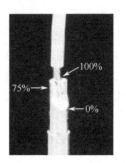
图 5-62　焊料填满焊杯

（3）焊杯与导线芯根部的挠性部分为 0.5～1mm 或一个线径的距离，如图 5-63 所示。

（4）不允许出现如图 5-64 所示的根部挠性部分渗锡，造成无应力释放而使导线折断的现象，可借助阻焊夹进行焊接。

（5）焊接后要做焊点清洗，清洗时要用半干的工业酒精棉球擦拭。避免酒精过多，导致酒精或助焊剂等杂质流入电连接器内部。

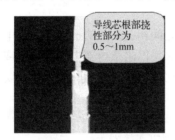
图 5-63　挠性部分

图 5-64　根部已渗锡

（6）清洗后的焊点要做保护处理。如图 5-65 所示，套管长度=焊杯高度+挠性部分长度+x（包住导线绝缘层的长度），x 通常不小于 5mm，或者是导线线径的 4 倍（$4D$），绝缘套管末端到连接端子进入电连接器插入点的间距小于导线线径（D）。

（7）套管热缩后略显焊杯和导线轮廓，如图 5-65 所示。

3. 电缆组件制作要求

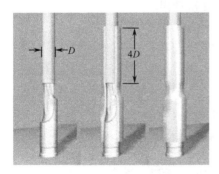
图 5-65　套管长度

（1）电连接器接触件上导线总截面积不应超过电连接器接触件截面积，要留有一定的间隙，且每个端子上不允许超过三根导线，相邻导线间的最大绝缘层厚度不应超过相邻接触件的距离。

（2）线径不能大于焊杯直径的 80%以下，也不能远小于焊杯直径，建议在焊杯直径的

30%以上。例如,直径为 1.0mm 的焊杯最大能焊接截面积在 0.6mm² 以下的导线。

(3)当为 PCB 安装电连接器时,应先用螺钉将其安装在 PCB 上,安装到位再进行焊接。当焊点自然冷却后,将安装螺钉按规定的力矩值紧固。

(4)在焊接非密封电子器件时,注意放置焊接角度,并控制助焊剂和焊料的用量,避免助焊剂和焊料进入非密封电子器件内部。

5.8 线缆压接

压接工艺连接方式主要用于导线与端子的连接,它是利用专用工具,通过压力使压接端子沿导线四周产生塑性变形,从而使导线和压接端子之间形成牢固、可靠的机械与电气连接的方法。

压接工艺连接方式具有接触面积大、耐环境性能好、使用寿命长、连接可靠性高等优点。另外,该连接方式操作工艺简单,不需要热源、电源,质量稳定,检查直观、方便,特别适合在低温或火工品等不宜使用电热锡焊的场合中使用。压接在民用、航空航天电子产品中已得到了广泛的应用。

1. 压接常用术语

(1)压接:通过压力使压线筒沿导线四周产生机械压缩或变形,从而使导线和压线筒之间形成机械连接和电气连接的方法。

(2)压接连接:用压接法使压线筒和导线间形成的永久性机械连接和电气连接。

(3)压接连接件:用压接法使导线和压接件之间形成的电连接接点组合件。

(4)压接件:用压接法连接导线端头,以便导线与其他器件或导线实现可靠电连接的导电金属件,通常由压接导线的压线筒及可与其他器件或导线连接的外接端组成。

(5)压线筒:为压接连接专门设计的可适配一种或几种截面导线的金属导电筒。

(6)开式压线筒:压接前呈敞口式的压线筒,即 U 形、V 形压线筒。

(7)闭式压线筒:压接前呈封闭式的压线筒,即圆筒形压线筒。

(8)预绝缘压线筒:带永久绝缘层的压线筒。压接时,压接力通过绝缘层作用于压线筒。

(9)压接工具:用来进行压接的机械装置。

(10)压模:压接工具中直接完成压接的部分。压接工具基体驱动压模,将压线筒压成能保证压接性能的尺寸和形状。压模通常包括上模、下模和定位装置。

(11)模压式压接:压接工具通过压模将压线筒压成规定尺寸和形状的压接。

(12)压接全周期:当压接工具的压模、手柄处在完全张开的位置时,开始对工具手柄施加作用力,当压模合面闭合到规定的间隙,且手柄、压模重新返回到完全张开的位置时结束,这是一个完整的压接过程。

(13)压接区域:压线筒的一部分,在此处施加压力,使包围导线的筒产生变形或改变形状而达到压接连接。当压线筒带绝缘紧套时,用压接工具施加压力使之变形并固紧导线绝缘层。

(14)耐拉力(拉脱力):使压接连接的导线和压线筒分离所需的拉力。

2．压接的优点

压接与传统手工焊接相比具有以下优点
（1）不依靠外来动力，手工即可随时随地操作。
（2）质量可控，过压或欠压均可通过目测观察。
（3）各种功能可控、可检查（包括机械强度和电气方面的接触电阻，都可以通过仪器设备进行检测）。
（4）没有手工焊接的一些质量问题，如虚焊、助焊剂残留等。
（5）维护方便、接触可靠、工作稳定、质量轻、寿命长。
（6）可靠性高、无污染、耐冲击、对环境温度的耐受能力强、产品一致性好。
（7）压接连接的可靠性由压接工具保证，人为因素影响小，并具有较高的维修性。

3．压接工艺

压接前应确认导线和压接端子的型号、规格，以及压接工具是否符合技术文件要求，并做到导线芯线尺寸、压接端子尺寸、压接工具压头尺寸三者匹配准确，这是保证压接质量的关键。在组合过程中，不应采用折叠导线芯线的方法增大导线截面积，也不应采用修剪导线芯线的方法减小导线截面积，导线的所有芯线均应被整齐地插入压接端子内。

压接类连接器的压线筒内应清洁、无杂物，压线筒的规格、色环应符合规定，且不应有变形、裂纹、划伤、油污等影响压接的现象。各型接触件外观平直、无划痕。压接件（压接端子与导线芯线组合）放入压接工具内时必须定位准确，并按工艺文件和压接端子、压接工具生产厂家提供的使用方法进行压接。压痕沿压接端子的轴向位置，一般应在压接端子的中间或色标处；如果是有焊缝的压接端子，则压痕应在有焊缝的一边；如果是有观察孔的压接端子，则压痕应在有观察孔的一面。在任何情况下，压接操作都应在一个压接全周期内完成，不能重复压接。

4．压接连接的结构

压接连接的结构可分为模压式和坑压式。两种形式的压接工艺过程基本相同。

5．压接三要素

压接工具、导线和压接端子是决定压接连接质量的三要素。

压接工具的结构应具有压接全周期控制机构。压接工具的可更换部位，如压模、定位器等在工具上应有唯一正确的安装位置，以保证在压接全周期内，导线与压接端子在工具内的正确定位。同时，压接工具压模型腔的形状应符合压接端子的结构特点，以保证压接部位正确且不损伤压接端子和导线。必须按产品说明书和相应标准对压接工具进行复检，在对任何一种压接端子与导线压接前，都应对压接工具进行校准并做好标志。对于校准合格并投入使用的压接工具，还应在班前、班后、批前、批后分别抽取试样进行工具的验证试验。对于长期投入使用的压接工具，除进行验证试验外，还应按规定期限（不超过一年）进行定期校准，从而保证压接工具的可靠运行。常用的压接工具有微型压接钳、三口腔手动压接钳和手动油压钳。其中，微型压接钳主要用于导线与电连接器压接端子的坑压式压接连接；三口腔手动压接钳主要用于截面积为 $1\sim 6\text{mm}^2$ 的导线的模压式压接连接。

用于压接连接的导线应为多股绞合线，芯线材料的硬度与压接端子材料的硬度相似，一般选用镀银铜线。同时，在一个压接端子内一般只压接一根导线，最多不超过两根，当压接两根不同截面积导线时，较小截面积导线应不小于较大截面积导线截面积的60%。

压接端子的种类繁多，但其压接范围必须与被压接导线芯线相适配，并尽量选用标准规定的端子。同时，压接端子的材料应选用铜或铜合金，其硬度与导线材料相适配。

6．坑压式压接要求

坑压式压接是通过压头将压线筒压成坑式窝点的压接法，如图5-66～图5-68所示。

(a) 压接钳　　　　　(b) 定位器　　　　　(c) 装入定位器

图5-66　坑压式压接钳

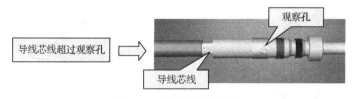

图5-67　坑压式压接端子

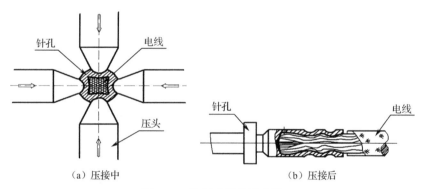

(a) 压接中　　　　　(b) 压接后

图5-68　坑压式压接示意图

压接导线端头处理要求如下。

（1）用热剥器进行剥头操作。

（2）剥头长度根据端子确定。

（3）芯线绞合不能松散和过绞。

（4）压接导线的芯线不得搪锡。

在压接时，导线绝缘层与压接端子之间的间隙为0～1mm，如图5-69所示。还应考虑取送针孔的空间，尤其当一端采用的是自带线电连接器时，更要考虑取送针孔的空间。如果没有取送针孔的空间，则装配时很

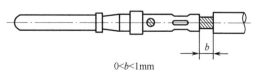

图5-69　导线绝缘层与压接端子之间的间隙

好装配，但返修时非常困难。在设计图纸的过程中，应根据线径大小明确针孔的信息。压接电连接器上未使用的空点一般不应装入未压接的针孔，空点应插入专用塞或按相关文件要求操作。

7. 模压式压接要求

模压式压接是压接工具通过压模将压线筒压成规定尺寸和形状的压接法，如图 5-70～图 5-73 所示。

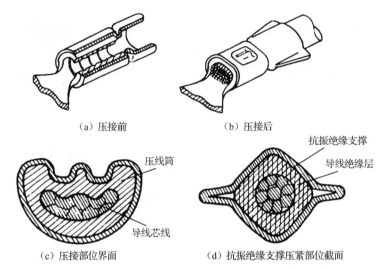

图 5-70　模压式压接示意图

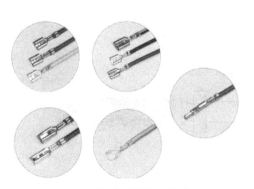

图 5-71　各种形状的压接端子

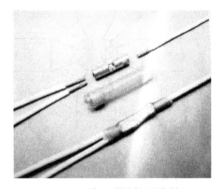

图 5-72　模压式转接压线筒

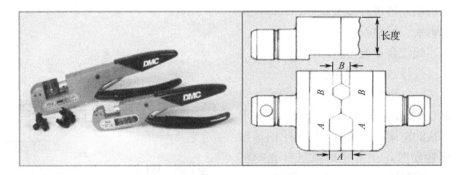

图 5-73　模压压接钳

8. 气动压接钳

气动压接钳（见图 5-74）的技术指标如下。
（1）设计有 8 个不同的压接挡位。
（2）设计有手动控制开关和脚踏开关，工作气压为 5.5～8.5 倍标准大气压。
（3）尺寸：长 200mm，宽 5.5mm，质量为 2kg。
（4）气源接口：ϕ8mm（内径）。
（5）压接范围：WA27F 为 12～20AWG，WA22 为 20～32AWG。

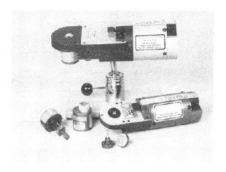

图 5-74　气动压接钳

9. 电动压接钳

电动压接钳如图 5-75 所示，其压接精度高且具有力矩测试功能，充电电源与操作手柄一体化；压接模块采用的是范围匹配的方式，无须频繁更换，操作灵活、便利。

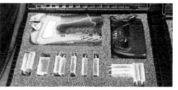

图 5-75　电动压接钳

电动压接钳可压接筒形冷压焊片、12～32AWG 的航插接触偶及同规线缆、TRB 与 TNC 类同轴连接器。电动压接钳的最大压力为 11～20kN，压接范围为 $0.1～10mm^2$，压接深度调节为 0.01mm。

10. 压接质量检测及要求

压接连接件的质量与全过程密切相关，包括压接材料、工具、工艺和操作等。压接连接的机械性能和电气性能检查包括电压降、耐拉力、压接截面金相显微镜检查等。根据不同情况和要求，可以对检查项目进行裁剪，但压接件的最终检查应包括外观质量检查和耐拉力检查。其中，耐拉力试验是验收检验必须进行的唯一试验项目。外观质量检查包括：压接件成形正确，变形只允许由压接工具压头压出的压痕；压接后的压接端子不应有锐边、裂纹、金属剥脱、毛刺、锈蚀、镀层损坏或切口等缺陷；导线芯线应全部插入压接端子内，不得外漏或外露，导线绝缘层不得进入芯线压接端子；不应出现不足压接（压接部位导线松动）和过分压接（压接部位导线断股或畸形），如图 5-76 和图 5-77 所示。

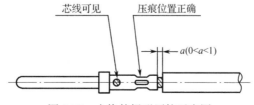

图 5-76　合格的桶形压接示意图

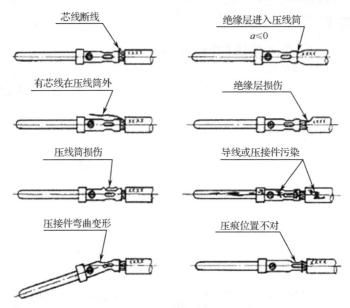

图 5-77 不合格压接示意图

造成压接质量问题的原因如下。
（1）剥线断丝。
（2）压接工具未经校验。
（3）使用挡位不对（未做耐拉力试验）。
（4）一针（孔）压接超过两根导线。
（5）压接针（孔）未送到位，造成缩针。
（6）插针、插孔不居中或对接间隙过大。
（7）电连接器内部质量问题，如接触偶定位爪的角度、绝缘体支撑面损伤等。

11．耐拉力测试

耐拉力测试设备如图 5-78 所示。

图 5-78 耐拉力测试设备

导线耐拉力强度如表 5-3 所示。

表 5-3 导线耐拉力强度

芯线截面积/mm²	耐拉力/(N/min)（大于）	压接电阻/μΩ（小于）
0.3	51	1500
0.4	68	1500
0.5	85	1500
0.8	138	700
1.0	172	700
1.2	206	700
1.5	248	700
2.0	300	350
2.5	375	350
3.0	450	350

耐拉力试验应符合表 5-3 的要求，各规格导线端子组合至少应做 5 个压接试验。

5.9 线缆组件封装工艺

1. 封装基本要求：压紧不伤、震动不松、操作不脱

电连接器尾夹封装应根据产品的不同结构、防护需求及使用环境选择不同的封装方式与优势材料，以满足产品设计及使用环境的要求，如图 5-79 所示。

图 5-79 尾夹封装方式

电连接器尾夹封装方式包括橡胶密封圈旋（压）紧式、外部热缩或缠绕包裹式、带装材料缠绕衬垫式、内部灌封、外部模压、注塑等。

封装材料的基本要求：耐挤压、耐老化、回弹性好的电绝缘性材料。

封装材料的特殊要求：绝缘、防水、耐温、抗磨、阻燃、压力密封；还需要具有材料黏结性能、填充密封性能、屏蔽性能、返修性能等。

封装常用材料：毡垫、PVC 材料、橡胶材料、硅橡胶材料、氟橡胶材料等。

常见的灌封类有硅橡胶、环氧树脂、聚氨酯等，不应使电连接器连接点受力（尤其是单根导线受力）。

线束弯曲的起始部位一般应离开尾罩出口 30mm 以上（或线束直径的 5 倍以上）。

2. 几种特殊环境下的电连接器尾夹封装技术

（1）防水线缆封装（随形密封，柔软、耐震等），如图 5-80 所示。

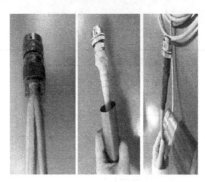

图 5-80 防水线缆封装

（2）耐温减振线缆尾夹封装（耐高/低温、耐震、防松），如图 5-81 所示。

图 5-81 耐温减震线缆尾夹封装

材料特点：耐挤压、阻燃、耐温、耐老化，回弹性极好的电绝缘性自粘材料。
工艺特点：缠绕操作简便，收口自粘，拉紧包裹及表面摩擦力强，不易松动滑脱。
应用优势：压紧不伤、震动不松、操作不脱；耐温 260℃。
适用于常规（圆形、矩形等）、小型、窄间隙接插件，售后现场或耐高/低温，机载、车载等设备在中/低频震动等恶劣环境下的电连接器尾夹衬垫封装。
缺陷：较常见毡垫、塑料胶带、橡胶板类材料，其直接成本较高。

3．灌封技术

灌封技术是根据产品的应用环境、结构设计、加工制造等防护的需求，采用不同的液态灌封材料在其固体介质未固化前排除空气并填充到产品周围，使灌封产品与外界隔离，从而达到产品防护需求的一种工艺加工方法。

灌封是为了使电缆组件防多余物、防水、防潮、防霉、去应力、阻尼减震、防盐雾腐蚀、压力密封等，如图 5-82 和图 5-83 所示。灌封材料的绝缘电阻、抗电强度等电气性能应满足产品技术条件要求；物理性能和化学性能稳定，使用安全。

图 5-82 电连接器灌封图例 1

图 5-83　电连接器灌封图例 2

5.10　线缆组件的检验及周转、运输、存储要求

1．线缆组件的检测

（1）检测工序贯穿整个生产过程，每道工序都应该有自检和专检。

（2）检测过程的环境温/湿度、防静电、洁净度等要求与产品生产过程的要求相同。

（3）导通检测：用万用表的 R×1 挡测量。

（4）绝缘检测：设备为兆欧表、绝缘耐压测试仪等；每点对地、点与点之间的绝缘电阻应在 500MΩ 以上（根据在制品工艺要求确定）；时间要求以数值稳定为准。

（5）耐压检测：设备为耐压测试仪；耐压一般为 500～1000V；时间为 1min。

2．线缆组件的外观要求

（1）接触件应无变形、断裂、堵塞、氧化发黑现象；接触件高度应基本一致。

（2）电连接器导线绝缘层应无起皮、撕裂、疙瘩、褶皱、机械磨损及焦化现象，导线规格和长度应满足要求。

（3）电连接器装配前应进行绝缘电阻检测，符合要求方可使用。

（4）非压接型电连接器接触件最大的下陷量和轴向窜动量不超过 0.4mm。

（5）有复验标识，在有效储存期内使用。

（6）电连接器标识应正确、清楚，规格牌号应与工艺文件相符，具有起始点标识。

（7）外观应无破损、划痕及多余物，无气泡、缺料、崩角、裂纹、杂质及表面不平的现象。

（8）自带线电连接器灌封外观应无气泡、连接导线无松动。

3．线缆组件的周转、运输及存储要求

（1）线缆组件应保存在清洁、干燥、没有油污的零件架、工作台或包装箱内，长时间储存应放入干燥柜中。

（2）线缆组件周转时应使用包装箱，箱内应清洁，不应有尖锐的突出物；并在箱外做

"产品代号、图号及产品编号"的标识。

（3）对于产品中可活动的电连接器，在周转、运输过程中应采取防止磕碰的措施。

（4）对于长度较短的电缆，可集中用塑料包装袋进行防护，若有防护帽，则在电连接器上加装防护帽后进行周转、存放。

（5）长电缆应捋顺后呈自由状态盘成卷，用扎带等绑扎好并单根装入塑料包装袋内，若有防护帽，则在电连接器上加装防护帽后进行周转、存放。

（6）在进行户外操作时，对无防水密封措施的电连接器应进行保护，防止有水进入。

（7）线缆组件在存储及周转过程中严禁接触有机溶剂和有害气体。

（8）电连接器应存储在清洁、通风、无腐蚀气体并有温度和相对湿度控制的场所，其存储环境条件可参考 QJ 2227A 的三类环境。

（9）对于带有电连接器的装置或电缆，应妥善保存，若长时间不用，则在存放时应遮盖或将其放入低湿柜、真空柜、干燥皿等容器中。这样一方面可以防止进入灰尘、金属等多余物；另一方面可以防止接触点氧化。

练 习 题

填空题

1．在焊接片式接线端子时，导线缠绕在端子（　　　）的两个面上。

2．导线外观应平直、清洁，绝缘层无（　　　）、（　　　）、（　　　）及老化现象，无破损划伤，芯线无明显（　　　）及（　　　）现象。

3．屏蔽导线表面应光滑、清洁，不应有损伤导体屏蔽层的（　　　）、锐边和个别单线凸起或（　　　），屏蔽线的金属编织层应无（　　　），金属编织线的短接处在（　　　）长度内只允许有（　　　）处，断接的金属丝不多于（　　　）根。

4．在焊接柱形接线端子时，导线缠绕最小接触弧度不小于（　　　），最大接触弧度不大于（　　　）。

5．导线焊接时的维修余量为（　　　）mm。

6．导线剥线一般可采用（　　　）、（　　　）、（　　　）三种方法。

7．通过压力使压线筒沿导线四周产生（　　　）或（　　　），从而使导线和压线筒之间形成（　　　）连接和（　　　）连接的方法叫作压接。

8．压接导线的芯线不得（　　　）。

9．柱形接线端子焊接后，导线绝缘层不能有（　　　）、（　　　）或其他损伤。

10．各规格导线端子组合至少应做（　　　）个压接耐拉力试验。

简答题

1．导线搪锡的要求是什么？

2．焊杯焊接有哪些要求？

3．压接质量检验的要求有哪些？

4．线缆组件中尾夹封装的基本要求及作用是什么？

答　　案

一、填空题

1．不相邻

2．气泡、凸瘤、裂痕、偏心、发黑氧化

3．毛刺、断裂、锈蚀、1m、一、2

4．180°、270°

5．8～20

6．冷剥、热剥、激光剥线

7．机械压缩、变形、机械、电气

8．搪锡

9．熔伤、烧焦

10．5

简答题

1．导线搪锡的要求是什么？

答：（1）搪锡后的导电芯线表面应光洁、平滑、无拉尖、毛刺等现象，焊料润湿良好、分布均匀，芯线轮廓略显。

（2）搪锡后的芯线用无水乙醇擦洗干净，表面不应黏附焊料、助焊剂的残渣等多余物。

（3）对于多股绞合导电芯线，焊料应能渗透到芯线内部，且芯线根部应留有0.5～1mm的不搪锡长度。

（4）当发现焊料流入导线绝缘层内部时，应立即重新进行剥头、搪锡操作。

（5）搪锡部位冷却后，表面不应有黑点存在。

2．焊杯焊接有哪些要求？

答：（1）首先将做好端头处理的导线插入焊杯中，插入时要求导线垂直插入，并且导线要轻触焊杯的后壁。

（2）焊杯中的焊料应100%填满。

（3）焊杯与导线芯线根部的挠性部分为0.5～1mm。

（4）不允许出现根部挠性部分渗锡，造成无应力释放而使导线折断的现象。

（5）焊接后的焊点在清洁后要做保护处理，套管长度为焊杯高度+挠性部分长度+x（包住导线绝缘层的长度），x 通常不小于 5mm，或者是导线线径的 4 倍，绝缘套管末端到连接端子进入电连接器插入点的间距小于导线线径。

（6）套管热缩后略显焊杯和导线轮廓。

3．压接质量检验的要求有哪些？

答：压接连接的机械性能和电气性能检查包括电压降、耐拉力、压接截面金相显微镜检查等，根据不同情况和要求，可以对检查项目进行裁剪，但压接件的最终检查应包括外观质量检查和耐拉力检查。其中，耐拉力试验是验收检验必须进行的唯一试验项目。

外观质量检查包括：压接件成形正确，变形只允许由压接工具压头压出的压痕；压接后的压接端子不应有锐边、裂纹、金属剥脱、毛刺、锈蚀、镀层损坏或切口等缺陷；导线芯线应全部插入压接端子内，不得外漏或外露，导线绝缘层不得进入芯线压接端子；不应出现不足压接（压接部位导线松动）和过分压接（压接部位导线断股或畸形）。

4．线缆组件尾夹封装的基本要求及作用是什么？

答：线缆组件连接器尾夹封装要求压紧不伤、震动不松、操作不脱。根据线缆组件应用需求，起电气绝缘、防多余物、防水、防潮、防霉、减震、去应力、防盐雾腐蚀、耐压力密封等作用。

第6章 螺纹连接

6.1 螺纹连接工艺概述

将电子产品中的零件、部件按设计要求组装成整机是多种技术的综合，装配与连接是电子产品生产过程中极其重要的环节。装配与连接中除了焊接，还要用到机械安装。机械安装通常是指用紧固件或胶黏剂将产品的零件、部件按工艺要求安装在规定的位置上。

机械安装中的连接方法可分为两大类：一类是可拆卸连接，即拆散后不会损伤任何装配件，包括螺纹连接、柱销连接、夹紧连接等；另一类是不可拆卸连接，即拆散后会损伤装配件和材料，包括压接、绕接、铆接、粘接等。

本章主要介绍与机械安装中螺纹连接相关的基础知识。

螺纹连接简称螺纹连接，是指使用螺钉、螺栓、螺母及各种垫圈等紧固件将各种零部件、元器件连接起来。在可拆卸连接中，螺纹连接被广泛采用，它的优点是使用的工具少、工艺流程简单、连接牢固、可以反复多次拆装。螺纹连接中由于使用的大都是标准件，所以调节、更换都比较方便。但是很多电子产品在使用、运输过程中会受到震动、冲击、跌落等的影响，很容易出现螺钉松动的现象，这将导致元器件损坏、电气参数改变，甚至整机失效。在这种情况下就要采用一些必要的工艺方法进行处理，以保证产品内部的电子元器件和机械零部件在外界机械条件下免受损伤与失效。

在电子产品的机械安装中，大部分都要用到螺纹连接。用螺钉、螺栓、螺母、垫片等紧固件将不同的零部件紧固连接在产品各自相应的位置上看似很简单，但是要使产品能够安全、可靠地工作，就必须对使用的紧固件的种类和规格、常用测量量具、紧固工具及螺纹连接的工艺流程进行合理的选择。

6.2 常用螺纹紧固件及其选用

常用的螺纹紧固件有螺钉、螺栓、螺母、垫片等，由于大部分螺纹紧固件的结构和尺寸都已经做到了产品标准化（标准件），所以一般使用时按规定标记可以直接外购。

螺纹紧固件的材料一般为铁、黄铜和不锈钢等，在装配中选用何种材料的螺纹紧固件，应根据工艺要求确定。

6.2.1 螺纹的基础知识

螺纹是指在圆柱体或圆锥体的表面沿着螺旋线形成具有规定牙型的连续凸起和沟槽。加工在圆柱体或圆锥体的内表面上的螺纹称为内螺纹，如图6-1（a）所示，所有螺母上都有内螺纹；加工在圆柱体或圆锥体的外表面上的螺纹称为外螺纹，如图 6-1（b）所示，所有螺钉、螺栓上都有外螺纹。

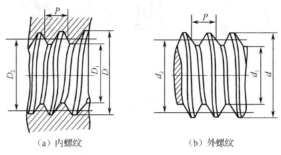

图 6-1　内/外螺纹

螺纹连接的原理也就是螺钉、螺母连接的原理，它是靠内/外螺纹之间的摩擦力和拧紧后的螺纹形变弹力得到自锁而实现的。通常所说的螺钉不是指机械零件上的螺纹，而是指螺纹零件。

螺纹的主要参数名称如下。

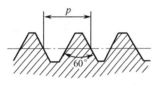

图 6-2　普通三角形螺纹

（1）螺纹牙型。螺纹牙型是指在通过螺纹轴线的剖面上螺纹的轮廓形状，常见的有三角形、梯形、锯齿形等。在螺纹牙型上，两相邻牙侧间的夹角为牙型角，牙型角有 30°、55°、60°等。用于连接的螺纹以三角形且牙型角为 60°的最为普遍，如图 6-2 所示。因为三角形螺纹容易进行精密加工，而且摩擦系数大，拧紧后不易松动，有较高的连接可靠度，因此被广泛采用。

（2）螺纹大径（d 或 D）。螺纹大径是指与外螺纹牙顶或内螺纹牙底相切的假想圆柱或圆锥的直径。国家标准规定，米制螺纹的大径代表螺纹尺寸的直径，称为公称直径，如图 6-1 所示。

（3）螺纹小径（d_1 或 D_1）。螺纹小径是指外螺纹牙底与内螺纹牙顶相切的假想圆柱或圆锥的直径，如图 6-1 所示。

（4）螺纹中径（d_2 或 D_2）。螺纹中径是一个假想圆柱或圆锥的直径，该圆柱或圆锥的母线通过牙型上沟槽和凸起宽度相等的地方。该假想圆柱或圆锥称为中径圆柱或中径圆锥，中径圆柱或圆锥的直径称为中径，如图 6-1 所示。

（5）螺距（P）。螺距是指相邻两牙在中径线上对应两点间的轴向距离，如图 6-1 所示。

（6）螺纹线数。螺纹线数是指一个圆柱表面上的螺旋线的数目。它分单线螺纹、双线螺纹或多线螺纹。沿一条螺旋线所形成的螺纹为单线螺纹，如图 6-3（a）所示；沿两条或多条轴向等距离分布的螺旋线所形成的螺纹为双线螺纹或多线螺纹，如图 6-3（b）所示。

（7）导程。导程是同一条螺旋线上相邻两牙在中径线上对应两点间的轴向距离，单线螺纹的导程等于螺距，双线螺纹的导程等于 2 倍的螺距，如图 6-3 所示。

（8）旋向。旋向是指螺纹在圆柱面或圆锥面上的绕行方向，有右旋和左旋两种。顺时针旋转时旋入的螺纹为右旋螺纹，如图 6-4（a）所示；逆时针旋转时旋入的螺纹为左旋螺纹，如图 6-4（b）所示。工程上常用的多为右旋螺纹。螺纹的旋向一般用左右手判别，如图 6-4（c）所示。

只有当外螺纹和内螺纹的以上参数相吻合时，才能旋合拧紧在一起。

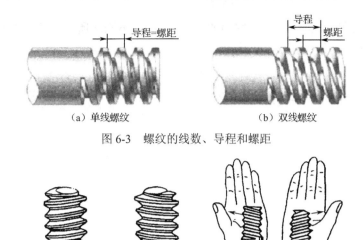

图 6-3 螺纹的线数、导程和螺距

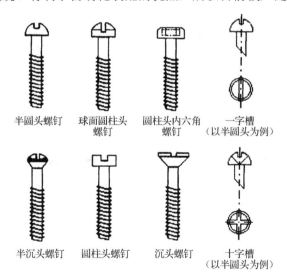

图 6-4 螺纹旋向及判别

6.2.2 常用螺钉

螺钉是具有一定钉头的螺杆，螺杆上有外螺纹，按螺纹可以分为普通螺钉和自攻螺钉等。螺钉以螺纹部的公称直径作为识别螺钉规格的主要参数，其他（如螺纹长度、螺钉头部结构等）作为辅助参数。螺钉的种类很多，图 6-5 是电子装配常用的螺钉。这些螺钉的头部结构有一字槽和十字槽两种，由于十字槽具有对中性好、安装时螺钉旋具不易打滑、紧固强度高、外形美观、有利于自动化装配的优点，所以目前被广泛采用。

图 6-5 电子装配常用的螺钉

1. 螺钉的选择

在多数情况下，当对连接表面没有特殊要求时，可以选择圆柱头或半圆头螺钉。其中，圆柱头和球面圆柱头螺钉因槽口较深，用螺钉旋具用力拧紧时一般不容易拧坏槽口，因此比半圆头螺钉更适用于需要较大紧固力的部位，如图 6-6（a）所示。当需要连接面平整时，应该选用沉头螺钉，如图 6-6（b）所示。

当沉头孔合适时，可以使螺钉与连接件平面保持相同的高度。并且使连接件较准确地定位。但是这种螺钉的槽口较浅，一般不能承受较大的紧固力；当螺钉需要承受较大的紧固力且连接要求准确定位，但是不要求表面平整时，可以选用半沉头螺钉，如图 6-6（c）所示。

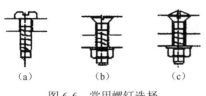

图 6-6 常用螺钉选择

2. 自攻螺钉

自攻螺钉有多种规格型号，所谓自攻螺钉，指的是不需要打底孔和攻丝，按不同的规格分别能够直接拧进木头、塑料、薄铁板等材料中的螺钉。自攻螺钉具有使用方便的特点，因此在各类产品设备中被广泛使用。常用的自攻螺钉如图 6-7（a）所示。

自攻螺钉不能用于较大拉力的连接，也不能在一个位置重复使用，一旦使用过一次，再拆卸下来就不能再次在原来的位置起固定连接作用了。

3. 紧定螺钉

紧定螺钉又称顶丝，它的全长都有外螺纹，并且端头有一字槽，常用的紧定螺钉如图 6-7（b）所示。它通过一个带螺纹孔的零件将紧定螺钉拧进去，然后顶紧已经调好位置的另一个零件，使两个零件不会产生相对位移，从而达到机械连接、防止松动的目的，如图 6-8 所示。这种连接主要用于旋钮和轴柄之间的固定。

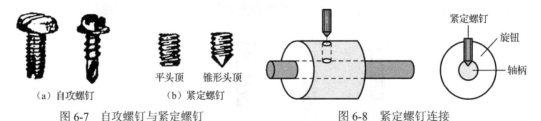

图 6-7 自攻螺钉与紧定螺钉　　图 6-8 紧定螺钉连接

4. 普通螺钉的标记方法

螺钉的标记方法是螺纹符号（M）乘以（×）长度。例如，M4×10 的螺钉，其中 M 是螺纹符号；4 是螺纹公称直径，单位为 mm；×是乘号；10 是螺钉长度，单位为 mm，螺钉实物如图 6-9 所示。需要特别注意的是，一般螺钉的钉头并不计算在螺钉的长度之内，但是沉头螺钉除外，因为沉头螺钉在使用时，其钉头也会嵌入连接件内部，所以沉头螺钉的钉头长度也要计算在螺钉的总体长度以内。

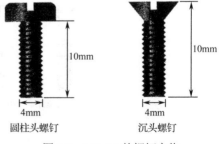

图 6-9 M4×10 的螺钉实物

6.2.3 螺母的形状、名称、特点、用途及规格

螺母是配合螺钉、螺栓的紧固零件，具有内螺纹。螺母的种类很多，几种常用的螺母

如图 6-10 所示。螺母以螺纹孔的公称直径 D 作为识别螺母规格的主要参数。螺母的名称主要是根据其外形命名的，规格用 M3、M4、M5……表示，即 M3 螺母应与 M3 螺钉配合使用。

（a）盖形螺母　（b）圆形螺母　（c）翼形螺母　（d）六角螺母　（e）方形螺母

图 6-10　几种常用的螺母

1．盖形螺母

盖形螺母如图 6-10（a）所示，用该螺母紧固后，可以盖住螺钉的凸起部位，同时起到了装饰的作用。盖形螺母的常用规格为 M3～M24。

2．圆形螺母

圆形螺母如图 6-10（b）所示，通常成对地用于轴类零件上，用于防止轴向位移，装卸时需要专用的钩形扳手，常用规格为 M10×1～M200×2。

3．翼形螺母

翼形螺母如图 6-10（c）所示，也称元宝形螺母或蝶形螺母，这种螺母不用工具，可以直接拆装，经常用在连接强度要求不高或经常拆装的部位，常用规格为 M3～M16。

4．六角螺母

六角螺母如图 6-10（d）所示，它的应用较广泛，有很多品种，有扁的、厚的、小六角的、带槽形的等，可以分别用于不同部位，常用规格为 M1.6～M48。

5．方形螺母

方形螺母如图 6-10（e）所示，方形螺母常与半圆头方颈螺栓配合，常用在简单、粗糙的机件上，拆卸时扳手转动角度较大，不易打滑，常用规格为 M3～M48。

6.2.4　螺柱和螺栓的形状、名称、特点、用途及规格

螺柱和螺栓广泛用于连接不太厚并能钻成通孔的可拆卸零件，常用的螺柱有双头螺柱；常用的螺栓有六角螺栓、四方头螺栓和一些特殊结构的螺栓，如图 6-11 所示。

（a）双头螺柱　（b）地脚螺栓　（c）半圆头方颈螺栓　（d）六角螺栓　（e）四方头螺栓

图 6-11　常用螺柱、螺栓

1．双头螺柱

双头螺柱如图 6-11（a）所示，两端均有螺纹，允许两个螺母与之啮合。与普通螺栓只能用一个螺母拧紧相比，双头螺柱容易松动，常用于需要频繁拆卸的部位或比较厚的连

接件，常用规格为 M5～M48。

2. 地脚螺栓

地脚螺栓如图 6-11（b）所示，埋于混凝土地基中，用来固定各种机器或设备的底座，常用规格为 M5～M48。

3. 半圆头方颈螺栓

半圆头方颈螺栓如图 6-11（c）所示，适用于铁木结构的连接，常用规格为 M6～M20。

4. 六角螺栓

六角螺栓如图 6-11（d）所示，适用于要求精度较高，以及耐受较大冲击、震动的钢铁或木结构的连接，常用规格为 M10～M100。

5. 四方头螺栓

四方头螺栓如图 6-11（e）所示，其头部制成了方形，适用于表面粗糙且对精度要求不高的钢铁或木结构的连接，常用规格为 M5～M48。

6.2.5 垫圈的形状、名称、特点、用途及规格

一般垫圈除配合螺钉、螺栓、螺母起紧固作用外，还有一些垫圈需要在导电、绝缘、缓冲等特殊情况下使用。垫圈按作用不同有多种类型，装配中常用的三种垫圈如图 6-12 所示。

（a）平垫圈

（b）弹簧垫圈

（c）圆螺母止动垫圈

图 6-12　装配中常用的三种垫圈

1. 平垫圈

平垫圈如图 6-12（a）所示，将其衬垫在紧固件下，起压紧的作用。由于平垫圈的刚性较好，比螺钉、螺母对被压紧工件的接触面积大，因此可以降低螺帽和螺母对被紧固工件的直接压强和拧紧时的摩擦力，起缓冲作用。平垫圈可以尽量拧紧而不损伤工件，多用在金属零件上。平垫圈一般都是用钢材制成的。

2. 弹簧垫圈

弹簧垫圈如图 6-12（b）所示。弹簧垫圈又称弹垫，装在螺母下面，与螺母配合拧紧后，靠弹簧垫圈被压平面产生的反弹性力使螺钉外螺纹与螺母内螺纹之间压紧。

3. 圆螺母止动垫圈

圆螺母止动垫圈如图 6-12（c）所示，它与圆螺母配合主要用在制有外螺纹的轴或紧定套上，作为固定轴上的零件或紧定套上的轴承使用。

4. 特殊情况下装配中用到的垫圈

1）导电垫圈

导电垫圈用于既需要有垫圈的作用，又能保证良好的导电气性能的接触部位，一般是

用导电气性能良好的材料（硅青铜、铍青铜）制造的。

2）绝缘垫圈

绝缘垫圈用于既需要用螺钉压紧固定，又需要与支架保持绝缘的部位，是一种平垫圈。绝缘垫圈一般是用纸胶板、布胶板冲制成平垫圈后经浸渍处理而成的。

3）缓冲垫圈

缓冲垫圈的作用是防止在螺纹连接时，由于某些零部件刚性很强同时很脆而导致零部件破损。例如，当瓷件与钢支架连接紧固时，垫上铅质缓冲垫圈，能起到紧固时的缓冲作用，可防止瓷件碎裂，而且增大了摩擦力，使工件牢固地连接在一起。常用的缓冲垫圈是用铅、铝、纸、橡胶等具有一定缓冲作用的软质材料制成的平垫圈或垫片。

6.3 螺纹连接紧固件的测量量具

为了保证螺纹连接的质量，经常需要检测各种紧固件的规格、大小，常用的量具有钢直尺（又称钢板尺）和游标卡尺。因此合理地选择使用以上测量量具是很重要的。

6.3.1 钢直尺

钢直尺（又称钢板尺）是用不锈钢薄板制成的，如图 6-13 所示。钢直尺可以用来测量多种零件的长度、宽度、高度、厚度等。

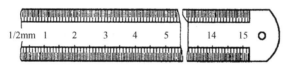

图 6-13 钢直尺

1．钢直尺的规格及刻度

钢直尺的长度一般为 150mm、300mm、500mm、1000mm。

钢直尺的尺面上刻有 mm（毫米）的刻度线，在一开始的 50mm 内，以 10mm 为一大格，一大格内刻有 20 小格，每小格为 0.5mm。超过 50mm 以后，每大格内刻有 10 小格，每小格为 1mm。一般钢直尺的背面还刻有公、英制换算表。

2．钢直尺使用注意事项

使用和存放钢直尺时不能弯曲，尺子的边缘及刻度不能损伤、模糊。根据所测量零件的形状和尺寸灵活掌握测量方法。当测量边长时，尺子应该与所测量的棱边尽量保持平行；当测量圆柱体零件的长度时，应尽量使尺子和圆柱的中心线保持平行；当测量圆柱体零件的外径或圆孔的内径时，要将尺子靠近零件顶面并来回移动尺子，直到读出最大尺寸方是零件的外径或内径。

6.3.2 游标卡尺

游标卡尺是应用较广泛的通用量具，它的测量精度比钢直尺的测量精度高，可以用来测量工件的长度、内径、外径及孔/槽深度和阶梯台阶厚度等。常用游标卡尺有读格式、带表式和电子数显式三种，如图6-14所示。

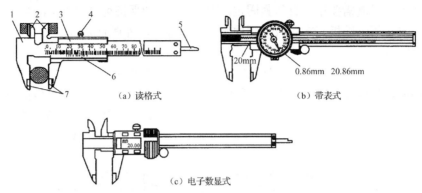

1—主尺；2—上测量爪；3—尺框；4—紧固螺钉；5—深度尺；6—游标尺；7—下测量爪

图6-14 游标卡尺

1．读格式游标卡尺的结构

读格式游标卡尺的结构如图6-14（a）所示，在主尺上刻有每小格为1mm的刻度，主尺的长度决定游标卡尺的测量范围；活动的尺框上有游标尺，游标读数值就是指在使用这种游标卡尺测量零件尺寸时，卡尺上能读出的小数值；游标卡尺上还带有测量深度的深度尺，固定在尺框的背面，能随着尺框在尺身的导向凹槽中移动。在测量深度时，要把尺身尾部的端面紧靠在零件的基准面上。

根据测量范围，主尺的长度有125mm、150mm、200mm、300mm、500mm等；根据游标的分度值精度，可以分为0.1mm、0.05mm、0.02mm等。

2．读格式游标卡尺的使用方法

在正式测量之前，必须校对游标卡尺的"0"位，使之准确，具体步骤如下。

（1）用干净的棉团沾少许酒精擦净外径卡脚的两个测量面。

（2）推动尺框，使下测量爪的两个测量面紧密接触，观察游标尺上的"0"刻度线是否与主尺上的"0"刻度线对齐，游标尺上的末尾刻度线与主尺的相应刻度线也必须对齐，如图6-15所示。若上述两处都对齐了，则说明"0"位准确，否则"0"位不准确。只有"0"位校对准确后才可进行测量。

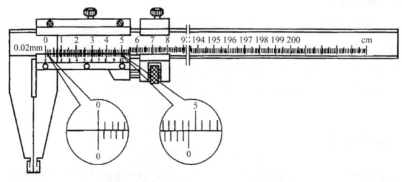

图6-15 校对游标卡尺的"0"位

（3）例如，在测量零件的外径时，将紧固螺钉松开，将下测量爪粗调至适当位置，卡住被测零件，再进行微调。量出所测量尺寸后，为了防止游标尺移动，再用紧固螺钉紧固。还可以利用两个上测量爪测量内孔直径和槽的宽度；利用深度尺测量零件孔的深度等。

3．游标卡尺的读数

游标卡尺读数是利用游标尺和主尺互相配合进行测量后的读数。如图6-16（a）所示，对于精度为 0.02mm 的游标卡尺，其主尺每小格为 1mm，当两个外径卡脚合并时，游标刻线的总长为 49mm，并均分为 50 格，即游标尺每格间距为 49mm/50=0.98mm。主尺每格间距与游标尺每格间距之差=1mm-0.98mm = 0.02mm，0.02mm 即此种游标卡尺的最小读数值。

在图 6-16（b）中，游标尺"0"刻度线在 123mm 与 124mm 之间，游标尺上第 11 格刻线与主尺刻线对齐，因此，被测尺寸的整数部分为 123mm，小数部分为 11×0.02mm = 0.22mm，即被测尺寸为 123 mm + 0.22mm = 123.22mm。

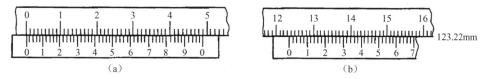

图 6-16　游标卡尺读数

归纳起来，游标卡尺的读数分为以下三步。
（1）看游标尺"0"刻度线与主尺错过了几格，读出整数部分。
（2）读出游标尺与主尺对齐的是第几格刻度，将格数乘以卡尺的精度就可以读出小数部分。
（3）将整数部分与小数部分的值相加，即可读出所测量零件的尺寸。

6.4　装配工具

6.4.1　手动螺钉旋具

手动螺钉旋具又称螺丝刀或起子，根据刀体上的刀口形状，有一字头和十字头两种形式，如图 6-17 所示。

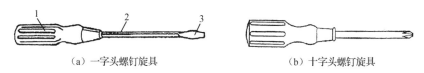

（a）一字头螺钉旋具　　　　　　　　（b）十字头螺钉旋具

图 6-17　手动螺钉旋具

1．手动螺钉旋具的结构

手动螺钉旋具由手柄 1、刀体 2、刀口 3 组成，如图 6-17（a）所示。所有手动螺钉旋具的手柄都是由绝缘材料制成的。手动螺钉旋具有多种规格。

2. 使用螺钉旋具时的注意事项

（1）螺钉旋具的规格要适当，不能用小的螺钉旋具拧大螺钉，也不能用大的螺钉旋具拧小螺钉。

（2）螺钉旋具的刀口必须与螺钉槽相适应，一字槽螺钉旋具的刀口厚度是螺钉槽宽度的 0.75～0.8 倍。

（3）螺钉旋具不能斜插在螺钉槽内。

6.4.2 电动螺钉旋具

电动螺钉旋具如图 6-18 所示，它广泛用于流水线上小规格螺钉的装卸。电动螺钉旋具具有正反转换向功能和限力功能，使用中若超过规定扭矩则会自动打滑，方便螺钉的拆卸，这对在塑料安装件上装卸螺钉是非常有利的。虽然电动螺钉旋具一般都是采用直流低压方式供电的，但使用时也要注意用电安全。在接通电源以前，开关应置于关闭状态。

图 6-18　电动螺钉旋具

6.4.3 螺母旋具

螺母旋具（又称套筒扳手）如图 6-19 所示，它适合在十分狭小或凹陷的地方装卸小型螺栓或螺母，其使用方法与螺钉旋具的使用方法相同。

图 6-19　螺母旋具

6.4.4 扳手

扳手主要用来紧固或拆卸螺钉、螺母、螺栓。扳手一般可分为活扳手、专用扳手和梅花扳手。

1. 活扳手

活扳手又称通用扳手，如图 6-20（a）所示，它的端部开口大小可以根据螺母、螺栓的尺寸进行调节。活扳手的规格以最大开口乘以扳手长度来表示，如 14mm×100mm、19mm×150mm、24mm×200mm，这三种规格在电子产品装配中经常用到。使用活扳手时应该让固定钳口受主要作用力，必须注意调节开口尺寸，使其与紧固件紧密吻合，然后扳动。

2. 专用扳手

专用扳手又称固定扳手，如图 6-20（b）所示，它的端部开口尺寸固定，每种开口尺寸只适用于一种规格尺寸的螺母或螺栓。专用扳手可分为单头（一端有开口）扳手、双头（双端有不同尺寸的开口）扳手。

3．梅花扳手

梅花扳手也属于专用扳手，如图 6-20（c）所示，它有多种规格。由于梅花扳手的扳手爪为双六角形，因此可以方便地在有效的空间内装配螺栓、螺母。

选用专用扳手时必须与螺栓、螺母的外六角尺寸相符，否则将损坏紧固件的棱角。

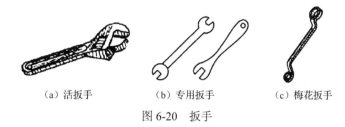

（a）活扳手　　　　（b）专用扳手　　　　（c）梅花扳手

图 6-20　扳手

6.5　螺纹连接的方法

螺钉的拧紧程度和次序与装配工作的质量有很大的关系，因此必须采用正确的方法。

6.5.1　金属工件及非金属工件螺纹连接的拧紧

1．金属工件螺纹连接的拧紧

无论是装配哪种螺钉组，都应该先按顺序装上螺钉，再分步拧紧，以免出现结构件变形或接触不良的现象。

（1）在拧紧方形工件螺钉组时，必须按对角线对称地进行，如图 6-21（a）所示：操作时分别将螺钉拧到工件上（暂时不要拧紧），再按图示顺序号（1→2→3→4）依次拧到拧紧程度的 1/3 左右，然后按上述顺序拧到拧紧程度的 2/3 左右，最后按上述顺序全部拧紧。这样的紧固方法能使被紧固工件定位准确，而且工件本身受应力均匀、不变形。

（2）在拧紧长方形工件螺钉组时，必须从中间开始逐渐向两端对称拧紧，如图 6-21（b）所示。

（3）对于有定位销的工件，应从定位销附近按顺序号依次拧紧，如图 6-21（c）所示。

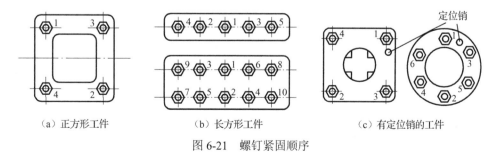

（a）正方形工件　　　　（b）长方形工件　　　　（c）有定位销的工件

图 6-21　螺钉紧固顺序

2. 非金属工件螺纹连接的拧紧

对 PCB、塑料件及易碎工件进行螺钉拧紧的操作步骤如下。

（1）按工艺或图纸将零件用紧固件安装好，但不要一次拧紧，应使各个螺钉松紧程度一致。

（2）按轮流反复的顺序逐渐拧紧，如果要用两只螺钉固定，则可以交替进行拧紧；如果要用三只螺钉固定，则可以按顺序进行；如果要用四只螺钉固定，则可以按对角线交替方式逐渐拧紧。

6.5.2 螺纹连接的防止松动的措施

当连接的螺纹受到震动、冲击、变负荷作用或在高温环境下工作时，内外螺纹之间的摩擦力会出现瞬间减小的现象，这种现象多次重复出现就会使螺纹连接产生松动。产品在使用中因为螺纹连接的松动，往往会出现诸多故障，甚至会导致产品失效。因此螺纹连接的防止松动的措施是必须重视的问题。

防止松动问题的根本是防止螺钉、螺母之间产生位移，从原理上分析有靠摩擦力防止松动、机械防止松动和永久防止松动三种。

1. 增大摩擦力防止松动

增大摩擦力防止松动就是设法使螺纹之间无论连接所受的负荷怎样变化，总有一定的防止螺纹之间相对转动的摩擦力存在，即在任何情况下螺纹之间都要存在正压力。通常采用的方法有下列几种。

1）双螺母锁紧防止松动

双螺母锁紧防止松动如图 6-22（a）所示，在产品中多用于螺钉的轴向调整锁紧定位。双螺母锁紧防止松动是在螺杆的伸出端对顶着拧紧两个螺母，使它们相互受压，而与两螺母相旋合的那段螺杆则受拉，因此可以在旋合的螺纹支撑面始终保持一个几乎不变的正压力，产生足够的摩擦力以防止螺纹松动。

2）加弹簧垫圈防止松动

加弹簧垫圈防止松动如图 6-22（b）所示，利用弹簧垫圈的弹性形变使螺纹间轴向张紧，即螺母拧紧后靠弹簧垫圈被压平而产生的反弹力使旋合螺纹之间压紧。为了保证弹簧垫圈有适度的弹力，要求在自由状态下开口处相对面的位移量不小于弹簧垫圈厚度的 1/2。当多次拆装使开口处相对面的位移量不足时，要更换新的弹簧垫圈。

3）沾漆防止松动

沾漆防止松动如图 6-22（c）所示。沾漆防止松动一般与加弹簧垫圈防止松动并用，在安装紧固螺钉时，先将螺纹连接处沾上螺丝胶，再拧紧螺纹，这样可以通过螺丝胶的黏合作用增大螺纹之间的摩擦阻力，从而达到防止螺纹松动的目的。

4）点漆防止松动

点漆防止松动如图 6-22（d）所示。点漆防止松动是靠在露出的螺钉尾部点上紧固漆来防止松动的。点漆处的点漆不少于螺钉半周及两个螺纹的高度。一般只限于小于 M3 的螺钉。

（a）双螺母锁紧防止松动　（b）加弹簧垫圈防止松动　（c）沾漆防止松动　（d）点漆防止松动

图 6-22　增大摩擦力防止松动

5）加缓冲垫圈防止松动

加缓冲垫圈防止松动用于不能使用弹簧垫圈的轻负荷螺纹连接，如金属支架与瓷绝缘工件之间的连接，中间垫以铅皮缓冲垫圈，以防止紧固时瓷绝缘工件碎裂。铅皮缓冲垫圈在螺钉紧固力作用下变形，使瓷绝缘工件与金属支架压紧，显著增大了连接件之间的摩擦力，有效阻止了连接件之间的位移，从而起到了防止螺纹松动的作用。

2. 机械方法防止松动

机械方法防止松动是利用止动装置防止螺纹之间的相对转动，常用方法有以下几种。

1）开口销防止松动

开口销是一种将扁形盘条弯曲后并在一起，并将弯曲点处加工成环形的零件。

当使用开口销防止松动时，所用的螺母是带槽螺母，在螺钉的螺杆末端钻有一个小孔，将螺母拧紧后，螺母上的槽应该与螺钉螺杆上的小孔相对，然后在小孔中穿入开口销，并将其尾部分开，使螺母不能转动，如图 6-23（a）所示。这种方法通常用在承受较大的冲击部位或需要定期拆卸且直径较大的螺栓连接处。

2）自锁螺母防止松动

自锁螺母上部带槽的部分有一定的收口，故螺孔的半径稍小于螺杆的半径，当螺母拧入螺杆时，在半径上会形成一个径向压力，因此能起到防止松动的作用，如图 6-23（b）所示。

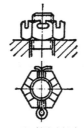 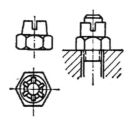

（a）开口销防止松动　　　　（b）自锁螺母防止松动

图 6-23　开口销防松、自锁螺母防松

3）止动垫圈防止松动

在安装圆螺母止动垫圈时，把内舌放入螺钉螺杆的预制槽中，螺母紧固后，把外舌之一弯入圆螺母的缺口中，如图 6-24（a）所示。如果采用双耳止动垫圈，则应将垫圈的一边弯起并贴在螺母的侧面，另一边弯下并贴在被连接件的侧壁上，如图 6-24（b）所示。

3. 永久防止松动

永久防止松动是在螺钉连接后，利用冲头在螺钉的端部或与螺母旋合的缝处，用打冲方法来防止松动的，如图 6-24（c）所示。

 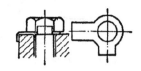

(a) 圆螺母止动垫圈防止松动　　(b) 双耳止动垫圈防止松动　　(c) 永久防止松动

图 6-24　机械方法防止松动与永久防止松动

6.5.3　几种螺纹连接的方法

（1）在底板上安装中小型变压器、互感器等，如图 6-25（a）所示，安装顺序为：螺钉→弹簧垫圈→平垫圈→被紧固件→拧紧。

（2）用于被紧固件为塑料、陶瓷和玻璃等易碎裂的绝缘材料或有绝缘要求（如在 PCB 上的安装）时，要在平垫圈与被紧固件之间加绝缘垫圈，如图 6-25（b）所示。

（3）适用于大型器件或底板不带螺纹时的安装（如果是带垫螺钉，则不用加下面的平垫圈），如图 6-25（c）所示，安装顺序为：螺钉→平垫圈→底板→被紧固件→平垫圈→弹簧垫圈→螺母→拧紧。

（4）适用于自攻螺钉在紧固较薄无螺纹的金属件和注塑件时，如图 6-25（d）所示。

（5）当自攻螺钉在紧固塑料、陶瓷和玻璃等易碎裂的绝缘材料或有绝缘要求时，要加绝缘垫圈，如图 6-25（e）所示。

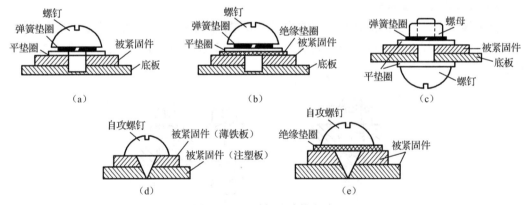

图 6-25　几种螺纹连接方法

6.5.4　典型零部件安装示例

1. 面板零部件的安装

仪器面板上的一些开关、插座、电位器等大都是螺纹安装结构。安装前准备好零部件、工具等，安装过程中要注意保护好面板，避免在紧固螺母时划伤面板。

Q9 高频插座安装顺序如图 6-26（a）所示，电位器安装顺序如图 6-26（b）所示。

2. 磁件、陶瓷件、胶木件、塑料件的安装

磁件、陶瓷件、胶木件、塑料件的强度低、容易碎裂，安装过程中容易损坏。因此要选择合适的软衬垫，并注意紧固力适中。在安装磁件、陶瓷件和胶木件时，要在接触部位加装橡胶垫或纸垫，如果工作温度高就要选用软铝垫。瓷绝缘支架安装顺序如图6-26（c）所示。

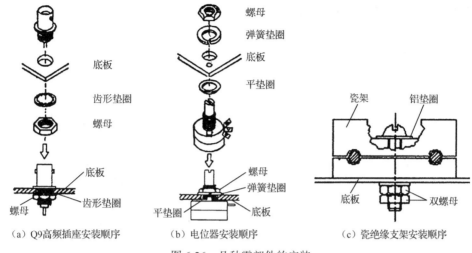

（a）Q9高频插座安装顺序　　（b）电位器安装顺序　　（c）瓷绝缘支架安装顺序

图6-26　几种零部件的安装

3．功率器件的安装

功率器件工作时要发热，因此必须依靠散热器将热量散发出去，安装质量对热的传导效率的影响很大。以下三点要特别注意。

（1）器件与散热器接触面要清洁、平整，保证接触良好。

（2）在器件与散热器接触面均匀涂抹导热硅脂。

（3）当安装两个以上螺钉时，要对角线轮流紧固，以防贴合不良。

金属外壳大功率器件的安装顺序如图6-27（a）所示，塑封大功率器件的安装顺序如图6-27（b）所示。

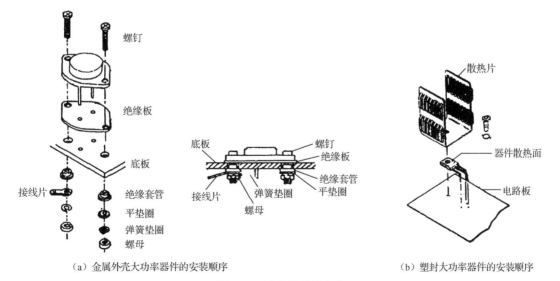

（a）金属外壳大功率器件的安装顺序　　　　　（b）塑封大功率器件的安装顺序

图6-27　功率器件的安装

练 习 题

判断题（正确的画√，错误的画×）

1. 螺钉上的螺纹是外螺纹，螺母上的螺纹是内螺纹。　　　　　　　　（　　）
2. 螺纹旋向是指螺纹在圆柱面或圆锥面上的绕行方向，有右旋和左旋两种，工程上常用的是右旋螺纹。　　　　　　　　　　　　　　　　　　　　　　　（　　）
3. 米制螺纹的大径代表螺纹尺寸的直径，称为公称直径。　　　　　　（　　）
4. 弹簧垫圈装在螺母上面，与螺母配合拧紧后靠弹簧垫圈被压平面产生的反弹性力使螺钉外螺纹与螺母内螺纹之间压紧。　　　　　　　　　　　　　　　（　　）
5. 使用游标卡尺测量工件后，必须校对游标卡尺的"0"位是否准确。（　　）
6. 拧紧长方形工件螺钉组时，必须从左端开始逐个向右端拧紧。　　　（　　）
7. 自攻螺钉可以用于较大拉力的连接，能够在一个位置重复使用。　　（　　）
8. 专用扳手的端部开口尺寸固定，只适用于一种规格尺寸的螺母或螺栓的紧固。
　　　　　　　　　　　　　　　　　　　　　　　　　　　　　　　　（　　）
9. 沾漆防止松动和点漆防止松动的方法是相同的。　　　　　　　　　（　　）
10. 在使用活扳手时，应该让固定钳口受主要作用力。　　　　　　　（　　）

单项选择题

1. 用于连接的螺纹以（　　）的最为普遍。
   A. 锯齿形，牙型角55°　　　　　　　　B. 三角形，牙型角60°
   C. 三角形，牙型角55°　　　　　　　　D. 锯齿形，牙型角60°
2. 以下螺钉中只有（　　）钉头的长度要计算在螺钉的总体长度以内。
   A. 半圆头螺钉　　B. 圆柱头螺钉　　C. 半沉头螺钉　　D. 沉头螺钉
3. 为了保证弹簧垫圈有适度的弹力，要求在自由状态下开口处相对面的位移量不小于垫圈厚度的（　　）倍。
   A. 1/4　　　　　B. 1/2　　　　　C. 1　　　　　D. 2
4. 下面几种金属材料中，（　　）可以用来制作缓冲垫圈。
   A. 铜　　　　　B. 铁　　　　　C. 钢　　　　　D. 铝
5. 螺钉旋具的刀口必须与螺钉槽宽度相适应，一字槽螺钉旋具的刀口厚度是螺钉槽宽度的（　　）倍。
   A. 0.6~0.7　　　B. 0.7~0.8　　　C. 0.75~0.8　　　D. 0.8~0.9
6. 紧固有定位销的工件时，应该（　　）依次拧紧。
   A. 从左向右　　　　　　　　　　　　B. 从中间向两边
   C. 按对角线对称进行　　　　　　　　D. 定位销附近按顺序
7. 在用于旋钮和轴柄之间连接固定时，应该使用（　　）。
   A. 沉头螺钉　　B. 半沉头螺钉　　C. 紧定螺钉　　D. 半圆头螺钉
8. 当用点漆方法防止螺钉松动时，点漆处点漆（　　）的高度。
   A. 不少于螺钉半周及一个螺纹　　　　B. 不少于螺钉半周及两个螺纹

C．不少于螺钉一周及一个螺纹　　　　　D．不少于螺钉一周及两个螺纹

9．当用在连接强度要求不高或经常拆装的部位时，应该使用（　　）。

A．蝶形螺母　　　B．六角螺母　　　C．方螺母　　　D．圆螺母

10．在工作温度高的环境中安装陶瓷件时，应该在接触面加装（　　）。

A．软铝垫圈　　　B．橡胶垫圈　　　C．纸垫圈　　　D．止动垫圈

答　　案

判断题（正确的画√，错误的画×）

1．√　2．√　3．√　4．×　5．×　6．×　7．×　8．√　9．×　10．√

单项选择题

1．B　2．D　3．B　4．D　5．C　6．D　7．C　8．B　9．A　10．A

第7章 PCB 组装—中级工

本章会简单地介绍四引线以内（含四引线）的元器件搪锡成形的操作要求，以及波峰焊接设备、浸焊及焊接原理知识，使读者能够了解波峰焊接设备的参数设置及操作方法，并掌握手工浸焊和设备浸焊的操作方法。

中级工需要掌握双引线以上的元器件的焊接，下面介绍一些常见的双引线以上的通孔元器件的知识。

7.1 通孔元器件引线搪锡

电子元器件搪锡位置说明如表 7-1 所示。

表 7-1 电子元器件搪锡位置说明

元器件类型	三极管	变压器	扼流圈	双列直插元器件
搪锡位置/mm	3～5	焊接部位		引线肩部

注：搪锡位置指搪锡结束位置至元器件根部的距离。

（1）双列直插式集成电路引线搪锡高度不允许超过元器件本体的下端面，如图 7-1 所示。
（2）扁平封装集成电路搪锡位置如图 7-2 所示。

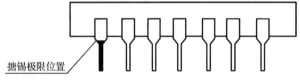

图 7-1 双列直插集成电路引线搪锡

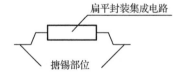

图 7-2 扁平封装集成电路搪锡位置

7.2 通孔元器件引线成形

本阶段元器件引线的处理更加多样，成形已经不再是简单的双引线元器件，更多的是三个引线以上的元器件及表面贴装元器件引线的成形，引线处理的方法要求更趋于多样化。

大部分通孔元器件可以先搪锡后成形，但是双列直插元器件和表面贴装元器件必须先成形后搪锡。

（1）半导体三极管线型集成电路倒装引线弯曲形式属于变向弯曲。倒装的元器件安装有高度限制，并且要安装在抗震强度较高的 PCB 组件上，如图 7-3 所示。

（2）半导体三极管线型集成电路立装引线弯曲形式属于无变向折弯，如图7-4所示。

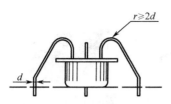
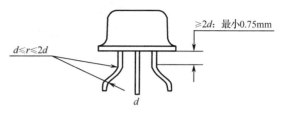

图7-3 半导体三极管线型集成电路倒装示意图　　图7-4 半导体三极管线型集成电路立装示意图

（3）三极管、双向二极管、晶振、光电耦合器、圆形多引脚集成电路等元器件底面与PCB表面之间的高度为2.5～3.2mm，可借助专用支柱支撑元器件，如图7-5所示。

三端径向型元器件引线的安装深度部分向相反方向对称平移成形（H型），如图7-6所示，标定无外置散热器适配的成形形式，具有安装方向性或极性的特性要求。

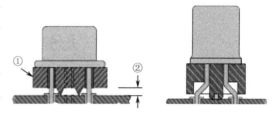

①—专用支柱；②—专用支柱底部与PCB的距离

图7-5 借助专用支柱支撑元器件

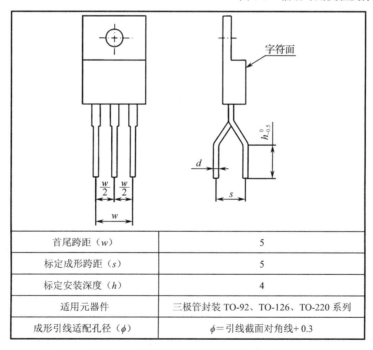

首尾跨距（w）	5
标定成形跨距（s）	5
标定安装深度（h）	4
适用元器件	三极管封装TO-92、TO-126、TO-220系列
成形引线适配孔径（ϕ）	ϕ = 引线截面对角线 + 0.3

图7-6 H型成形（图中单位为mm）

（4）由于安装空间的限制，一些电连接器或元器件需要卧式安装，安装时注意元器件本体不应接触焊盘，且不能超出丝印位置。如图7-7和图7-8所示。

（5）双列直插元器件引线成形需要使用专用引线成形设备（见图7-9），且双列直插元器件两排引线之间的间距与PCB上焊盘的间距相同。成形时需要试装，以元器件引线自由落入焊孔为准。

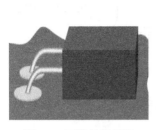  

图 7-7　不能接触焊盘　　图 7-8　不能超出丝印位置　　图 7-9　专用引线成形设备

7.3　波峰焊接

7.3.1　波峰焊接工艺流程概述

波峰焊接是指将熔融的液态焊料借助泵的作用，在焊料槽液面形成特定形状的焊料波，将插装了元器件的 PCB 放置在走链上，按照某一特定的角度及一定的浸入深度穿过焊料波峰而实现焊点焊接的过程。

波峰焊接利用液态的焊锡在助焊剂的帮助下润湿 PCB 的焊接面，焊锡会随着温度的降低凝固成焊点，从而达到焊接的目的。

1. 波峰焊接工艺的具体流程

波峰焊接工艺的具体流程：设备预热→设置设备运行参数→放置 PCB→开启程序→喷涂助焊剂→预热→焊接→冷却→卸板。波峰焊接设备如图 7-10 所示。

图 7-10　波峰焊接设备

2. 波峰焊接前的准备

在波峰焊接前，需要对 PCB 进行插装作业。

（1）用于波峰焊接的 PCB 要密封存放在干燥箱中，一般存放期不超过 6 个月，若板材存放超过了 6 个月，则应由 PCB 验收人员对其进行可焊性检验。PCB 开封后，必须在一周之内进行波峰焊接，对于不能及时焊接的 PCB，必须重新真空封装并放入干燥箱中保存。当 PCB 的存放环境和工作环境的湿度大于 75%时，必须在(120±5)℃的烘箱中预烘 2～4h 后才能进行装配。

（2）对无须进行波峰焊接的焊盘、螺钉安装孔、已安装好器件的紧固件、PCB 焊接面需要保护的地线、集成电路插座和电连接器的插针、插孔、PCB 焊接面的表贴器件、超出 PCB 边缘的器件，要用专用高温阻焊胶带进行保护。

（3）波峰焊接要求使用短引线元器件，即在装联前需要对元器件的引线进行必要的剪切。短引线元器件指元器件装入 PCB 后，引线超出 PCB 焊接面的长度为 2～5mm。如果引线过长，则在波峰焊接时容易导致元器件遇挡板弹起，造成元器件歪斜或丢失。

（4）插装后对元器件的位置、极性、方向等进行焊接前的过程检验。

7.3.2 工艺流程分解

在焊接时，设备运行和 PCB 传输方向是有规律可循的，如图 7-11 所示。

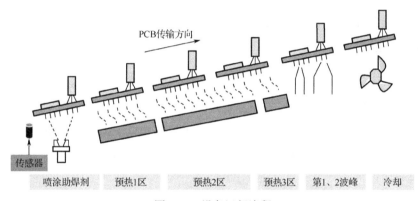

图 7-11 设备运行流程

1．设备预热

（1）设备运行前需要由设备操作人员开机预热，预热时间为 2h。
（2）设备操作人员检查所需助焊剂、酒精、焊料等是否充足。
（3）检查波峰焊接所用工装的齐配性及完好性。

2．设置设备运行参数

1）调整装卡宽度
根据 PCB 组件的大小，手动或用计算机调整波峰焊接机的夹具（托架）或导轨宽度。

2）设置助焊剂发泡风量或喷涂压力
助焊剂的喷涂方式有发泡式和喷涂式两种。发泡式是指松香助焊剂通过发泡管将助焊剂吹成泡沫，然后与 PCB 焊接面接触。喷涂式主要靠压缩空气将免清洗型助焊剂打散成雾状，然后靠线形气缸或线形电动机带动喷嘴移动，从而达到喷涂的目的。喷涂式目前应用于大多数波峰焊接设备中。

3）设置走链速度
根据不同的波峰焊接设备和待焊接 PCB 的实际情况，可在 600～1100mm/min 内调整走链速度。

4）设置预热温度

根据波峰焊接设备的不同，预热温度可在 90～130℃ 内调整。

5）设置焊接温度

根据实际情况，在 (250±5)℃ 内调整焊接温度，此温度为焊锡面的实际温度，可用温度测试仪测试。

6）设置锡峰高度

一般情况下，当焊接单面板时，锡峰高度要达到 PCB 厚度的 1/2；当焊接双面板和多层板时，锡峰高度要达到 PCB 厚度的 2/3～3/4。

3．放置 PCB

PCB 装卡方向应有利于元器件引线的焊接。

（1）双列直插元器件垂直于 PCB 前进方向。

（2）不易过锡的元器件要放在先通过波峰焊接的一边。

（3）PCB 组装件焊接面应与助焊剂及焊料的波峰面平行。

4．开启程序

前期准备工作及设备预热完毕，应开启焊接程序，准备焊接。

5．喷涂助焊剂

喷涂助焊剂一般选用免清洗型助焊剂，通过调节助焊剂的流量调节钮来控制助焊剂的流量和喷雾密度。助焊剂应喷涂均匀且不能过厚，使助焊剂覆盖每个焊点，并从金属化孔内溢出至元器件表面。

6．预热

预热的目的：使助焊剂中的溶剂挥发，在焊接时减少气体的产生；助焊剂开始分解和活化，去除焊盘、元器件引线表面的氧化膜和其他污染物；防止二次氧化的发生；使 PCB 和元器件充分预热，避免焊接时急剧升温产生热应力损坏 PCB 和元器件。

波峰焊接机中常见的预热方法有三种：空气对流加热、红外加热器加热、热空气和辐射相结合的方法加热。

喷涂完助焊剂后，PCB 一般要经过三个预热温区，下面以 FL-MD300 型波峰焊接机为例进行说明，它的预热温度范围设定为：第一个预热温区设置为 100～120℃，第二个预热温区设置为 120～140℃，第三个预热温区设置为 130～150℃。根据所要焊接的 PCB 的不同，可微调预热温区的温度。

7．焊接

焊接锡波形态主要分为单波峰和双波峰两种。

（1）单波峰：锡液喷起时只形成一个波峰，一般用于焊接单面板或 1.5mm 左右的双面板。单波峰最主要的优点是 PCB、元器件只受一次热冲击。单波峰不适用于多层 PCB 和混合组装 PCB 的焊接。

（2）双波峰：锡液喷起时形成两个波峰，如果 PCB 是多层板或其上既有通孔元器件又有贴片元器件，这时多选用双波峰。双波峰更有利于焊点的透锡，可以形成良好的焊点。第一个波峰由狭窄的喷口喷出，流速快、渗透性好，喷射力度大，有利于气体的排出，减少了漏焊及焊料垂直填充不足的缺陷，窄波利于焊接；第二个波峰相对较平，流速慢，能有效去除焊盘上的过量焊锡，使焊接面润湿良好，主要对焊点进行整形。

不同的焊接温度会直接影响焊料的扩展率，从而影响焊料的质量。同样，在不同的焊接温度下，焊点截面上的含铜百分率也是不一样的。当焊接温度为250℃时，既具有最佳的焊料扩展率，又能充分保证焊点上不出现过量的脆相铜锡合金共熔体。因此，在焊接时，波峰温度应控制在245～250℃，考虑到环境温度和元器件安装密度的差异，可适当调整波峰温度，但一般仍应控制在240～260℃。波峰焊接温度曲线如图7-12所示。

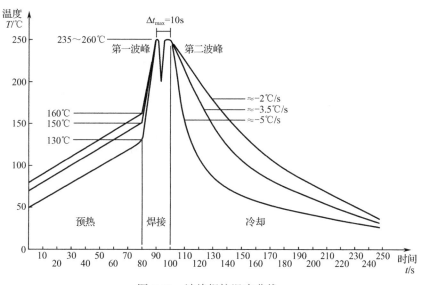

图 7-12　波峰焊接温度曲线

8．冷却

在进行波峰焊接时，PCB 受热面大，热容量也大，散热时间长，自然冷却无法使焊点迅速冷却，因此当波峰焊接焊点的温度下降到160℃左右时可以进行风冷，风量一般控制为 13～17m³/min。

9．卸板

焊点冷却后，走链将 PCB 送出，设备操作人员将 PCB 放置在专用防静电托架（见图 7-13）上，不能叠放，避免划伤 PCB 和元器件。

10．波峰焊接作业记录表

波峰焊接作业记录表如表 7-2 所示。

图 7-13　专用防静电托架

表 7-2　波峰焊接作业记录表

产品型号		产品图号				产品名称	
产品批次		产品数量		日期		设备型号	
焊接前检查		检查结果		焊接结果		问题及解决措施	
波峰焊接首件检查							
焊锡高度							
保护粘贴位置							
元器件高度位置							
元器件间距情况							
设备运行		温度		走链速度		波峰高度	
开机时间		关机时间				合计工时	
清除锡渣		清洗喷头		添加酒精及助焊剂			
设备维护时间							
产品操作人员		设备操作人员				检验签字	

7.4　选择性波峰焊接

选择性波峰焊接具有占地面积小、能源消耗少、助焊剂使用量小、氮气使用量小、产生的锡渣少、无工装夹具费用等成本优势。

选择性波峰焊接为了确保生产中的灵活性，可以选择传统的波峰焊接锡槽配合使用。选择性波峰焊接分为离线式选择性波峰焊接和在线式选择性波峰焊接。

离线式选择性波峰焊接是指与生产线脱机的方式，组焊剂喷涂机和选择性焊接机为分体式 1+1，其中预热模组跟随焊接部，人工传输，人机结合，设备占用空间较小。

在线式选择性波峰焊接是指在线式系统可以实时接收生产线数据，实现全自动对接，它由组焊剂模组、预热模组、焊接模组构成。在线式选择性波峰焊接的特点是全自动链条传输，设备占用空间较大，适合自动化要求较高的生产模式。

选择性波峰焊接只针对所需焊接的点进行助焊剂的选择性喷涂，因此 PCB 的清洁度大大提高了、离子污染量大大降低了。助焊剂中的 Na^+ 离子和 Cl^- 离子如果残留在 PCB 上，那么时间一长，它们会与空气中的水分子结合形成盐，从而腐蚀 PCB 和焊点，最终造成焊点开路。因此，传统的生产方式往往需要对焊接完的 PCB 进行清洗，而选择性波峰焊则从根本上解决了这一问题。

7.5　浸　焊

浸焊是指把插装好元器件的 PCB 放在有焊锡融化的锡槽内，同时对 PCB 上的所有焊点进行焊接的方法。对于多品种、小批量生产的 PCB，一般可采用浸焊的方法。浸焊的设备较简单，操作也容易掌握，但锡渣及助焊剂残渣不能自动清除，需要手工进行清理才能保证焊接质量。

浸焊分为手工浸焊和设备浸焊。浸焊前必须检查待焊接产品的插装位置、极性、方向是否正确,元器件是否有漏插、错插或歪斜现象,并及时纠正。

1. 手工浸焊

(1) 根据产品的实际情况将锡炉内的焊锡温度调整到 240~260℃,并检测焊锡纯度,每 4h 检测一次锡锅温度是否符合焊接要求。

(2) 用专用夹板将 PCB 浸入松香助焊剂中 1~2s。

(3) 将 PCB 浸入锡炉中浸焊,与焊锡面接触 2~3s 后完成浸焊。焊接时动作要连贯,掌握好焊接角度,尽量减少元器件翘起、桥连、虚焊及漏焊的现象。

(4) 焊点凝固冷却后放入专用防静电托架。

(5) 对于需要重新浸焊的产品,浸焊次数不能超过两次。

2. 设备浸焊

常采用的浸焊设备及其内部结构如图 7-14 所示,此设备为夹持式浸焊设备,可以做到自动恒温,由操作人员掌握进入时间,通过调整夹持装置可调节浸入角度。

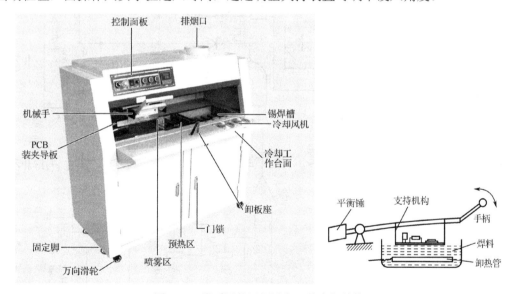

图 7-14 常采用的浸焊设备及其内部结构

将 PCB 装在有振动头的专用设备上,然后浸入锡炉中。在设备浸焊的工艺中增加了 PCB 振荡工艺,在焊接双面板时能使焊料深入焊孔中,使焊接更加牢固,并能够振掉多余的焊料。PCB 浸入锡槽内 2s 左右,此时只要开启振动器 2~3s 就可获得良好的焊接。

7.6 PCB 安装

下面以交替定时控制电路板为例说明 PCB 的安装要求。交替定时控制电路板的原理图、PCB 图、实物图分别如图 7-15~图 7-17 所示;其元器件清单如表 7-3 所示。

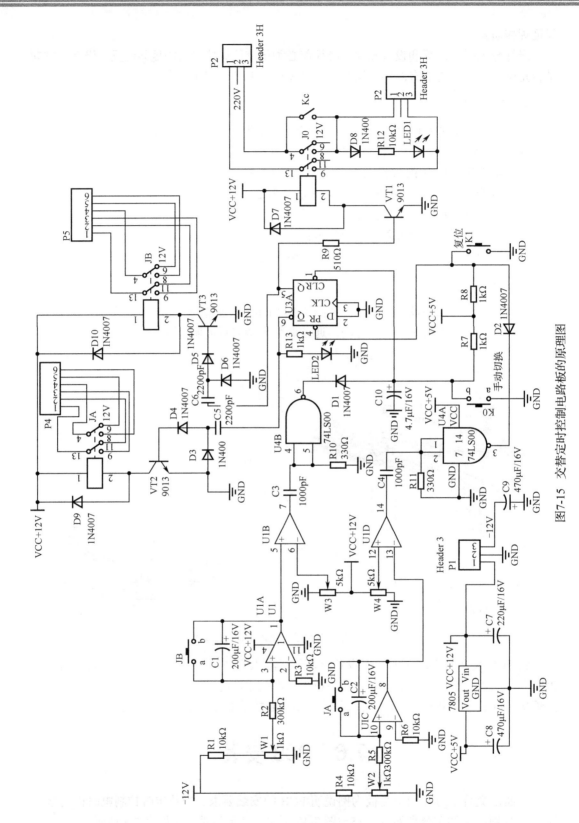

图7-15 交替定时控制电路板的原理图

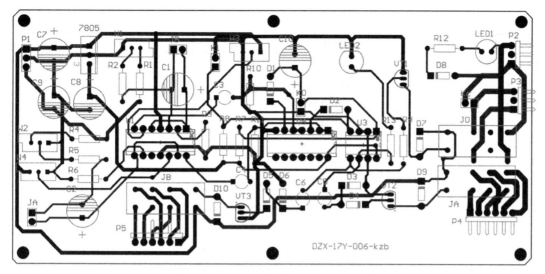

图 7-16 交替定时控制电路板的 PCB 图

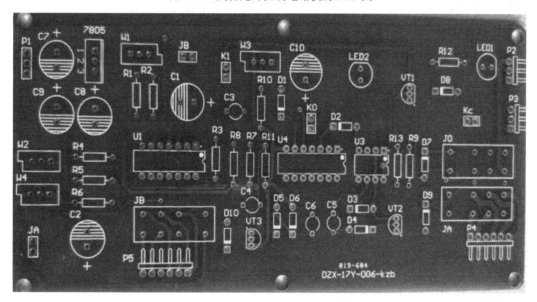

图 7-17 交替定时控制电路板的实物图

表 7-3 交替定时控制电路板的元器件清单

序 号	名 称	型号或规格	数 量	位 号
1	电阻器	RJ14 0.25W-330Ω	2	R10 R11
2	电阻器	RJ14 0.25W-510Ω	1	R9
3	电阻器	RJ14 0.25W-1kΩ	3	R7 R8 R13
4	电阻器	RJ14 0.25W-10kΩ	5	R1 R3 R4 R6 R12
5	电阻器	RJ14 0.25W-300kΩ	2	R2 R5
6	二极管	1N4007	10	D1~D10
7	LED	绿	1	LED1

续表

序号	名称	型号或规格	数量	位号
8	LED	红	1	LED2
9	电容器	C-1000pf（102）	2	C3 C4
10	电容器	C-200μf/16V	2	C1 C2
11	电容器	C-220μf/16V	1	C7
12	电容器	C-4.7μf/16V	1	C10
13	电容器	C-470μf/16V	2	C8 C9
14	三极管	9013	3	VT1 VT2 VT3
15	稳压管	7805	1	7805
16	电位器	5kΩ（502）	2	W3 W4
17	继电器	DS2Y-S-DC12V	3	J0 JA JB
18	集成电路	LM324	1	U1
19	集成电路	74LS00	1	U4
20	集成电路	74LS74	1	U3
21	插座	2.54-3P	3	P1 P2 P3
22	插座	2.54-6P	2	P4 P5
23	PCB	152mm×72mm	1	

按照 PCB 的先小后大、先轻后重、先一般后特殊的装配原则，其装配顺序是电阻器→二极管→LED→电容器→三极管→稳压管→电位器→继电器→插座→集成电路。

手工焊接要插装一步，然后焊接一步，焊接时注意元器件底部与 PCB 板面的距离，插装位置、方向、极性等要符合图纸及工艺文件要求。

浸焊或波峰焊接可以在插装完所有元器件后一起焊接。

装配时要注意搪锡与成形的要求；元器件根部距离符合国家标准或行业、企业的要求。

练 习 题

填空题

1．双列直插元器件和表面贴装元器件必须先（   ）后（   ）。

2．表贴芯片引线去除氧化层应使用（   ）设备，不允许使用其他方法去除氧化层。

3．扁平封装芯片引线成形的最小弯曲半径应有（ ）个引线宽度，扁平封装集成电路终端封接处与弯曲起点之间的最小距离应为（ ）mm。

4．波峰焊接的 PCB 要密封存放在（   ）中，一般存放期不超过（ ）个月。

5．PCB 的烘干是在温度为（   ）℃的烘箱中进行，烘干时间为（   ）h。

6．单面板压锡深度要达到 PCB 厚度的（   ）；双面板和多层板压锡深度要达到 PCB 厚度的（   ）。

7．波峰焊接要求使用短引线元器件，引线超出 PCB 焊接面的长度为（   ）mm。

8．PCB 手工浸焊时间为（　　　）s，且浸焊次数不能超过（　）次。

9．波峰焊接机中常见的预热方法有（　　　）加热、（　　　）加热、（　　　）加热。

10．双面板或多层板焊接时，一般选用（　　　）的焊接方法。

简答题

1．什么是波峰焊接？

2．简述波峰焊接的工艺流程。

3．波峰焊接 PCB 装卡方向的原则是什么？

答　　案

填空

1．成形、搪锡

2．等离子清洗

3．两、1

4．干燥箱、6

5．120±5、2~4

6．1/2、2/3~3/4

7．2~5

8．2~3、两

9．空气对流、红外加热器、热空气和辐射相结合

10．双波峰

简答题

1．什么是波峰焊接？

答：波峰焊接是指将熔融的液态焊料借助泵的作用，在焊料槽液面形成特定形状的焊料波，将插装了元器件的 PCB 放置在传送链上，按照某一特定的角度及一定的浸入深度穿过焊料波峰而实现焊点焊接的过程。

2．简述波峰焊接的工艺流程。

答：设备预热→设置设备运行参数→放置 PCB→开启程序→喷涂助焊剂→预热→焊接→冷却→卸板。

3．波峰焊接 PCB 装卡方向的原则是什么？

答：（1）双列直插元器件垂直于 PCB 前进方向。

（2）不易过锡的元器件要放在先通过波峰焊接的一边。

（3）PCB 组装件焊接面应与助焊剂及焊料的波峰面平行。

第 8 章 线束与射频电缆组件制作技术

8.1 导线选用

设计人员在选用线材时，应从电路条件、环境条件及机械强度等方面考虑。

电路条件包括允许电流、导线电阻的压降、额定电压、绝缘性能、特性阻抗、使用频率、信号频率和屏蔽性。所选线材参数必须要高于电路所传输的信号强度，并且在设计时要留有余度。

环境条件包括温度和耐电化性。线材在使用时不能与化学物质或日光直接接触，环境温度过高易使导线绝缘层变软，过低易使导线绝缘层变硬，从而使绝缘层破损导致短路。

机械强度包括抗拉伸性、耐磨性、抗震性和柔软性。

另外，导线、电缆在电子设备中走线的长度、衰减量、分布电容、阻抗、电磁兼容等要满足电路要求，所选导线不能影响系统正常工作。电路中所用的线材尺寸、电连接器必须与对应的接插件匹配，并能可靠连接。

8.2 线束制作的要求

8.2.1 线束制作的一般要求

（1）根据电路设计要求选用导线，即绝缘导线的型号、截面、颜色等必须符合设计要求。

（2）导线不允许出现中间接头、绝缘被破坏及强力拉伸导线的情况。导线排列应尽量减少弯曲和交叉，在弯曲时，其弯曲半径应不小于 3 倍的导线外径，并弯成弧形；当导线交叉时，应少数导线跨越多根导线、细线跨越粗线。

（3）下线时必须根据实际需要的尺寸下料，活动线束（如过门线）应考虑最大极限位置要用的长度。

（4）导线端头应打标记或编号，以便在装配、维修时识别。

（5）在布线时，要把每根导线捋直、捋顺，做到平直、整齐、美观。当导线穿越金属板孔时，必须在金属孔上套上合适的保护物，如橡皮护圈。

（6）加工导线束，可根据扎线图在扎线板上按 1∶1 的比例画出导线的走向，在转弯处钉上钢钉，在平直线上相隔适当的距离也钉上钢钉，以此作为导线桩，导线按扎线图沿导线桩扎线。当加工简单的导线束时，也可直接在机箱内布扎线。

（7）线束、电缆的走向布线要适应整机在平台上的固定要求。结扣一律打在线束下方。

（8）导线束用阻燃缠绕管绕扎，为达到导电时的散热要求，缠绕管每绕一周应留有3～5mm的空隙。导线束安装在箱体内，应用尼龙扎扣固定，固定点的间距水平不得大于200mm、垂直不得大于300mm。当固定活动线束的活动部位两端时，应考虑减小活动部位的长度和线束的弯曲程度。

（9）多股导线必须采用相应规格的冷压端子，使用压接工具牢固压接。导线绝缘外皮至接头管之间距离为1.0～2.0mm。

（10）单股导线可按顺时针方向弯曲成羊眼圈，其内径比接线螺钉外径大0.5～1.0mm，羊眼圈导线不能重叠，连接后导线与绝缘层之间的距离为1.0～2.0mm。

（11）将导线插入部件后，用螺钉、螺母、平垫圈、弹簧垫圈压接紧固，弹簧垫圈应压平，螺母紧固后螺栓外露长度为2～5扣。

（12）对于端子线束的加工，可使用端子压接机等专用设备。插入组件时要平衡插入，要插正、插紧，带扣位或带锁的端子要扣到位并锁紧；端子插针不可插歪。

（13）当导线连接后，号码套管距接线端子1.0～2.0mm。当无外力且处于垂直位置时，应不存在滑动现象。

8.2.2 整机布线原则

在整机布线设计中，原则上应遵循以下几点。

（1）机箱本体材质如果是金属材料，则要避免线束与机箱壁接触，防止在外力作用下使导线束磨损，应该设置导线槽或线束支架。

（2）整机中所有连线都应遵循走线最短、距离最近的布线原则。

（3）电源线、信号线、控制线、高频线、低频线、高电平线、低电平线等要相互隔离，避免交叉、环绕。防止磁力线通过环形线，对于自身强干扰源信号要分开布线，应采取屏蔽措施，防止它对其他信号产生干扰。

（4）数字电路的输入线和输出线要和电源线、控制线相互隔离，信号线要和电源线、控制线相互隔离。

（5）直流、交流和控制电路导线应分开布线，并放在各自的线束内。

（6）不能把基准电路和敏感电路同电源和其他高电平信号电路的导线放在一个线束内。

（7）电源输入导线不能太长；电源线不能与信号线平行。

（8）应该按照导线传输的类型、频率、功率等分类对线束进行捆扎。

（9）线束内的双绞线、多绞线及屏蔽线要两端或多点接地。

（10）线束不能靠近发热元器件布置，若无法避开，则应采取有效的隔离措施。

（11）不能在元器件上面布线。

（12）线束能放在隔层下方的，不要放在隔层上方；能放在立柱内侧的，不要放在立柱外侧。

（13）当线束通过锐角或有可能划伤导线的地方时，应对线束通过部分或锐角进行处理，以保证线束的安全。

（14）线束绑扎后的导线要排列整齐，还要便于固定及安装调试，有效节约机箱空间，使机箱内部美观大方。

8.3 线束制作

8.3.1 线束制作概述

1. 线束制作流程

线束的制作流程：下线→做标记→焊接→布线→检查→绑扎→检验→入库。

2. 线束制作流程分解

1）下线

关于下线，可参见第 5 章导线加工中的下线要求。

2）做标记

给导线做标记可以采用喷码、标签和套管的方式，所有导线均要在两端做标记，且不能脱落。

3）焊接

将可以预先焊接的电连接器或端子进行焊接。不是所有线束都有需要预先焊接的器件，需要按照在制品工艺文件要求进行。

4）布线

按照导线接线表布线，在进行导线布线时，屏蔽线要布在整个线束的最下层，长导线在线束的最上层；电源线、信号线、控制线、高频线、低频线、高电平线、低电平线等要分别布线。

5）检查

按照线扎图检查各出线位置、线号是否正确。

6）绑扎

将布好线材的线束用规定的绑扎材料进行绑扎。

7）检验

按照线扎图和工艺文件要求对线束的尺寸、位置等进行检验。

8）入库

将线束放到专用自封袋中，入库。

8.3.2 线束绑扎

1. 线束的基本概念

（1）主干：反映线扎主要尺寸和基本形状。

（2）主分支：直接从主干分出来的支束。

（3）次分支：从主分支分出来的支线束。

（4）甩线：线扎在绑扎过程中从主干（或分支）内分出的导线。

（5）续线：线扎在绑扎过程中加入主干（或分支）的导线。

2. 线扎样板绑扎

1）样板制作

如图 8-1 所示，传统的布线采用的是二维布线方式，是线束绑扎最常用的布线方式。二维布线方式不能直观地在 X、Y、Z 轴上立体地展示线束形状，与实际装配位置有一定的脱节。二维线扎样板一般采用木制材料作为样板的基板，大小符合线扎图纸的要求，其表面清洁、平整、不变形；按照图纸及工艺文件要求，以 1:1 的比例绘制在基板上，绘制后可在基板上覆盖一层薄膜，便于长期使用不磨损。将圆钢钉钉在样板图的拐弯和分叉处，并给钉身套上长于钉杆 3～5mm 的热缩套管，避免布线、绑线时划伤导线和手指。

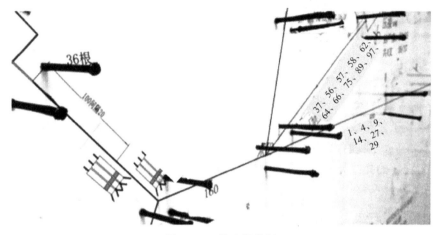

图 8-1 二维布线模板

随着电子技术的发展，对整机布线的一致性、可靠性的要求越来越高，从而出现了如图 8-2 所示的三维布线模板。三维布线模板不仅能体现线束在 X、Y 轴上线束的路线和布局，还能体现 Z 轴的布线信息。通过它可以在样机生产前进行布线设计，是结构、电气和工艺布线开展并行设计的一个平台和切入点。三维布线的布线速度快、布线信息直观，可以更好地指导生产。

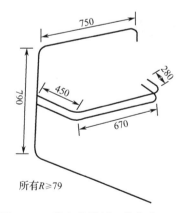

图 8-2 三维布线模板（单位为 mm）

2）续绑准备

标注扎线方向（视线扎的形状、分支而定），以导线多的一端为起点，如图 8-3 所示。

按照编制的续线（加线）表标注主干（或分支）、甩线和续线的导线号，续线表从扎线起点开始编排，至终点结束。顺序为主干、主分支、次分支。

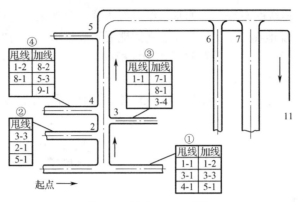

图 8-3　续绑标记示意图

3）样板布线与绑扎

按图纸或工艺布线表给样板布放导线，按屏蔽线、短导线、长导线的顺序分别布线，样板布好导线后，整理并绑扎。

按工艺规定的扎线方向、续线、甩线导线号的顺序和续线前留出的导线长度进行屏蔽处理与绑扎。

3. 线扣打结方法

（1）在起头、结尾、拐弯、分叉处需要打加强扣，打结处应配置在线扎的下方，如图 8-4 所示。整个结应拉紧，对于起始端和终止端的结扣，应涂螺纹胶固定。

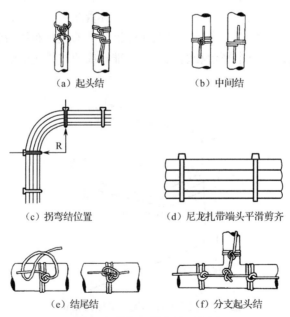

图 8-4　线扣打结方法示意图

（2）当线束套有绝缘套管时，端头密扎方法如图 8-5 所示，其要求如下：在距离绝缘套管端头 1～2mm 处进行绑扎，绑扎宽度为 8～10mm，绑扎后应拉紧绑线，结扣处涂螺纹胶固定，并将多余线头剪掉。

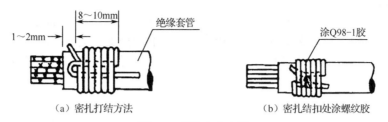

(a) 密扎打结方法　　　　　　　　(b) 密扎结扣处涂螺纹胶

图 8-5　端头密扎方法

4．线扎技术要求

（1）线扎的尺寸、形状应符合设计文件和工艺文件的要求，分支线与焊点之间应留 1～2 次（8～20mm）的焊接余量。

（2）线扎外观应清洁，各单根导线与线扎的轴线应相互平行、不允许交叉或扭曲，如图 8-6 所示。

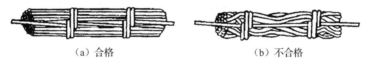

(a) 合格　　　　　　　　(b) 不合格

图 8-6　线扎外观

（3）线扎续线和甩线的位置应面向接线端子的同一侧，如图 8-7 所示。

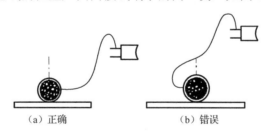

(a) 正确　　　　　　　　(b) 错误

图 8-7　续线和甩线的位置

（4）当用锦丝绳对线扎进行绑扎时，绑扎间距应根据线扎直径的大小确定，如图 8-8 所示。

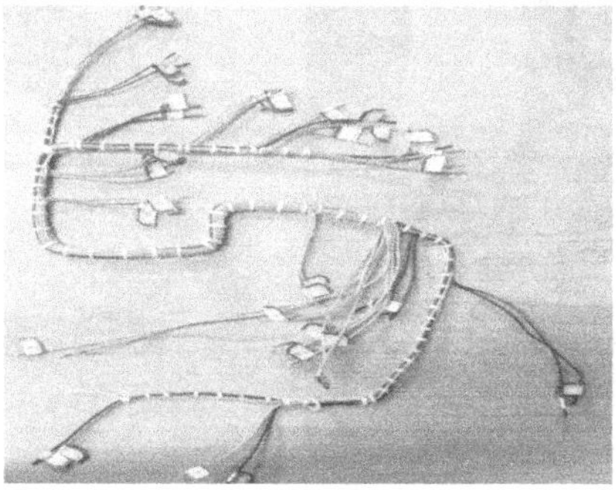

线扎直径	线扎间距
<8mm	10～15mm
8～15mm	15～25mm
15～25mm	25～40mm
>25mm	40～60mm

图 8-8　线扎间距示例

5. 线扎防护处理

（1）线扎缠绕绝缘带。

当为线扎缠绕绝缘带（通常选用聚四氟乙烯薄膜）时，绝缘带的宽度（10～20mm）根据线扎直径、拐弯和分支多少而定。缠绕顺序一般为分支、主干。缠绕时，绝缘带前后搭边的宽度应不少于绝缘带宽度的 1/2（通常所说的 1/2 包），缠绕的末端用自黏胶带固定或用锦丝绳绑扎。

（2）为线扎套套管。

当为线扎套聚氯乙烯套管、尼龙编织套管、热缩套管时，套管的内径应与线扎直径相匹配，套管的两端应用锦丝绳密扎（热缩套管除外），在绑扎结扣处涂螺纹胶固定。

6. 绑扎与防护常用材料

绑扎的方法很多，主要有黏合剂黏结、绑扎带绑扎、线绳绑扎等。

当导线较少时，可用黏合剂黏结成线束。操作时要注意：黏合剂未凝固时不能移动线束。绑扎带一般由尼龙或其他柔软的塑料制成，绑扎时用手或工具拉紧，并剪去多余部分。线绳绑扎的材料通常有棉线、尼龙线、亚麻线等。线绳绑扎的优点是价格便宜。为防止打滑，在大批量使用时，可用石蜡或地蜡对线绳绑扎的材料进行浸渍处理，但温度不宜过高。

当产品在潮湿环境下使用时，不建议使用棉线进行绑扎。

常用的绑扎材料如图 8-9 所示，常用的防护材料如图 8-10 所示。

（a）棉线

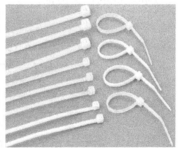
（b）绑扎带

图 8-9　常用的绑扎材料

（a）锦纶保护套

（b）聚四氟乙烯带

（c）自黏胶带

图 8-10　常用的防护材料

7. 线扎保管

（1）线扎装入塑料袋中应水平放置。

（2）线扎应尽快使用。

（3）线扎如果暂时不用，则不要对其进行端头处理，以防线芯氧化和折伤。

8.4 射频电缆

射频电缆是传输射频范围内电磁能量的电缆，是各种无线电通信系统及电子设备中不可缺少的元件，它在无线通信、广播、电视、雷达、导航、计算机及仪器仪表等方面都得到了广泛的应用。

射频电缆的特性包括电气性能和机械性能：电气性能包括特性阻抗、驻波比、插入损耗、传输损耗及其频率特性、温度特性、屏蔽特性、额定功率、最大耐压等；机械性能包括最小弯曲半径、单位长度的质量、容许最大的拉力、电缆的老化特性和一致性。

射频电缆组件是射频电缆线材和射频连接器的组合件，如图 8-11 所示，用于规定频率范围内电磁能量的传输。射频电缆组件是由互相同轴的内导体、外导体及支撑内外导体的介质组成的，具有衰减小、屏蔽性能高、辐射损耗小、使用频带宽、性能稳定、结构简单、安装便利的优点，在无线电通信与广播电视的射频传输中具有重要的作用。若选用不当，则会使系统工作不稳定，引发故障，造成设备损坏，同时造成成本的浪费。下面我们来了解一些有关射频电缆的特性参数和类型。

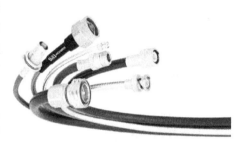

图 8-11 射频电缆组件

8.4.1 射频电缆的分类

射频电缆按照结构、柔软性等可分为多种类型。

1. 按照结构分类

射频电缆按照结构可分为射频同轴电缆、对称射频电缆和螺旋射频电缆。

1）射频同轴电缆

射频同轴电缆是最常用的结构形式，具有衰减小、屏蔽性能高、使用频带宽及性能稳定等优点。它的一般特性阻抗是 50Ω 和 75Ω，75Ω 射频同轴电缆常用于 CATV 网络。

2）对称射频电缆

对称射频电缆的回路电磁场是开放型的，因此屏蔽性能差，主要用在低射频或对称馈电的情况中。

3）螺旋射频电缆

同轴或对称射频电缆中的导体也可做成螺旋线圈状，借以增大电缆的电感，进而增大电缆的波阻抗，称为高阻电缆；或者延迟电磁能的传输时间，称为延迟电缆。

2. 按照绝缘类型分类

射频电缆按照绝缘类型可分为实体绝缘电缆、空气绝缘电缆、半空气绝缘电缆。

（1）实体绝缘电缆：是绝大多数射频同轴电缆采用的内外导体之间全部填满实体高频电介质的绝缘形式。

（2）空气绝缘电缆：采用除了支撑内外导体的一部分固体介质，其余大部分体积均是由空气来绝缘的形式。它具有很低的衰减性，是超高频电缆组件常用的线材。

（3）半空气绝缘电缆：是一种介于上述两种射频电缆之间的绝缘形式，其绝缘物质也是由空气和固体介质组合而成的，但从一个导体到另一个导体需要通过固体介质层。

3. 按照柔软性分类

射频电缆按照柔软性可分为半刚性电缆、柔性/半柔性电缆、普通软电缆。

1）半刚性电缆

半刚性电缆的外导体为紫铜管，屏蔽性好、耐盐雾、耐腐蚀、耐霉菌、截止频率高，主要应用于射频机箱内的模块连接；缺点是只能一次成形，再次塑型将导致电缆电气性能衰减。

2）柔性/半柔性电缆

柔性/半柔性电缆的外导体为镀银编织层浸锡，屏蔽性较好（次于半刚性电缆），主要应用于空间狭小、形状复杂的机箱内部。柔性/半柔性电缆的弯折次数一般为十次左右，再塑形会使性能失真。

3）普通软电缆

普通软电缆的屏蔽性、耐盐雾、耐腐蚀、耐霉菌等性能均较好，主要应用于无线电通信、广播、导航等设备中。与柔性/半柔性电缆相比，普通软电缆的缺点是损耗太大。

4. 按照传输功率

射频电缆按照传输功率可分为小功率电缆、中功率电缆、大功率电缆。

小功率电缆：功率在 0.5kW 以下。

中功率电缆：功率在 0.5～5kW。

大功率电缆：功率在 5kW 以上。

5. 按照产品用途

射频电缆按照产品用途可分为低损耗电缆组件、高性能电缆组件（低损耗、高稳相）。

1）低损耗电缆组件

低损耗电缆组件的绝缘层采用的是发泡聚乙烯材料，与普通软电缆相比，具有使用频率高、柔软性好、一致性好的特点，其损耗与相同频率下的半刚性电缆的损耗相差无几。

2）高性能电缆组件（低损耗、高稳相）

高性能电缆组件的弯曲半径较小、易于连接小系统内部、适合多次弯折，主要应用于移动通信、室内覆盖、实验室精密射频微波等领域；与低损耗电缆组件相比，增加了稳相的作用。

6. 射频电缆的选用

设计者在选用射频电缆时，应充分考虑其特性阻抗、额定功率、衰减量和能承受的最高工作电压等要求是否满足电路使用要求，并留有一定的余量。另外，还要配以相同特性阻抗的电缆插头、电缆插座和同轴转换开关，不能混用。

8.4.2 射频连接器

射频连接器是一种传输射频信号的数据端口，不同类型的射频连接器根据其电气性能要求，适配相应的射频电缆，以实现电气系统的互连。

射频连接器的电气性能主要包括特性阻抗、回波损耗、插入损耗等。

如图 8-12 所示，射频连接器按照界面、外形等可分为多种类型。

（1）射频连接器按照端面结合方式可分为卡口式（如 BNC）、螺旋式（如 N、TNC(A)）、SMA（尺寸有 3.5mm、2.92mm、2.4mm、1.85mm、1.0mm 等）、推入式（如直插式 BMA）、带止动式（如 SMP、SSMP、MCX、SMB）、自锁式（如 QMA、SAA 等）。

（2）射频连接器按照界面结合方式可分为 SMA、SMB、SMP、TNC 等。

（3）射频连接器按照外形尺寸可分为标准型、小型、超小型。

（4）射频连接器按照安装形式可分为直式、弯式、法兰式安装、穿墙螺纹式安装、PCB 焊接。

（5）射频连接器按照极性可分为阳头或公头，用 J 来表示；阴头或母头，用 K 来表示。

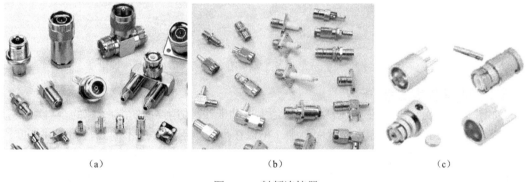

(a)　　　　　　　　　　(b)　　　　　　　　　　(c)

图 8-12　射频连接器

8.4.3　制作射频电缆组件的设备、工具和工装

1. 制作射频电缆组件的设备

1）气动切线设备

气动切线设备主要用于半刚性/半柔性/柔性等电缆线材的切割。切割后，电缆线材的切口整齐、无形变；切割速度快，操作简单，如图 8-13 所示。

2）半刚性电缆成形设备

如图 8-14 所示，全自动半刚性电缆成形系统是集进线、旋转、成形为一体的全自动半刚性电缆加工设备，它可以实现如图 8-15 所示的不同线径、不同长度、多个成形角度等复杂加工工艺的半刚性电缆的成形要求。成形后的线材上无压痕、裂纹及褶皱等缺陷，一致性好。整个加工过程由计算机全自动控制，并可进行实时可视化质量控制与跟踪，克服了人工成形精度差、效率低、一致性差、成品率低等问题，在很大程度上提高了生产效率和产品质量。

(a) 气动切线设备

(b) 切口平齐

图 8-13　气动切线设备

图 8-14　全自动半刚性电缆成形设备

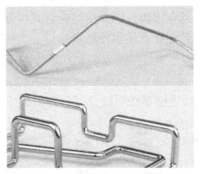
图 8-15　成形后的半刚性电缆

3）半刚性电缆剥线设备

如图 8-16 所示，半刚性电缆剥线系统是集自动卡线、切削、倒角为一体的全自动半刚性电缆剥线设备。根据设备最大量程要求，可以在最大量程内实现不同线径和不同长度、同角度倒角的剥线要求，且切削端面平齐。整个加工过程由计算机全自动控制，避免了人工剥线后切削端面不平齐、割伤电缆芯线、工作效率低、倒角角度不一致等缺陷。

(a) 半刚性电缆剥线设备

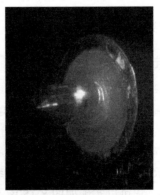
(b) 端面平滑、芯线无割伤

图 8-16　半刚性电缆端头处理

4）柔性/半柔性电缆剥线机

柔性/半柔性电缆剥线机是一种自动卡线、切削的全自动电缆剥头设备。根据设备最大量程要求，可以在最大量程内实现不同线径、不同长度的剥头要求，如图 8-17 所示。整个加工过程由计算机全自动控制，避免了人工剥头后端口不平齐、屏蔽层松散、工作效率低等缺陷。

（a）柔性/半柔性电缆剥线机

（b）屏蔽层无松散

图 8-17　柔性/半柔性电缆端头处理

5）阻抗焊接设备

阻抗焊接设备主要有台式阻抗焊接设备和便携式阻抗焊接设备两大类，主要应用于半刚性、半柔性和柔性电缆内外导体的焊接。使用阻抗焊接设备需要掌握各种导体焊接的功率和焊接时间，需要大量的练习才能保证焊接质量。

（1）台式阻抗焊接设备。

台式阻抗焊接设备如图 8-18 所示，其输出电流无级可调、输出功率大，适合在固定焊接场所使用。使用时，工件（电连接器内、外导体）的装卡由电极气动开关控制，根据被焊件的大小调节功率。台式阻抗焊接设备的焊接效率高、焊接时间短、焊接质量好，可实现大体积、散热快的工件焊接。

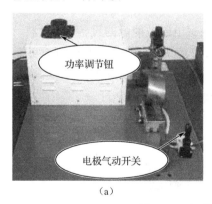
（a）

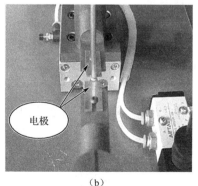
（b）

图 8-18　台式阻抗焊接设备

（2）便携式阻抗焊接设备。

便携式阻抗焊接设备的体积小、质量轻、可实现狭小空间的焊接，可根据被焊件的大小选择适当的电极进行焊接，电极更换方便。图 8-19（a）为 10542 型电极，适合焊接电连接器的内导体；图 8-19（b）为 10594 型电极，适合焊接连接器的外导体。便携式阻抗焊接设备适合整机产品的焊接，便于在施工现场进行焊接或维修。

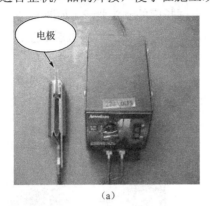
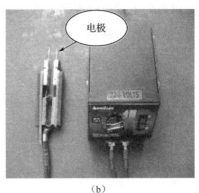

（a） （b）

图 8-19 便携式阻抗焊接设备

6）标识套管打印机

标识套管打印机具有移动便携、打印速度快、操作简单、使用方便的特点，适用于批量打印套管标识。如图 8-20 所示，可在标识套管上印制英文、数字、符号及汉字等字符。

（a） （b） （c）

图 8-20 标识套管打印设备及字符

7）矢量网络分析仪

如图 8-21 所示，矢量网络分析仪是一种测试电磁波能量的设备，是微波、毫米波测试仪器领域中最重要、应用最广泛的一种高精度智能化测试仪器。它能测量单端口网络或两端口网络的各种参数幅值，包括驻波、损耗、相位、幅度等指标。

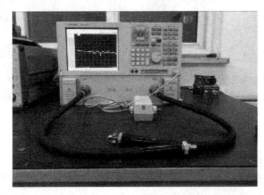

图 8-21 矢量网络分析仪

2. 工具和工装

（1）电缆焊接辅助工具：在焊接连接器时使用，用于电缆固定、插针定位等，如图 8-22 所示。

（2）塞片：如图 8-23 所示，在焊接连接器插针时使用，用于插针与电缆绝缘介质之间间隙的定位。

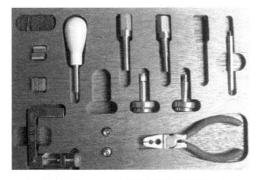

图 8-22　电缆焊接辅助工具

图 8-23　塞片

（3）中心导体定位工装如图 8-24 所示，在焊接连接器外导体时使用，用于连接器中心导体的定位。

（4）专用定位工装如图 8-25 所示，在焊接有特殊形状的半刚性电缆时使用，用于半刚性电缆形状与角度等的定位。

图 8-24　中心导体定位工装

图 8-25　专用定位工装

（5）手工倒角器如图 8-26 所示，当用于电缆内导体且作为连接器中心插针使用时，对内导体进行倒角操作，一般倒角角度有 30°和 45°。手工倒角器的缺点是操作起来费时费力、不能保证倒角的一致性、生产效率低、不适于大批量生产。

图 8-26　手工倒角器

8.4.4 射频同轴电缆组件的制作

不同类型射频同轴电缆组件的制作流程是不同的。根据射频同轴电缆组件的类型，制作流程通常分为三类，即常规柔性/半柔性射频电缆组件的制作流程、半刚性电缆组件的制作流程和稳相电缆组件的制作流程。

1. 各种电缆组件的制作流程

1）常规柔性/半柔性电缆组件的制作流程

常规柔性/半柔性电缆组件的制作流程为：准备→下线→制作标识→端头处理→焊接两端中心导体→清洁焊点→检验→焊接一端外导体→清洁焊点→穿入标识套管→焊接另一端外导体→清洁焊点→检验→指标测试→整理/热缩套管标识→入库。

2）半刚性电缆组件的制作流程

半刚性电缆组件的制作流程为：准备→下线→制作标识→成形准备→成形检验→端头处理→焊接两端中心导体→清洁焊点→检验→焊接一端外导体→清洁焊点→穿入标识套管→焊接另一端外导体→清洁焊点→检验→指标测试→整理/热缩套管标识→入库。

3）稳相电缆组件的制作流程

稳相电缆组件的制作流程为：准备→下线→制作标识→端头处理→焊接一端中心导体→清洁焊点→检验→焊接一端外导体→清洁焊点→穿入标识套管→相位配组→焊接另一端中心导体→清洁焊点→检验→焊接另一端外导体→清洁焊点→检验→指标测试→整理/热缩套管标识→入库。

2. 常规柔性/半柔性电缆组件的制作

下面以 JSMA-J501G 型连接器（见图 8-27）配接 ZFLEX-500 电缆线材为例（见图 8-28）来讲述装配过程。

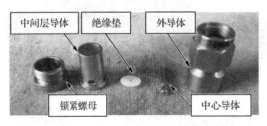

图 8-27　JSMA-J501G 型连接器

图 8-28　ZFLEX-500 电缆线材

1）准备

（1）准备工作包括消化设计图纸、工艺文件及相关技术标准，以及所需的设备、工具、辅料等。

（2）领取电缆线材和连接器等材料并进行外观与多余物的检查。

2）下线

截取满足长度的电缆线材和套管，注意线缆呈自然平直状态。

3）制作标识

在电缆标识套管上预先做标识。按照图纸要求采用手写或打印方式制作。

4）端头处理

对电缆线材端头进行剥线处理，剥线尺寸应满足后续的连接器装配。如图8-29所示，对剥头后的芯线和屏蔽层进行搪锡处理。

（a）除去外绝缘层

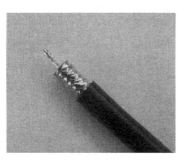
（b）二次端头处理后搪锡

图8-29　电缆线材端头处理

5）焊接

将连接器和电缆线材进行装配、焊接，使之满足电气指标和使用要求。

（1）焊接中间层导体。

将中间层导体套在屏蔽层上进行焊接，如图8-30所示，将锡丝从一端送入，从中间层导体的另一端透出。注意：孔内的焊锡面不能高于中间层导体的外径。

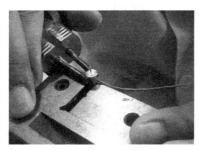
（a）送锡丝

（b）焊接后的中间层导体

图8-30　焊接中间层导体

（2）焊接中心导体。

如图8-31所示，将锡丝插入连接器中心导体的焊孔中，同时加热使之熔断；将芯线穿过绝缘垫，然后边加热中心导体，边将其套到电缆芯线上，从而实现内导体的焊接。

（a）将锡丝送入中心导体内加热

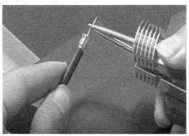
（b）焊接芯线

图8-31　焊接中心导体

6）连接器装配

如图 8-32 所示，将锁紧螺母推到中间层导体根部，然后套入外导体并拧紧。

(a) 推入锁紧螺母　　　(b) 套入外导体并拧紧

图 8-32　外导体装配

7）套入标识套管和保护套管

套入标识套管和保护套管后，另一端按上述步骤焊接，完成电缆组件的制作，结果如图 8-33 所示。

图 8-33　电缆成品

8）检验

对焊接质量（随检）、电缆外观质量、尺寸形状进行检验，使之满足图纸及工艺文件的要求。如图 8-34 所示，通过对电缆组件进行导通、绝缘、耐压测试来检验装配质量是否合格。

 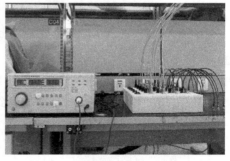

(a) 万用表导通　　　(b) 绝缘、耐压测试

图 8-34　检验设备

9）测试

如图 8-35 所示，对电缆组件进行电气指标测试，通常测试电压驻波比、插入损耗。对于稳相电缆组件，还要测试单根电缆组件的相位稳定度和同组内多根电缆组件的相位一致性。

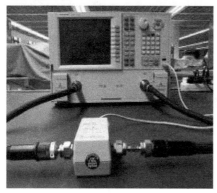 

(a)矢量网络分析仪校准　　　　　　(b)矢量网络分析仪测试

图 8-35　电气指标测试

练　习　题

填空题

1. 选用线材时要考虑（　　　），所处的（　　　）和（　　　）。
2. 所有导线都要遵循走线（　　　）、距离（　　　）的布线原则。
3. 线束若靠近发热元器件，则应采取有效的（　　　）。
4. 导线布线模板分为（　　　）模板和（　　　）模板。
5. 导线绑扎后，各单根导线与线扎的轴线应相互（　　　）、不允许（　　　）或（　　　），线扣应（　　　），起始线扣与结尾线扣需要用（　　　）固定。
6. 射频电缆端头处理后的端面应（　　　）、不允许（　　　），芯线不允许有（　　　）和（　　　）的现象。
7. 焊接后的中心导体的锡面不能超出观察孔（　　　）。
8. 矢量网络分析仪可以测量（　　　）、（　　　）、（　　　）、（　　　）等指标。
9. 矢量网络分析仪在测试前要进行（　　　）。
10. 射频电缆组件具有（　　　）小、（　　　）高、（　　　）小、（　　　）宽、性能稳定、结构简单、安装便利的优点。

答　案

填空题

1. 电路条件、环境条件、机械强度
2. 最短、最近
3. 隔离措施
4. 二维布线、三维布线
5. 平行、交叉、扭曲、拉紧、螺纹胶

6. 平齐、倾斜、划伤、割伤
7. 平面
8. 驻波、损耗、相位、幅度
9. 校准
10. 衰减、屏蔽性能、辐射损耗、使用频带

第9章 静电防护

9.1 无处不在的静电

静电是由于两种介电常数不同的物质接触、分离、摩擦或电场感应、介质极化、带电微粒附着等因素,使得物体之间或物体内部带电粒子扩散、转移或迁移而形成物体表面电荷的集聚,从而呈现的带电现象。

在日常生活中,常常会碰到这种现象:人们用吹好的气球与头发摩擦后可以粘在墙上;在干燥、多风的秋冬季节,人们喜欢穿摇粒绒的衣服,但是由于它属于化纤材料,在晚上脱衣服睡觉时,常听到噼啪的声响,而且伴有蓝光;在见面握手时,手指刚一接触对方,会突然感到指尖针刺般刺痛;在早上起来梳头时,头发会经常"飘"起来,越理越乱;在拉门把手、开水龙头等金属物质,甚至按电梯按钮时都会"触电"。以上这些都是发生在人体上的静电。

很多时候大家可能觉得自己被电到了,其实不然,这是因为这些电荷通常是通过衣服的摩擦得来的,而不是门把手、水龙头等物体本身带电。人身上的静电主要是由衣物之间或衣物与身体的摩擦造成的,因此,季节不同、衣物的材质不同,带电的多少也是不同的。例如,化学纤维制成的衣物比较容易产生静电,而棉制衣物产生的静电就较小。干燥的环境更有利于电荷的转移和积累,因此,冬天人们会觉得身上的静电比较大。

通常在从一个物体上剥离一张塑料薄膜时就是一种典型的"接触分离"起电。在日常生活中,脱衣服产生的静电也是接触分离起电。固体、液体,甚至气体都会因接触分离带上静电。这是因为气体也是由分子、原子组成的,当空气流动时,分子、原子也会发生接触分离而起电。我们都知道摩擦起电,却很少听说接触分离起电,摩擦起电实质上是一种接触又分离而造成正负电荷不平衡的过程,摩擦是一个不断接触与分离的过程,因此摩擦起电实质上也是接触分离起电。因此,在日常生活中,各类物体都可能由于移动或摩擦产生静电。

为什么普通活动能产生那么高的静电,但是很多时候却感觉不到呢?下面让我们来看看人体对静电的感知,如图9-1所示。

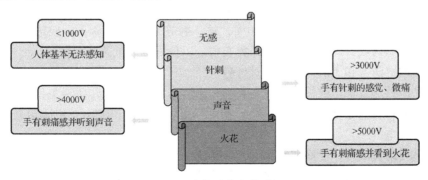

图9-1 人体对静电的感知

夏季和冬季的湿度不同，人们进行各种活动产生的静电电压是有区别的，如图9-2所示。

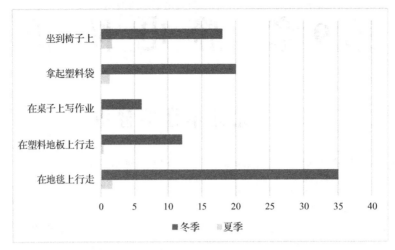

图9-2　夏季和冬季静电电压对比/kV

由图9-2可知，在湿度不同的情况下，人们做相同的动作产生的静电电压是不同的，基本上能够相差几十倍。

人体活动时，皮肤与衣服之间及衣服与衣服之间互相摩擦，便会产生静电。随着家用电器的增多及冬天人们多穿化纤衣服（家用电器产生的静电荷会被人体吸收并积存起来），加之居室内墙壁和地板多属绝缘体，空气干燥，因此更容易受到静电干扰。由于老年人的皮肤较年轻人干燥，以及老年人心血管系统的老化、抗干扰能力减弱等因素，因此老年人更容易受静电的影响。对于心血管系统本来就有各种病变的老年人，静电会使病情加重或诱发室性早搏等心律失常。过大的静电还常常使人焦躁不安、头痛、胸闷、呼吸困难、咳嗽等。

为了减少静电的发生，我们可以从以下几方面进行预防。

（1）为了防止静电的发生，室内要保持一定的湿度，要勤拖地、勤洒水，或用加湿器加湿。当发现头发无法梳理时，将梳子浸入水中片刻，等静电消除之后，便可以将头发梳理服帖了。出门前先洗个手，或者先用手摸一下墙以去除静电，摸门把手或水龙头之前也要用手摸一下墙，将体内的静电"放"出去，这样静电就不会伤你了。

（2）为避免静电击打，可用小金属元器件（如钥匙）、棉抹布等先碰触大门、门把手、水龙头、椅背、床栏等以消除静电，再用手去触及。

（3）穿戴天然纤维织成的衣物（如棉、丝、麻等），对于老年人，应选择柔软、光滑的棉纺织或丝织内衣裤，尽量不穿化纤类衣物，以使静电的危害降到最低。

（4）采取"防"和"放"的措施对付静电。

防就是应该尽量选用纯棉制品作为衣物和家居饰物的面料，尽量避免使用化纤地毯和以塑料为表面材料的家具，以防止摩擦起电；尽可能远离诸如电视机、电冰箱之类的电器，以防止感应起电。

放就是要增大湿度，使局部的静电容易释放。当你关上电视或计算机以后，应该马上洗手、洗脸，让皮肤表面的静电荷在水中释放掉。在冬天，要尽量选用高保湿的化妆品。

在室内饲养观赏鱼和水仙花也是调节室内湿度的一种好方法。

另外，推荐一个经济实用的加湿方法：在暖气下放置一盆水，将一条旧毛巾（或吸水性好的布）的一头放在水里，另一头搭在暖气上，这样一昼夜可以向屋里蒸发大约3L的水。

当然，如今加湿器的普及，已经在很大程度上改善了室内湿度的控制情况。加湿器有喷雾的也有无雾的，无雾的加湿器不会在物体表面形成白色的沉积物质，减少了对居室和工作环境的污染。

（5）勤洗澡、勤换衣服都能有效消除人体表面积聚的静电。

9.2 静电放电

9.2.1 静电放电的危害

生活中出现的静电现象不足为怪，但在工业生产中因静电引起的灾害却不能不防，因为静电引起的元器件损伤造成了生产成本的增加。当物体产生的静电荷越积越多而形成很高的电位时，与其他不带电的物体接触就会形成很高的电位差，并发生放电现象。当电压达到5000V以上时，产生的静电火花可引燃周围的可燃气体、粉尘。由于静电放电导致的火灾造成了大量的财产损失和人员伤亡。静电放电造成的危害主要可归结为以下两种机理。

1. 静电放电造成的损失

在电子产品的制造过程中，电子元器件因静电放电而损坏已被列为电子工业产品的"鼠害"，这一认识已形成共识。据相关报道，美国在电子工业中，由于静电放电的影响，每年造成的损失为100多亿美元；不合格的微电子元器件中有59%是由静电引起的；我国电子工业每年因静电危害造成的损失也高达数十亿元。静电放电的危害已成为发展电子工业的重大障碍，并且已为世界各国所关注。

在电子产品的生产制造过程中，从元器件的存储、发放、预处理、插装、焊接、清洗到单板测试、总装、调试、检验、包装等工序，接触分离、摩擦、碰撞、感应等都会使与元器件、组件、产品接触或接近的操作人员、工具、器具及工作台面等带电。工作环境中使用的合成橡胶、塑料等高分子绝缘材料制品会产生静电感应，随时都可能发生对元器件的静电放电损害。另外，随着大规模集成电路的大量生产和广泛应用，由于集成度的迅速提高，元器件的尺寸变小，其内部结构越来越微细，所有这些都不可避免地使元器件的抗静电放电的能力下降，从而极容易因静电放电而损害。静电放电容易引起电子设备的故障或误动作，造成电磁干扰；容易击穿集成电路和精密的电子元器件，或者促使元器件老化，降低成品率；高压静电放电造成的电击会危及人身安全；在多易燃、易爆品或粉尘、油雾的生产场所极易引起爆炸和火灾。

2. 静电引力造成的危害

静电的危害有目共睹，现在越来越多的厂家已经开始实施各种程度的防静电措施工程。但是，要依照不同企业和不同作业对象的实际情况制定相应的完善且有效的防静电对策。防静电措施应是系统的、全面的，否则可能会事倍功半，甚至造成破坏性的反作用。

静电的危害很多，它的第一种危害来源于带电体的互相作用。在电子工业生产过程中，灰尘吸附造成集成电路和半导体元器件的污染，大大降低了成品率。在胶片和塑料工业生产过程中，静电引力使胶片或薄膜收卷不齐，胶片、CD塑盘沾染灰尘，影响产品品质。在造纸印刷工业生产过程中，纸张收卷不齐、套印不准、吸污严重，纸页之间的静电会使纸页黏合在一起，难以分开，给印刷带来麻烦，影响生产效率和生产质量。在制药厂里，由于静电吸引尘埃，会使药品达不到标准的纯度。在纺织工业生产过程中，静电引力造成根丝飘动、缠花断头、纱线纠结等危害，降低了产品的质量。电视开启过程中荧屏表面的静电容易吸附灰尘和油污，形成一层尘埃薄膜，使图像的清晰度和亮度降低。就连在混纺衣服上常见而又不易拍掉的灰尘，也是静电造成的。

静电的第二大危害是有可能因静电火花点燃某些易燃物体而发生爆炸。人们在冬夜脱衣服时的静电电压有可能达到5000V以上，会发出火花和噼啪的响声，这对人体基本无害。但在手术台上，电火花会引起麻醉剂爆炸，伤害医生和病人；在煤矿中，电火花会引起瓦斯爆炸，导致工人死伤，矿井报废。总之，静电危害起因于静电力和静电火花，静电危害中最严重的静电放电会引起可燃物的起火和爆炸。人们常说防患于未然，防止产生静电的措施一般都是降低流速和流量，改造容易起电的工艺环节，采用起电较少的设备、材料等。最简单又最可靠的办法是用导线将设备接地，这样可以把电荷引入大地，避免静电积累。我们经常看到油罐车的尾部拖着一条铁链，这就是车的接地线。

然而，任何事物都有两面性。对于静电这一隐蔽的电压，只要摸透了它的"脾气"，扬长避短，也能让它为人类服务。例如，静电贴、静电印花、静电喷涂、静电植绒、静电除尘等都已在工业生产和生活中得到了广泛的应用。此外，静电也开始在淡化海水、喷洒农药、人工降雨、低温冷冻等许多方面大显身手。

9.2.2 静电引起的半导体元器件的损伤

半导体元器件在装配、制造、测试、存储、运输过程中很容易因摩擦产生几千伏的静电电压。当元器件与这些带电体接触时，带电体就会通过元器件引脚放电，导致元器件失效。

1. 静电感应和感应起电

把电荷移近不带电的导体，使导体内自由电荷在电场力的作用下重新分布，导体两端出现等量正负感应电荷的现象就是静电感应；利用静电感应使导体带电就是感应起电。半导体制造过程中产生的静电源能在半导体芯线、工具、元器件包装容器上感应出较高的静电电压，对半导体芯片介质放电而损伤。

2. 静电引起的损伤

当带电物体通过元器件形成一个放电通路或带电元器件本身有一个放电通路时，就会产生静电放电，造成元器件损坏。

（1）半导体元器件的损伤约有59%是由静电放电引起的。

（2）静电对集成电路的损伤主要表现为硬击穿和软击穿。

① 硬击穿是指一次性芯片介质的击穿、烧毁等永久性失效。

② 软击穿是指造成元器件的性能降低或参数指标下降而成为隐患，元器件参数指标

的降低很可能会造成整机运行不正常或在运行不久后停止工作。就整机产品而言，软击穿比硬击穿的危害大。

9.2.3 半导体元器件损伤的形式

（1）半导体元器件的静电损伤主要表现为以下几种情况。
① 芯片内热二次击穿。
② 金属喷镀熔融。
③ 介质击穿。
④ 表面击穿。
⑤ 体积击穿等。
（2）半导体元器件受静电破坏的失效形式。
静电放电对元器件的损害的后果是导致突发性完全失效和潜在性缓慢失效。

突发性完全失效是指由于静电放电造成元器件自身短路、开路、功能丧失的一次性永久失效。在这种失效模式中，既包括与电压相关的失效（如介质击穿、漏电等），又包括功率失效（如元器件局部熔化、严重漏电等），通常表现为开路、短路及电参数严重漂移。

带电体的静电势或存储的静电能量较低，或者 ESD（静电释放）回路有限流电阻存在，一次 ESD 脉冲不足以引起元器件发生突发性完全失效，但会在元器件内部造成轻微的损伤，这种损伤又是积累性的，随着 ESD 脉冲次数增加，元器件的抗静电能力和使用的可靠性降低，此时的元器件可以操作但性能不稳定，这类失效称为潜在性缓慢失效。从以上两种失效类型的比较来看，潜在性缓慢失效造成的危害远大于突发性完全失效造成的危害。也就是说，对于突发性完全失效，一般在产品的调试或检测过程中就能及时发现并予以调换，但对于潜在性缓慢失效，一般在产品的调试和检测过程中是难以发现的。

不同厂家生产的 CMOS 电路的静电防护的失效阈值相差较大，在没有严格防静电措施的环境中，容器、工具、设备等物体上很容易带有大于 1000V 的静电压，会造成 CMOS 电路的静电防护失效。

高度集成的元器件的抗静电能力比集成度低的元器件的抗静电能力低。因为各厂家的版图设计及工艺水平有较大的差别，所以不同厂家生产的集成度相近的电路的抗静电能力也有很大的差别。不同元器件 ESD 敏感度差别如表 9-1 所示。

表 9-1 不同元器件 ESD 敏感度差别

元器件种类	ESDS 范围/V
VMOS	30～1800
MOSFET	100～300
GaAs FET	100～300
JFET	140～7000
CMOS	250～2000
肖特基 TTL	300～1500

续表

元器件种类	ESDS 范围/V
双极型晶体管	380～7000
ECL 电路	500～1000
SCR（可控硅整流器）	680～1000

9.3 静电防护等级及标识

9.3.1 ESD 敏感度级别

ESD 敏感度级别分为以下 3 级。

1 级：敏感电压为 0～1999V。

2 级：敏感电压为 2000～3999V。

3 级：敏感电压为 4000～15 999V。

敏感电压在 16 000V 以上的为非 ESD 敏感产品。

9.3.2 静电防护标识

图 9-3　静电防护标识

（1）标识要张贴、悬挂、安放于厂房、设备、组件和包装上，用来提醒操作人员注意操作时造成的静电释放或电气过载损害的可能性，静电防护标识如图 9-3 所示。

（2）ESD 敏感符号：如图 9-4 所示，三角形内有一斜杠跨越的手，用于表示容易受到 ESD 损害的电子电气设备或组件。

（3）ESD 防护符号：如图 9-5 所示，它与 ESD 敏感符号的不同之处在于有一圆弧包围着三角形，并且没有一斜杠跨越手，用于表示被设计为对 ESD 敏感组件和设备提供 ESD 防护的器具。

图 9-4　ESD 敏感符号

图 9-5　ESD 防护符号

（4）EPA 工作区（见图 9-6）就是防静电工作区，EPA 工作区如果需要进行区域范围标识，则需要使用黄色地胶带。此区域经过实施静电防护措施，如安装防静电地板，人员穿戴防静电工作服、防静电鞋、防静电腕带，温/湿度控制等使静电导入大地，有效降低了静电电压，防止静电击穿敏感元器件，因此起到了对静电敏感元器件的静电保护作用。在 EPA 工作区中，需要悬挂警示文字来标定，如图 9-7 所示。

图 9-6　EPA 工作区　　　　　　　图 9-7　EPA 工作区的警告标识

（5）应对 EPA 工作区内设置的共接地用的连接点做出标识，如图 9-8 所示。

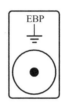

图 9-8　共接地点

9.3.3　常见静电防护失效的原因

（1）腕带失效：使用无绳防静电腕带、防静电腕带佩戴不正确、腕带松脱、腕带损坏。

① 无绳防静电腕带：当电压超过 1500V 时，它的尖端部分会对空气放电，以此来耗散静电，但无绳防静电腕带在耗散静电时所需的静电电压太高，不太适合电子行业。

② 有绳防静电腕带：通过线的传导释放手上的静电，有绳防静电腕带可以直接释放静电，无须很高的电压，而且放电速度比无绳防静电腕带的放电速度快。

防静电腕带佩戴不正确起不到防护作用，应该使腕带的金属部分与皮肤紧密接触，否则起不到防静电的作用。

（2）鞋/地系统失效：地面不防静电、鞋子不防静电、脚离开地面、季节原因。

（3）服装系统失效：服装电阻过高、服装穿着不符合规范、服装静电电压过高、服装耐久性差。

（4）人员管理不当：人员未经培训、生产工序问题、其他随机问题。

（5）包装系统问题：使用了不防静电的包装、EPA 外未使用屏蔽包装、包装系统失效。

（6）静电源管理问题：工作区域存在静电源、绝缘材料未按要求管控、服装表面静电电压较高。

（7）运输传递问题：运输时包装不符合要求、运输工具不防静电、运输传递过程中擅自打开包装。

(8) 生产工艺问题：生产线存在绝缘材料、生产线存在孤立导体、生产工序过程导致元器件带电。

(9) 桌面问题：电烙铁未接地或接地不良、使用了绝缘手持工具、戴绝缘手套使用金属工具。

(10) 现场办公家具问题：工作台表面不防静电，金属工作台未可靠接地，座椅、货架等不防静电。

9.4　预防静电放电的方法

静电的产生几乎是难以避免的，但可以通过各种行之有效的措施加以防护，以将其降到可以接受的程度，尽可能减少损害。在电子产品制造过程中，应尽量减少静电的产生，对已产生的静电尽快地予以消除，严格静电防护管理，保证各项措施有效执行，最大限度地减少静电危害。

(1) 工艺控制法：生产过程中尽量少产生静电荷，增大工作环境的湿度，减少工作环境的尘埃，工作台等设施符合静电防护要求；电子元器件（静电敏感元器件）的运送、存储、包装应采取静电防护措施；从工艺流程、材料选择、设备安装和操作管理等方面采取措施，控制静电的产生和积聚。

(2) 泄漏法：静电荷通过泄漏达到消除的目的。通常采用静电接地，使电荷向大地泄漏，也可以采用增大物体电导的方法使静电沿物体表面或通过内部泄漏。

(3) 复合中合法：利用静电消除器产生带有异号电荷的离子，与带电体上的电荷复合，从而达到中和的目的。

(4) 避免尖端放电现象，应该尽可能使带电体及周围物体的表面保持光滑和洁净，以便降低尖端放电的可能性。

(5) 安全消除静电的方法。
① 直接或间接接地。
② 等电位连接。
③ 静电中和。
④ 保护接地。

(6) 降低静电危害程度。
① 屏蔽：对元器件采取屏蔽包装、屏蔽盖、屏蔽保护的措施。
② 预先释放：在生产区域入口设置静电释放球、金属门帘等装置，预先释放静电。
③ 安全距离：在没有防静电装备的情况下，人体距离产品25～30cm。

9.5　静电防护管理体系认证

(1) 认证计划的建立：是要确保单位能够达到静电放电计划的要求。该计划要明确认证的要求、认证的次数。通过选用测试设备来测量静电放电计划中的技术要求的特性。

（2）内部审计的频率为每年一次。

（3）外部审计。

除了内部审计，为确保与计划中的要求相符合，还应进行外部审计，外部审计的频率一般为每三年一次。按静电放电计划中的技术要求进行的例行检查应包含在验证检查中。验证检查的频率取决于控制对象的用途、耐久性及相关联的失效风险。

9.6 静电防护管理

9.6.1 防静电（EPA）工作区要求

1. 地面要求

静电敏感元器件的存储、安装、测试场地都需要具备防静电功能，如水磨石地板、防静电地板、防静电自流平地坪、防静电瓷砖、涂覆防静电漆的地面、工作区域铺防静电地垫等。防静电地板如图9-9所示。

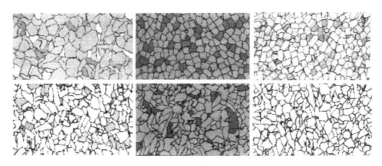

图9-9 防静电地板

2. 防静电地线

接地装置的接地电阻越小越好，独立的防雷保护接地电阻应≤10Ω；独立的安全保护接地电阻应≤4Ω；独立的交流工作接地电阻应≤4Ω；独立的直流工作接地电阻应≤4Ω；防静电接地电阻一般要求≤100Ω。

（1）防静电接地、技术接地、设施接地可合用一个接地体，但各系统母线应相互绝缘；系统单点与接地体相连；接地体的接地电阻应小于4Ω；每年测试一次。

（2）防静电分系统（如防静电工作台）的地线与总地线之间的电阻应小于10Ω；每半年测试一次。

（3）防静电接地不允许与避雷电接地合用接地体。

9.6.2 防静电操作设施要求

（1）安装ESD元器件应使用防静电工作台。防静电工作台的台垫上的任意一点的对地电阻应为$10^6 \sim 10^9 \Omega$，静电泄放至100V的时间应小于1s，防静电操作系统泄放电流不允许大于5mA。防静电腕带及防静电鞋的对地电阻应为$10^6 \sim 10^9 \Omega$，静电泄放至100V以下的时间小于1s。腕带及接插孔如图9-10所示。

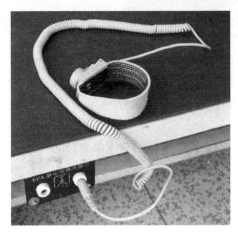

图 9-10　腕带及接插孔

（2）防静电工作台结构如图 9-11 所示。

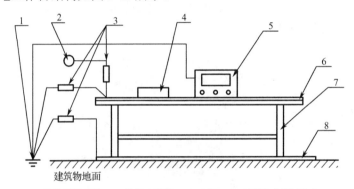

1—地线配置系统；2—防静电腕带；3—电阻；4—元器件盒和运转盒；
5—操作工具与测试仪器；6—防静电台垫；7—工作台；8—防静电地垫

图 9-11　防静电工作台结构

（3）EPA 区域工作台如图 9-12 所示。

图 9-12　EPA 区域工作台

（4）安装 ESD 元器件应使用工具，如吸锡器、电烙铁等；设备应硬接地，接地电阻应不大于 0.1Ω，且熔接时间小于 3s，如图 9-13 所示。

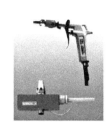

图 9-13　安装 ESD 元器件应使用的各种工具、设备

（5）在 EPA 工作区域内，应使用静电耗散材料制作的工具、器皿，如防静电镊子、防静电螺钉旋具、防静电毛刷、防静电周转箱等，如图 9-14 所示。

图 9-14　静电耗散材料制作的工具、器皿

（6）在生产过程中，ESD 元器件使用的各项设备均应硬接地，并且到接地母线的电阻应不大于 0.1Ω。这些设备包括：搪锡机、自动或半自动成形机、插装机、波峰焊接机、贴片机、再流焊机、清洗机、返修工作站、涂覆、灌胶等设备；各测试设备、试验设备等。

（7）EPA 保护区配置如图 9-15 所示。

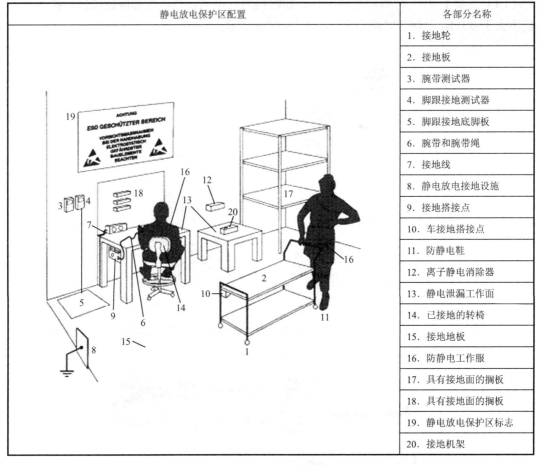

图 9-15 EPA 保护区配置

9.6.3 人员管理要求

静电防护要求中规定了所有接触 ESDS 元器件的各类人员都必须遵守防静电要求，上岗前都要接受防静电知识的培训教育，避免在工作中无意识地损伤元器件。

所有进入 EPA 工作区的人员均应穿防静电工作服、防静电工作鞋、戴防静电工作帽，如图 9-16 所示；泄放静电并测试后方可进入工作区域，如图 9-17 和图 9-18 所示；操作人员工作时必须戴防静电腕带，且腕带应可靠接地。

静电释放球是一种适用于易燃、易爆和防静电场所的人体静电释放产品，其主要目的是在易燃、易爆危险区域和防静电场所将人体本身积累的静电荷安全地泄放掉，避免因人体静电引发火灾、爆炸、人体电击事故，以及减少电子元器件因静电而损坏的现象发生。

人体的体电阻率一般常被我们忽略，因为它是看不见的，但这些隐患给我们带来了极大的损失与伤害。静电释放球是综合静电积聚、静电放电、火花放电、电晕放电等静电导除原理研制的一种产品。它可以防止产生静电、对已产生的静电进行限制，使其达不到危险的程度。另外，静电释放球使产生的电荷尽快泄漏或导除，从而消除电荷的大量积聚。

  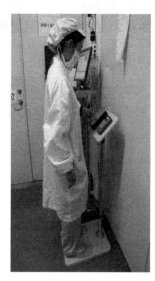

图 9-16　防静电服装　　　图 9-17　静电释放球　　　图 9-18　静电测试

静电释放球采用的是一种无源式电路，利用人体上的静电使电路工作，最后达到消除静电的作用。静电释放球的特点是体积小、质量轻、不需要电源、安装方便、消除静电时无感觉等。

9.6.4　元器件的包装

电子元器件的包装要满足防静电要求，避免在存储、运输等过程中造成静电损伤。

1. 导电性包装材料

非金属材料（特别其是塑料包装材料）属于非导体，容易产生静电，不经过特殊处理不能应用于电子产品的包装中。目前，市场上使用的具有导电功能的塑料袋大多是由掺了导电炭黑的聚乙烯制成的，一般呈黑色且不透明。这种导电性材料的摩擦电荷或感应电荷能迅速分布到整个材料表面，不聚集在某个局部区域，因此不会形成静电电压。

2. 抗静电包装

衡量材料抗静电气性能的标准是表面润滑能力和电阻率：表面润滑能力影响静电荷的产生；电阻率影响电荷的分布状态。抗静电材料的构成大体采用的方法是：在基本材料上喷涂抗静电剂或在基本材料中掺杂抗静电剂。

3. 静电屏蔽包装

将元器件封装在一个不受封装表面附近的外界静电场和表面本身电荷感应的静电屏蔽室内，静电屏蔽室也称法拉第笼。

不同元器件的静电敏感程度不同，采取的防静电技术和包装材料也不相同，因此，在设计每种元器件的包装时，必须确定元器件的防静电要求，测定包装材料的导电性、抗静电气性能和对外界静电场的屏蔽性，合理地选择包装材料和包装结构。

9.6.5 生产线上常见的 ESD 风险和典型静电源

静电对元器件的损伤会给企业带来较大的经济损失。要控制静电，就必须先了解生产线上常见的 ESD 风险和典型静电源。

1. 生产线上常见的 ESD 风险

由于许多塑料产品价格低廉且制造工艺简单，所以为了节约成本，不少包装材料尽可能使用塑料，在生产线上，这些塑料包装材料在移动和摩擦下极容易产生静电，如果不采取相应的措施，则会对元器件产生静电损伤。另外，舒适的工作环境会有一些干燥，也会增大静电的产生概率。

2. 生产线上的典型静电源

生产现场对现场物品的配置、人员和生产过程都有要求，下面让我们来看看静电源都有哪些。

工作台的表面应该使用防静电材料，不应打蜡，不应使用涂料或油漆表面、塑料、玻璃和乙烯树脂材料的桌面。ESD 区域的椅子不应使用成品木材、玻璃纤维、塑胶、绝缘轮子、聚乙烯类的材料制作；不应使用灌封混凝土、腊面、地瓷砖、木材、地毯、乙烯树脂等材料作为地板材料；不能使用纸张、塑料袋、泡沫袋、泡沫塑料、聚苯乙烯塑料、非 ESD 防护盒（托盘、容器）等器具存放静电敏感元器件。没有接地的仪器设备、塑胶工具、压力喷射合成毛刷、复印机、打印机等也容易产生静电。我们的头发、非 ESD 防护服、非 ESD 防护鞋、非 ESD 手套、合成材料等都属于典型静电源。

9.6.6 产品周转

产品在周转过程中需要使用防静电周转箱。防静电周转箱由无毒、无味、耐腐蚀的防静电材料制成；可以有效释放物体表面积累的静电荷，不会产生电荷积聚和高电位差；具有耐磨性、防潮防腐性、隔热防震性及抗静电气性能，大量用于电子元器件及产品生产过程中的周转、包装、储存及运输，并具备抗折、抗老化、抗拉伸、抗压缩等性能；做成包装箱式周转箱既可用于周转，又可用于成品出货包装，具有轻巧、耐用、可堆叠的优点，可以根据不同产品定制；可以有效利用厂房空间，增大电子元器件、PCB、无尘车间部件储存量，节约生产成本。在静电越来越被广大企业重视的今天，防静电周转箱帮助我们完成了电子元器件器的周转、存放的通用化、一体化管理，是生产及流通企业进行现代化生产管理的必备品。

防静电周转箱可分为注塑周转箱和中空板周转箱。

防静电注塑周转箱以聚丙烯（PP）为基材，加入了碳粉，碳粉可传导电流并具有较强的机械性能。用这种复合材料经传统的注塑成形工艺制成了防静电注塑周转箱。

防静电中空板周转箱采用中空板材制作，分为骨架箱、折叠箱、压盖箱等。

练 习 题

判断题（正确的画√，错误的画×）

1. 进入 EPA 工作区首先应该释放静电。（ ）
2. 防静电腕带可以搭在手腕上。（ ）
3. 拿取产品时可以不戴防静电腕带。（ ）
4. 进入 EPA 工作区域要按照规定穿戴防静电服装。（ ）
5. 静电放电失效分为突发性完全失效和潜在性缓慢失效，突发性完全失效的危害更大。（ ）
6. 防静电周转箱分为骨架箱、折叠箱和压盖箱。（ ）
7. 静电防护认证的内部审计期限为 3 年。（ ）
8. 硬击穿是指一次性芯片介质的击穿、烧毁等永久性失效。（ ）
9. ESD 敏感符号是三角形内有一斜杠跨越的手。（ ）
10. 有绳防静电腕带可以直接释放静电，放电速度比无绳防静电腕带的放电速度快。（ ）

简答题

1. 人员防静电管理要求有哪些？

2. 什么是软击穿？

3. 什么是潜在性缓慢失效？

答 案

判断题（正确的画√，错误的画×）

1. √、2. ×、3. ×、4. √、5. ×、6. ×、7. ×、8. √、9. √、10. √

简答题

1. 人员防静电管理要求有哪些？

答：（1）所有接触 ESDS 元器件的各类人员都必须遵守防静电要求，上岗前都要接受防静电知识的培训教育，避免在工作中无意识地损伤元器件。

（2）所有进入 EPA 工作区的人员均应穿防静电工作服、防静电工作鞋，戴防静电工作帽；泄放静电并测试后方可进入工作区域；操作人员工作时必须戴防静电腕带，且腕带应可靠接地。

2．什么是软击穿？

答：软击穿是指造成元器件的性能降低或参数指标下降而成为隐患，元器件参数的降低很可能会造成整机运行不正常或在运行不久后停止工作。

3．什么是潜在性缓慢失效？

答：带电体的静电势或存储的静电能量较低，或者 ESD 回路有限流电阻存在，一次 ESD 脉冲不足以引起元器件发生突发性完全失效，但会在元器件内部造成轻微的损伤，这种损伤又是积累性的，随着 ESD 脉冲次数增加，元器件的抗静电能力和使用的可靠性降低，此时的元器件可以操作但性能不稳定，这类失效称为潜在性缓慢失效。

第 10 章　PCB 的制造

20 世纪初，人们为了简化电子机器的制作、减少电子零件间的配线、降低制作成本，开始钻研以印制的方式取代配线的方法。期间不断有工程师提出在绝缘的基板上加上金属导体作为配线。1925 年，美国的 Charles Ducas 在绝缘的基板上印制出线路图案，再以电镀的方式成功地建立了以金属导体作为配线的连接方式。

近十几年来，我国 PCB 制造行业发展迅速，兼具产业分布、成本和市场优势，已经成为全球较重要的 PCB 生产基地。

PCB 从单面板发展到了双面板、多层板和挠性板，未来 PCB 生产制造技术的发展趋势是在性能上向高密度、高精度、细孔径、细导线、小间距、高可靠、多层化、高速传输、轻量、薄型的方向发展。这使得 PCB 在未来电子产品的发展过程中仍然可以保持强大的生命力。

10.1　PCB 原材料

20 世纪初至 40 年代末是 PCB 基板材料业发展的萌芽阶段。此阶段的发展特点主要表现在：基板材料用的树脂、增强材料及绝缘基板大量涌现，技术上得到初步的探索。这些都为 PCB 最典型的基板材料——覆铜板的问世与发展创造了必要的条件。另外，以金属箔蚀刻法（减成法）制造电路为主流的 PCB 制造技术得到了最初的确立和发展，为覆铜板在结构组成、特性条件的确定上起了决定性的作用。

制作 PCB 前，在选材时，应根据产品的特性要求和使用环境选择能满足使用要求的基材。设计人员如果不了解所设计的产品特性要求，就无法准确地把握材料的适应能力。如果对基材选择不当，那么制作出的 PCB 达不到设计预期的技术性能要求，可能会造成批次性报废，此类情况在实际设计和生产中也时有发生，因此，在 PCB 的设计过程中必须认真选择基材。

10.1.1　PCB 的分类

PCB 包括刚性板、挠性板、刚挠结合板，其中又分单面板、双面板和多层板。

通常意义上说的电路板指的就是 PCB，即完成了印制线路或印制电路加工的板子，包括印制线路和印制元器件或由两者组合而成的电路。具体来讲，一块完整的 PCB 应当包括一些具有特定电气功能的元器件，以及建立起这些元器件电气连接的铜箔、焊盘及过孔等导电器件。

PCB 的作用如下。

1）提供机械支撑

PCB 为集成电路等各种电子元器件的固定、装配提供了机械支撑。

2）实现电气连接或绝缘

PCB 实现了集成电路等各种电子元器件之间的布线和电气连接。

3）其他功能

PCB 为自动装配提供了阻焊图形，也为元器件插装、检查和维修提供了识别字符和图形。

单面板是最基本的 PCB，它的零件集中在其中一面，导线集中在另一面，布线不能交叉，必须绕独自的路径，如图 10-1 所示，只有早期的电路才使用这类板子。

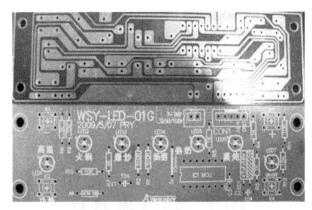

图 10-1　单面板

双面板（见图 10-2）在两面都有布线，不过要实现上下两面的导线连接，就必须在两面间有适当的电路相连，这种电路间的"桥梁"叫作导孔。导孔是在 PCB 上充满或涂上金属的小洞，可以与两面的导线相连接。双面板解决了单面板中布线交错的难点，更适合用在比单面板复杂的电路上，目前在很多产品中占据主要地位。

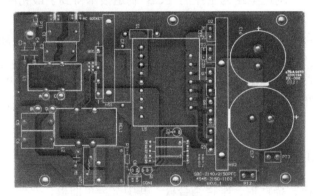

图 10-2　双面板

为了增大可以布线的面积、实现更多功能，多层板用上了更多单面或双面的布线板，通过定位系统及绝缘黏结材料叠加在一起，且导电图形按设计要求进行互连的 PCB 就成了四层、六层，甚至更多层 PCB，这称为多层 PCB，如图 10-3 所示。板子的层数并不代表有几层独立的布线层，在特殊情况下会加入空层以控制板厚，包含最外侧的两层在内，一般情况下，层数都是偶数。

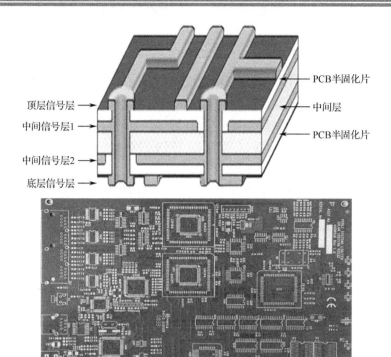

图 10-3 多层 PCB

10.1.2 PCB 用基材性能

1)机械特性

机械特性包括铜箔与基体树脂的黏结性(剥离强度)、机械强度、尺寸稳定性、弯曲性、热变形性、基板加工性(冲、钻性能)等。

2)电气特性

电气特性包括绝缘电阻、耐电场强度(耐电压)、介电气性能(D_K/tanδ)耐离子迁移性(CAF)、耐漏电痕迹和铜箔质量电阻等。

3)物理特性

物理特性包括热膨胀系数(CTE)、燃烧性(阻燃性)、基板平整度(弓曲和扭曲)、铜箔的延伸率、吸湿性等。

4)化学特性

化学特性包括耐热性、玻璃化转变温度(Tg)、可焊性、耐化学药品能力(耐酸/碱性和耐溶剂性)等。

5)耐环境性

耐环境性包括耐霉性、耐湿、耐蒸煮、耐温度冲击等性能。

6)环保性

环保性是指适合 RoHS 指令规定的不含铅、卤素等有害物质的基材。虽然在一些高可靠要求的产品中,目前尚未要求必须采用无铅焊接,但是从环境保护的角度考虑,在条件成熟时应尽量采用无污染或低污染的材料和可回收利用的材料。

10.1.3 覆铜箔基材结构

PCB 用的基材是覆铜箔层压板（简称覆铜箔板）。覆铜箔板是在绝缘材料的一面或两面覆有铜箔的层压材料，用于减成法制造 PCB，是目前应用较广泛的 PCB 基材。

基体的绝缘材料是由树脂和增强材料构成的。增强材料是浸以树脂黏合剂（如酚醛树脂、环氧树脂、聚酰亚胺树脂、BT 树脂等），然后经高温、高压使树脂固化制成的层压材料。

由于电子产品的需求不同，覆铜箔板又根据所用的树脂、增强材料的不同，以及所用的铜箔和板的厚度的不同分为许多种类与规格。

覆铜箔板根据基材的机械弯曲特性分为刚性覆铜箔板和挠性覆铜箔板两大类。

（1）刚性覆铜箔板基材：绝缘材料是刚性的，不能弯曲。

（2）挠性覆铜箔板基材：绝缘材料是柔性的，可以挠曲、弯曲。

（3）由于 PCB 的结构要求和加工工艺不同，所以在 PCB 制造过程中还可能用到以下基本材料，可以经过特定工艺加工作为 PCB 的基材。

① 制作多层 PCB 的中间材料——半固化片：又称黏结片，是由增强材料与树脂构成的预浸渍材料（预烘干的半固化树脂），用于制造多层 PCB 的中间黏结绝缘材料。

② 覆树脂铜箔（RCC）：铜箔的一面涂有树脂，用于制造高密度互连 PCB（HDI 板）。

③ 感光性树脂或薄膜：含有感光剂的树脂或薄膜，用于加成法和制造 HDI 板。

10.2 基材类型介绍

10.2.1 覆铜箔板

刚性覆铜箔板是由增强材料浸渍树脂，预烘干使树脂呈半固化状态，再与铜箔叠合在一起进行加热、层压，待树脂完全固化后制成的层压板。因此，对于刚性板，一般按其基材中的增强材料的不同分为以下四类：纸基板、玻璃纤维布基板、复合基板、特殊材料基板。

（1）纸基板：以浸渍树脂的纤维纸作为增强材料。以下是纸基覆铜箔板的主要品种。

① 阻燃型覆铜箔酚醛纸层压板（FR-1 型）。

② 阻燃型覆铜箔改性酚醛纸层压板（FR-2 型）。

③ 阻燃覆铜箔环氧纸层压板（FR-3 型）。

（2）玻璃纤维布基板。

玻璃纤维布基板以玻璃纤维纺织而成的布浸渍树脂作为增强材料。以下是玻璃纤维布基覆铜箔板的主要品种。

① 覆铜箔环氧玻璃纤维布层压板（G10 型）。

② 阻燃型覆铜箔改性环氧玻璃纤维布层压板（FR-4 或 IPC-4101/21）。

③ 热强度保留型阻燃覆铜箔环氧玻璃纤维布层压板（FR-5 型、Tg185℃）。

④ 热保留型阻燃覆铜箔改性环氧玻璃纤维布层压板（G11 或 IPC-4101/22）。

⑤ 阻燃型覆铜箔双马来酰亚胺/三嗪/环氧玻璃纤维布层压板（BT 树脂板）。

⑥ 阻燃型覆铜箔聚酰亚胺玻璃纤维布层压板（GPY）等。

⑦ 玻璃纤维有 E 型玻璃和石英玻璃：常用的是 E 型玻璃；石英玻璃纤维作为增强材料可耐更高的温度。

（3）复合基板。

复合基板是指采用两种或两种以上增强材料的基板。复合基板常见的主要品种如下。

① CEM-1（美国 ANSI/NEMA 标准型号）：玻璃纤维布浸渍环氧作为面层，纤维纸浸渍环氧树脂作为芯层的阻燃型覆铜箔环氧－玻纤布面/纸芯复合基层压板。

② CEM-3（ANSI/ NEMA 标准型号）：玻璃纤维布浸渍环氧作为面层，玻璃纤维纸浸渍环氧树脂作为芯层的阻燃型覆铜箔环氧玻璃纤维布面－玻纤纸芯复合基层压板，其性能与 FR-4 基材的性能相当，性价比较高。

复合基覆铜箔板的机械性能和制造成本介于覆铜箔环氧玻璃纤维布层压板（FR-4 型）与覆铜箔酚醛纸层压板之间，既可以冲孔又可以钻孔，并且在耐漏电起痕（CTI）、板的尺寸精度和稳定性等方面优于一般阻燃型覆铜箔环氧玻璃纤维布层压板（NEMA 标准中的 FR-4 型，IPC 标准中 4101/21 系列）。

由于复合基材 CEM-3（IPC 标准为 4101/81）可以进行冲孔、钻孔加工，且电气性能与 FR-4 的电气性能相似，但其价格低于 FR-4 板材的价格，所以在欧美和日本已广泛地采用 CEM-3 代替了 FR-4 板材，用于高档家电等许多民用产品中。

（4）特殊材料基板。

特殊材料基板是指采用金属、陶瓷或耐热热塑性材料的基板。常见的特殊材料基板主要有以下三类。

① 金属芯基覆铜箔板。

金属芯基覆铜箔板由金属层、绝缘层和导体层（铜层）构成。

金属芯基覆铜箔板的金属芯部分一般采用铝板、铜板、钢板、覆铜因瓦钢（俗称因钢）或钼板。

金属芯覆铜箔制成的 PCB 的结构如图 10-4 所示。

图 10-4　金属芯覆铜箔制成的 PCB 的结构

② 耐热热塑性基板。

耐热热塑性材料有双马来酰亚胺三嗪树脂（BT 树脂）、氰酸酯树脂（CE 树脂）、聚酰亚胺树脂（PI 树脂）和聚四氟乙烯等。

这些材料多数有较低的介电常数、介质损耗和较高的 T_g，是高频、高速电路的优选材料。较低的 X、Y 轴方向上的热膨胀系数和较高的 T_g 的材料还是制作表面安装 PCB 和 IC 器件封装基板的优良材料。

③ 陶瓷基板。

陶瓷基板有较高的弹性模量，较高的强度/重量比，良好的化学稳定性、热稳定性和绝缘性；但基底材料质地脆、难以钻孔。陶瓷基板是制作 IC 基板和微组装器件及多芯片组件（MCM）的基体材料。

其他增强材料的基板有芳酰胺纤维布基板、玻璃纤维无纺布基板、石英纤维布基板等。另外，还有适合制作 HDI 板的覆树脂铜箔和有利于环境保护的无卤素阻燃型覆铜箔基材等新型材料。

每类材料又以所用的树脂黏合剂的不同分为许多品种，如覆铜箔酚醛纸层压板、覆铜箔环氧玻璃纤维布层压板、覆铜箔聚酰亚胺玻璃纤维布层压板、覆铜箔聚四氟乙烯玻璃纤维布层压板等。

各种层压板按阻燃性能又分为阻燃型覆铜箔层压板和非阻燃型覆铜箔层压板两大类。其中，阻燃型覆铜箔层压板又根据其耐燃烧的程度分为多个不同等级。

① 阻燃型覆铜箔层压板：在基材的树脂中添加了阻燃剂，一般不易燃烧。按 UL 标准的规定，将 PCB 基材分成了四个不同阻燃等级：UL94——V0 级、UL94——V1 级、UL94——V2 级、UL——HB 级。按 UL 标准中规定的垂直燃烧法试验达到最佳等级要求的为 V0 级，称为阻燃板（俗称 V0 板）。

② 非阻燃型覆铜箔板：达到阻燃 HB 级的板子（俗称 HB 板）。

阻燃板内层印有红色标记，可与其他非阻燃型板材区别开，价格稍高于非阻燃板。目前应用较多的是阻燃型覆铜箔层压板。

覆铜箔板的铜箔面数：单面板、双面板和用于制造多层板的薄型单面板或双面板。按照覆铜箔板的厚度和铜箔的厚度不同又有多种规格，具体的板材厚度和铜箔厚度、尺寸规格可参照材料供应商的产品说明书。

树脂塞孔：使用专用的塞孔类树脂对原有的需要阻焊塞孔的过孔进行填塞。

常用基材特性及应用范围如表 10-1 所示。

表 10-1 常用基材特性及应用范围

基材名称	基材型号	国家标准号	MIL/NEMA 标准	基材特性	应用范围
覆铜箔酚醛纸层压板	CPFCP-6F	GB 4723—2017	FR-2	有较好的电气性能和冷冲加工性，吸湿性差、工作温度较低、价格低	1 级板，如收音机、收录机、黑白电视机等民用电子产品
覆铜箔环氧纸层压板	CEPCP-22F	GB 4724—2017	PX/FR-3	机电气性能优于酚醛板，吸湿性较好，但价格略高	工作环境较好的电子仪器、彩色电视机等民用电子 1、2 级产品
覆铜箔环氧玻璃纤维布层压板	CEPGC-31	GB 4725—201X	GE/G10	机电气性能良好、吸湿性好、工作温度在 120℃以下	一般工业产品、计算机外围设备及通信设备等 2 级产品
阻燃型覆铜箔环氧玻璃纤维布层压板	CEPGC-32F	GB 4725—201X	GF/FR-4	机电气性能优良，工作温度较高且有阻燃性，耐热、尺寸稳定	计算机、通信设备、高级家电及军用、航空航天等 3 级产品

续表

基材名称	基材型号	国家标准号	MIL/NEMA标准	基材特性	应用范围
耐热型阻燃覆铜环氧玻璃纤维布层压板	CEPGC	待制定	FR-5	机电气性能优良，工作温度高达170℃	通信设备、精密武器及航空航天等高可靠电子产品
挠性覆铜聚酰亚胺薄膜	CPI	GB 13555—92	PI	有良好的可挠性，尺寸稳定性、耐热性好，可在200℃下连续工作	工作空间小、温度较高、有弯折要求的 2、3 级电子产品
挠性覆铜箔聚酯薄膜	CUP	GB 13556—92	PET	可挠性、介电性好，吸湿性较好，成本低，熔点低，工作温度在105℃以下	工作空间小、温度不高，需要弯折的民用产品及带状电缆
覆铜箔聚四氟乙烯玻璃纤维布层压板	CTFGC	已有行业标准	PTFE/GT	D_K 和 $\tan\delta$ 小、化学稳定性好、工作范围宽，但刚性稍差、成本高	微波、高频电路的电子产品
覆铜箔聚酰亚胺玻璃纤维布层压板	CPIGC	GB/T 16317—1996	GI/GPY	电气性能好、耐热、工作温度高（200℃）、阻燃性好，但成本高	工作环境温度高或靠近热源工作的高性能的军用电子产品

选择基材的依据如下。

（1）根据 PCB 的工作环境和机械性能、电气性能的要求，从有关标准中选择合适型号和规格的材料。

（2）高频和微波电路应选择介电常数适合（或按需要选择）和低介质损耗的基材。对于特性阻抗要求严格的板，应注意介质损耗，并根据阻抗要求计算，选择相应介电常数和介质损耗小的材料。

（3）根据预计的 PCB 结构确定基材的覆铜箔面数。

（4）根据 PCB 的尺寸、单位面积承载元器件质量确定基材板的厚度。

（5）多层板应根据导电层数、板的总厚度和层间绝缘层厚度要求确定薄型的覆铜板及黏结片的数量、厚度。

（6）环保要求：满足 WEEE 和 RoHS 指令及我国的相应规定，应选择基材无卤素类阻燃剂的板材，目前已有含磷、含氮或含硼类化合物的阻燃剂，但成本高。

（7）基材应满足 PCB 在安装、焊接时所受的各种应力的要求，应选用热稳定性好或耐热性好的材料。

10.2.2　PCB 的组成

PCB 就是连接各种实际元器件的一块板图。PCB 是通过一定的制作工艺，在绝缘度非常高的基材上覆盖一层导电性能良好的铜薄膜构成的敷铜板。根据具体的 PCB 图的要求，在敷铜板上蚀刻出 PCB 图的导线，并钻出 PCB 的安装定位孔及焊盘，进行金属化处理以实现焊盘和过孔的不同层之间的电气连接。

PCB 由线路与图面层、介电层、焊盘、孔、阻焊油墨层、丝印层、表面处理层、边界组成。

（1）线路与图面层：线路作为元器件之间导通的工具，设计时会另外设计大面积覆铜面作为接地及电源层，线路与图面层是同时做出的。

（2）介电层：用来保持线路及各层之间的绝缘性，俗称基材。

（3）焊盘：用于安装和焊接元器件引脚的金属孔，如图 10-5 所示。

圆形焊盘　　方形焊盘　　八角形焊盘　　圆角方形焊盘

图 10-5　焊盘

（4）孔：分为导通孔、安装孔。

导通孔是用于连接顶层、底层或中间层导电图件的金属化孔，如图 10-6 所示。导通孔可使两层以上的线路彼此导通；较大的导通孔作为元器件插装用，较小的导通孔作为过孔。

安装孔一般是非导通孔，常用来作为表面贴装定位或组装时作为螺钉固定使用的孔。

（5）阻焊油墨层：并非全部的铜面都要焊接零件，因此，在非焊接区域会印一层隔绝铜面上锡的物质，避免非焊接的线路间短路。根据不同的工艺，阻焊油墨分为绿油、红油、蓝油。

图 10-6　导通孔

（6）丝印层：非必要部分，主要的功能是在 PCB 上标注各零件的名称、位置框，方便组装后维修及辨识用。为了便于生产和排故，大多数 PCB 上都会有丝印层。

（7）表面处理层：由于覆铜面在一般环境中很容易氧化，导致无法上锡（焊锡性不良），因此要对要锡焊的铜面进行保护，保护的方式有喷锡、化金、化银、化锡、有机保助焊剂等，统称为表面处理。众多方法各有其优点和缺点，要根据产品需求进行表面处理。

（8）边界：指的是定义在机械层和禁止布线层上的 PCB 的外形尺寸制板。最后就是按照这个外形对 PCB 进行剪裁的，因此，用户设计的 PCB 上的元器件和图形不能超过该边界。

10.3　布线

在进行 PCB 布线设计时，必须充分考虑各方面因素，只有这样才能保证信号的稳定性，包括布线区域、布线规则、布线顺序、工艺可操作性等。必须做好整体规划、进行详细的分析、考虑周全，才能保证电路工作稳定。

1. 导线

1) 宽度

印制导线的最小宽度是由导线和绝缘基板间的黏结强度和流过它们的电流值决定的。一般导线的最小宽度为 0.5~0.8mm，且间距不小于 1mm。印制导线要尽可能宽一些，尤其是电源线和地线，印制导线的最小宽度一般不小于 1mm，特别是地线，应在允许的部位加宽，以减小整个地线系统的电阻。对长度超过 80mm 的印制导线，即使工作电流不大也应加宽，以减小导线压降对电路的影响。

2) 长度

要尽量减小布线的长度，布线越短，干扰和串扰越小，寄生电抗也越低，辐射更小。特别是场效应管栅极、三极管的基极和高频回路更应走短线。

3) 间距

相邻导线之间的距离应满足电气安全的要求，串扰和电压击穿是影响布线间距的主要电气特性。为了便于操作并满足其承受电压的要求，间距应尽量大些。当电路中存在市电电压时，出于安全需要，间距应该更大些。

4) 路径

对于信号路径的宽度，从驱动到负载都应该是常数。在布线中，避免使用直角和锐角，一般拐角应大于 90°，并保持路径的宽度不变。理论上，最好的拐角方式是圆弧，但是在一般设计中，都使用 45°/135° 拐角，圆弧拐角一般只出现在 RF 射频 PCB 中（要求无损传输）。

2. 孔径和焊盘尺寸

1) 孔径

元器件安装孔的直径应与元器件的引线直径较好地匹配，使安装孔的直径比元器件引线直径大 0.15~0.3mm。

过孔一般多用在多层 PCB 中，它的最小可用直径与基板的厚度相关，通常板基的厚度与过孔直径的比是 6:1。

2) 焊盘

（1）焊盘按照形状区分可以分为以下七大类。

① 方形焊盘：PCB 上元器件大而少。在印制简单导线时，多采用方形焊盘。在手工自制 PCB 时，采用这种焊盘易于实现。

② 圆形焊盘：广泛用于元器件规则排列的单、双面 PCB 中。如果 PCB 的密度允许，焊盘可大些，焊接时不至于脱落。

③ 岛形焊盘：焊盘与焊盘间的连线合为一体，常用于立式不规则排列安装中，如收录机中常采用这种焊盘。

④ 泪滴式焊盘：焊盘连接的走线较细时常采用此焊盘，以防焊盘起皮、走线与焊盘断开。

这种焊盘常用在高频电路中。

⑤ 多边形焊盘：用于区别外径接近而孔径不同的焊盘，便于加工和装配。

⑥ 椭圆形焊盘：有足够的面积增强抗剥能力，常用于双列直插式元器件。

⑦ 开口形焊盘：在波峰焊接后，为了保证手工补焊的焊盘孔不被焊锡封死，通常采用开口形焊盘。

(2) 焊盘的尺寸。

① 所有焊盘单边不小于 0.25mm，整个焊盘直径不大于元器件孔径的 3 倍。

② 应尽量保证两个焊盘边缘的间距大于 0.4mm。

③ 在布线较密的情况下，推荐采用椭圆形与长圆形连接盘。单面板焊盘的直径或最小宽度为 1.6mm；双面板的弱电线路焊盘只需将孔直径增大 0.5mm 即可，焊盘过大容易引起不必要的连焊，孔径超过 1.2mm 或焊盘直径超过 3.0mm 的焊盘应设计为菱形或梅花形。

④ 对于插件式元器件，为避免焊接时出现铜箔断裂现象，单面的连接盘应用铜箔完全包覆；双面板最小要求补泪滴。

⑤ 所有机插零件均需要沿弯脚方向设计为泪滴式焊盘，保证弯脚处焊点饱满。

⑥ 大面积铜皮上的焊盘应采用菊花状焊盘，不至于虚焊。如果 PCB 上有大面积地线和电源线区（面积超过 $500mm^2$），应局部开窗口或设计为网格。

3．地线设计

不合理的地线设计会使 PCB 产生干扰，达不到设计指标，甚至无法工作。地线既是电路中电位的参考点，又是电路公共通道。但是地线不仅是必不可少的电路公共通道，还是产生干扰的一个渠道。

一点接地是消除地线干扰的基本原则。所有电路、设备的地线都必须接到统一的接地点上，并以该点作为电路、设备的零电位参考点。

具体布线时应注意以下几点。

(1) 布线长度尽量短，使引线电感极小化。

(2) 公共地线应尽量布置在 PCB 边缘部分。

(3) 双层板可以使用地线面，地线面的目的是提供一个低阻抗的地线。

(4) 多层 PCB 中可设置接地层，且接地层要设计成网状。

(5) 地线面能够使辐射的环路最小。

10.4　PCB 的制作

1．单面 PCB 制作工艺流程

单面 PCB 制作工艺流程为：下料→钻孔→一次成像→酸性蚀刻→退膜→金属表面检查→印贴阻焊→二次成像→热风整平→丝印字符→通断测试→外形加工→最终检测→包装。

2．双面 PCB 制作工艺流程

双面 PCB 制作工艺流程为：下料→钻孔→沉铜→成像→电镀→AOI（自动光学检测）→金属表面检查→丝印阻焊→阻焊成像→热风整平→字符喷印→通断测试→外形铣→成品清洗→检验。

3. 多层 PCB 制作工艺流程

多层 PCB 制作工艺流程为：下料→内层成像→酸性蚀刻→内层 AOI→内层棕化→层压→钻孔→沉铜→成像→电镀→AOI（自动光学检测）→金属表面检查→丝印阻焊→阻焊成像→热风整平→字符喷印→通断测试→外形铣→成品清洗→检验。

4. 拼板

（1）对于面积较小的 PCB 板，为了充分利用基板、提高生产效率、方便加工，可以将多块同种小型 PCB 拼成一张较大的板面。同种产品的几种小块 PCB 也可拼在一起。这时需要注意的是，各小块 PCB 的参数和层数应相同。

（2）拼板的尺寸范围控制在 350mm×300mm 以内，外形应为矩形。

（3）对于异形板（外形为非矩形），为了便于加工和节省成本，应合理地拼合图形，尽量减小板面积。

（4）在进行拼板设计时，应考虑分离技术，防止在分离时对元器件造成损坏。

（5）拼板的连接和分离方式：主要采用双面对刻 V 型槽拼板［见图 10-7（a）］或邮票孔拼板［见图 10-7（b）］的方式；板的分离方式主要有手动分板、锯刀分板、V-cut 分板机、冲床分板机、铣刀式分板机、激光分板机等。

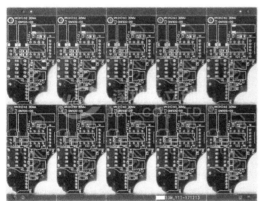
（a）双面对刻 V 型槽拼板

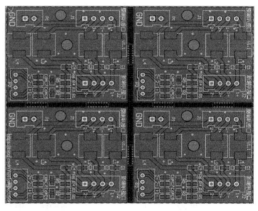
（b）邮票孔拼板

图 10-7　拼板

练　习　题

填空

1．PCB 分为（　　）、（　　）、（　　），其中又分（　　）、（　　）和（　　）。

2．PCB 基材性能分为（　　）、（　　）、（　　）、（　　）、（　　）、（　　）。

3．PCB 由（　　）与（　　）、（　　）、（　　）、（　　）、（　　）、（　　）、（　　）组成。

4．印制导线的最小宽度是由导线和绝缘基板间的（　　　　　）和流过它们的（　　　　　）决定的。

5．一般导线的最小宽度为（　　　　　）mm，且间距不小于（　　　）mm。

6．印制地线的宽度在条件允许的情况下要尽量宽一些，印制导线的最小宽度一般不小于（　　　）mm。

7．拼板的连接和分离方式主要采用（　　　　　）或双面对刻的（　　　　　）。

8．（　　　　　），干扰和串扰越小，寄生电抗也越低，（　　　　）更小。

9．布线时要避免使用（　　　　）和（　　　　），一般拐角应大于 90°，并保持路径的（　　　　）不变。

10．元器件安装孔的直径比元器件的引线直径大（　　　　　）mm。

简答题

1．简述双面 PCB 制作工艺流程。

2．PCB 布线的注意事项有哪些？

3．什么是多层 PCB？

答　　案

填空

1．刚性板、挠性板、刚挠结合板、单面板、双面板、多层板

2．机械特性、电气特性、物理特性、化学特性、耐环境性、环保性

3．线路、图面层、介电层、焊盘、孔、阻焊油墨层、丝印层、表面处理层、边界

4．黏结强度、电流值

5．0.5～0.8、1

6．1

7．邮票孔、V 型槽

8．布线越短、辐射

9．直角、锐角、宽度

10．0.15～0.3

简答题

1．简述双面 PCB 制作工艺流程。

答：下料→钻孔→沉铜→成像→电镀→AOI（自动光学检测）→金属表面检查→丝印

阻焊→阻焊成像→热风整平→字符喷印→通断测试→外形铣→成品清洗→检验。

2．PCB布线的注意事项有哪些？

答：（1）布线长度尽量短，使引线电感极小化。

（2）公共地线应尽量布置在PCB边缘部分。

（3）双层板可以使用地线面，地线面的目的是提供一个低阻抗的地线。

（4）多层PCB中可设置接地层，且接地层要设计成网状。

（5）地线面能够使辐射的环路最小。

3．什么是多层PCB？

答：为了增大可以布线的面积、实现更多功能，多层板用上了更多单面或双面的布线板，通过定位系统及绝缘黏结材料叠加在一起，且导电图形按设计要求进行互连的PCB就成了四层、六层，甚至更多层PCB，这称为多层PCB。

第 11 章　PCB 组装—高级工

11.1　元器件焊接前的处理

11.1.1　特殊元器件处理工艺

在电子元器件的插装中，对于一些体积、重量较大的元器件、集成块等，要应用不同的工艺方法，以提高特殊元器件的装插质量并改善电路性能。

大功率三极管、电源变压器等大型元器件的装插要用机械加固。体积、质量都较大的容量电解电容器的引线强度不够，容易发生元器件歪斜、引线折断及焊盘损坏的现象，这类元器件的装插除用机械加固外，还要用胶黏剂将其底部黏在 PCB 上。中频变压器、输入变压器、输出变压器带有固定的插脚，插入 PCB 的插孔后，将固定插脚压倒并锡焊固定。较大电源变压器采用螺钉固定，并加弹簧垫圈，以防止螺母、螺钉松动。对于金属大功率管、变压器等自身质量较大的元器件，仅仅依靠引脚的焊接已不足以支撑元器件自身的质量，应通过螺钉将其固定在 PCB 上，再将其引脚焊接在 PCB 上。凡是需要屏蔽的元器件（如电源变压器、伴音中放集成块、遥控红外接收器等），其屏蔽装置的接地均应良好。

11.1.2　工装的概念及使用方法

1）工装的概念

工装即工艺装备，也称工艺装置，是产品或零部件、整件制造过程中使用的各种工具和附加装置的总称，包括夹具、模具、刀具、量具、工位器具等。工装是从事生产劳动、实现工艺过程的重要手段，对保证产品质量、提高生产效率和改善劳动条件具有重要作用。

检验测试工装是产品检验测试过程中使用的各种工具的总称。检验质量和效率的提高，除了人的因素，还取决于测试工装的先进性。

2）测试工装的基本原理

在电子产品性能指标测试过程中，要使用一些常用的工具、材料及专用的测试模板。生产线上的电子产品性能指标测试是一种大批量的重复测试工作，往往需要对成千上万块，甚至十几万块相同的 PCB 进行测试。为提高测试效率和测试质量，通常应根据工艺要求制作专用的测试工装，将测试 PCB 嵌在测试工装上，可同时进行几个性能指标的测试。在自动化测试系统中，通过计算机控制实现自动测试和对测试件的自动分拣，其中的测试环节也需要充分利用这样的专用测试工装。图 11-1 为某电子产品检验测试工装实物图。

(a)测试工装正面　　　　　　　　(b)测试工装背面

图 11-1　某电子产品检验测试工装实物图

测试工装的设计必须依据检验工序（工艺规程）、产品图样、技术条件、与工装设计有关的国家标准/行业标准/企业标准、典型工艺装备图册、企业设备样本等。下面以收音机性能指标测试工装为例进行简要的介绍。

图 11-2 为收音机性能指标测试工装。这种类型的测试工装具有良好的结构工艺性，可以使测试工作快速高效、准确方便地进行。

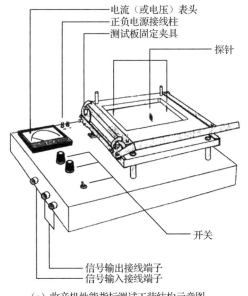
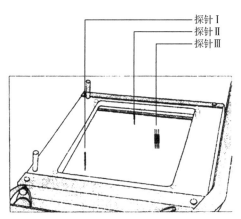

(a)收音机性能指标测试工装结构示意图　　　(b)收音机性能指标测试工装结构示意图局部（探针部分）

图 11-2　收音机性能指标测试工装

(1) 工装主体。

测试工装主体是一个长方形盒体，盒体内部用于放置连接线。

(2) 探针。

探针是测试模板上的重要部件，它直接与测试板上的测试点接触，输入信号或输出信号。未加模板时，探针头完全露出；当将测试板嵌入模板时，探针头会被压下一定的高度，但是能很好地与测试点连接，以输入或输出信号。探针下部通过导线与测试信号输入端或测试信号输出端连接。

在制作模板时，要依据产品技术文件等打孔，确定探针位置和探针型号。探针有单针和三针两种：一般测试采用单针头探针；三针头探针主要用来连接大功率点输出，以降低信号的损耗。模板上探针的个数和型号由产品相关技术文件和检验工艺规程决定。

（3）开关布置。

在模板上有时会设置一个或几个开关，开关的作用有两个：一是转换通道信号；二是模拟实际工作中的不同电平状态，可根据实际需要进行布置。

（4）正负电源接线柱。

正负电源接线柱通常布置在模板角部，作为测试电源加入。正负电源接线柱的下方用导线与各部分连接。有些测试工装设置有电源插孔，可直接连接交流电源。

（5）电流（或电压）表头。

为方便测试时的电压或电流读数，有时直接在工装上设置电流（或电压）表头，可根据实际需要进行设置。

（6）信号输入接线端子。

信号输入接线端子作为测试信号输入端，用于接入输入信号（如信号源），其下部通过导线与连接输入测试点的探针相连；端口常采用 D9 接线端口，以降低信号的损耗。信号输入接线端子的个数视具体情况而定，一般为 2~3 个。

（7）信号输出接线端子。

信号输出接线端子作为测试信号输出端，用于接出输出信号，通常接至测试仪，如示波器、失真仪、电压表等；其下部通过导线与连接输入测试点的探针相连；端口常采用 D9 接线端口。信号输出接线端子的个数视具体情况而定，一般也为 2~3 个。

（8）测试板固定夹具。

测试板要固定在模板上进行测试，为方便单人操作，通常采用两对具有联动装置的固定夹具，对称分布在模板两侧；对于高度的设计，要保证测试板在嵌入时对探针的下压能与测试点良好接触。在测试中，拿取动作很频繁，因此固定夹具材料要经久耐用。有些工装采用压板形式固定测试板。

3）测试工装的使用方法及注意事项

（1）测试工装的使用方法。

① 将测试工装放置在铺有绝缘橡胶皮的测试台上，检查各部件功能是否正常，如接线柱、各探针等与模板主体之间是否出现松动等。

② 合理放置测试仪器，注意仪器组成要求。

③ 将输入信号接入信号输入接线端子。

④ 将信号输出接线端子连接到需要的测试仪器上。

⑤ 拉动固定夹具，将测试板嵌入模板，检查其固定状况，以及各探针与测试点的接触状况是否正常。

⑥ 加电测试，按要求调节输入信号，观察和测量输出信号。

图 11-3 为测试工装信号输入、输出连接示意图。

（2）注意事项。

① 严格按规定步骤和操作规程进行。

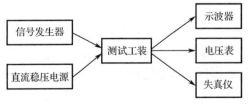

图 11-3 测试工装信号输入、输出连接示意图

② 当将测试板嵌入模板时，若出现压不下去的情况，则不要强行下压，要重新检查探针功能是否正常。

③ 需要说明的是，这里仅对这种测试板的基本原理和使用方法进行了介绍，不同的产品在结构上会有一定的差异。即使是同一种产品，型号不同，也会有差异。

11.2 PCB 手工焊接

11.2.1 助焊剂与焊料匹配选用

在焊接过程中，助焊剂是一种促进焊接的化学物质，能去除被焊金属表面的氧化物、防止焊接时焊料和焊接表面的再氧化、降低焊料的表面张力、增强润湿性、促使热量传递到焊接区。

助焊剂的性能直接影响焊接质量，如果选择不当，不仅起不到助焊作用，还会造成机械强度降低、电化学腐蚀、电迁移等可靠性问题。因此，正确选择助焊剂是十分重要的。

首先，助焊剂和焊料要匹配。选择助焊剂不能只考虑助焊剂的活化能力，必须与焊料特点和具体的加热方法结合起来。既要保证助焊剂的活性温度范围覆盖整个钎焊温度，又要保证助焊剂与焊料的流动、铺展进程协调，使焊料的熔化与助焊剂的活性高潮保持同步。焊接时焊料最好在助焊剂熔化后的 5~6s 开始熔化，这时恰好是助焊剂的活性高潮。这样焊料熔化时就能迅速铺展开了。

其次，要根据焊料合金、不同的工艺方法，同时根据被焊的元器件引脚、PCB 焊盘的涂镀层材料、金属表面氧化程度，以及产品对清洁度和电气性能的具体要求选择助焊剂。一般情况下，军用及生命保障类（如卫星、飞机仪表、潜艇通信、保障生命的医疗装置、微弱信号测试仪器等）电子产品必须采用清洗型的助焊剂；通信类、工业设备类、办公设备类、计算机等类型的电子产品可采用免清洗或清洗型的助焊剂。

11.2.2 表面贴装元器件焊接的工艺方法

贴装元器件的焊接与插装元器件的焊接不同，后者通过引脚插入通孔，焊接时不会移位，且元器件与焊盘分别在 PCB 的两侧，焊接比较容易；贴装元器件在焊接过程中容易移位，焊盘与元器件在 PCB 的同一侧，焊接端子形状不一、焊盘细小、焊接技术要求高。因此，焊接时必须细心、谨慎、提高精度。

1. 一般贴片元器件的手工焊接

贴片元器件的手工焊接示意图如图 11-4 所示，主要包括以下几步。

（1）用镊子夹住待焊元器件本体，放置到 PCB 上的规定位置，元器件的电极应对准焊盘，此时镊子不要离开。

（2）另一只手拿电烙铁，并在烙铁头上沾一些焊锡，对元器件的一端进行焊接，其目的在于将元器件固定。元器件固定后，镊子可以离开。

（3）按照分立元器件点锡焊的焊接方法焊接元器件的另一端，焊好后回到先前焊接的一端进行补焊。焊接完成后，标准焊点如图 11-4（f）所示。焊接时间（电烙铁、焊锡和元器件电极接触时间）控制在 3s 以内；所用焊锡丝的直径为 0.6～0.8mm。

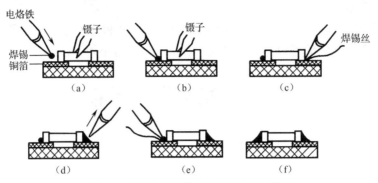

图 11-4　贴片元器件的手工焊接示意图

2．SOP 集成电路的手工焊接

SOP（Small Outline Package，小外形封装）集成电路可采用电烙铁拉焊的方法进行焊接。拉焊时应选用宽度为 2.0～2.5mm 的扁平式烙铁头和直径为 1.0mm 的焊锡丝，具体步骤如下。

（1）检查焊盘，焊盘表面要清洁，如果有污物，则可用无水乙醇擦除。

（2）检查 IC 引脚，若有变形，则用镊子仔细调整。

（3）将 IC 放在焊接位置上，此时应注意 IC 的方向，且各引脚应与其焊盘对齐，然后用点锡焊的方法先焊接其中的一两个引脚以将其固定。当所有引脚与焊盘位置无偏差时，方可进行拉焊。

（4）一手持电烙铁由左至右对引脚进行焊接，另一只手持焊锡丝不断加锡，如图 11-5 所示。最后将引脚全部焊好。

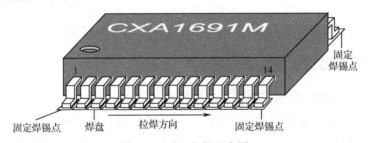

图 11-5　手工拉焊示意图

拉焊时烙铁头不可触及元器件引脚根部，否则易造成短路，并且烙铁头对元器件的压力不可过大，应处于"漂浮"在引脚上的状态，利用焊锡张力，引导熔融的锡珠由左向右徐徐移动。在拉焊过程中，电烙铁只能向一个方向移动，切勿往返，并且焊锡丝要紧跟电烙铁，切忌只用电烙铁不加焊锡丝，否则容易造成引脚大面积短路。若发生短路，则可从短路处开始继续拉焊，也可用电烙铁将短路点上的多余锡引渡下来，或用尖头镊子从熔融的焊点中间划开。

11.2.3　PCB 焊点质量判断

焊接完成以后，目测（或靠放大镜）检查焊点是否有缺陷，这是判断焊点质量的一个重要手段。表 11-1 列出了可能出现的有缺陷焊点的缺陷、判定说明、图示说明。

表 11-1 缺陷焊点的缺陷、判定说明、图示说明

缺 陷	判 定 说 明	图 示 说 明
冷焊、锡珠	① 不可以有锡珠； ② 不可冷焊（锡面有颗粒状，焊点处锡膏过炉后未熔化）	
焊接不良	可焊性差	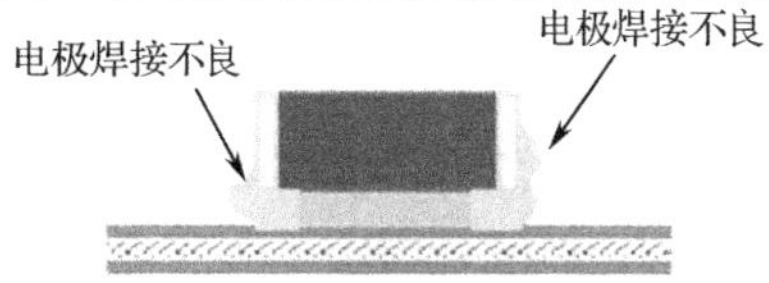
焊锡量过大	① 元器件两端的锡量小于元器件本身高度的 1/2 为最大允收； ② 元器件两端的锡量大于元器件本身高度的 1/2 为不良	
锡尖	① 元器件两端焊锡必须平滑； ② 焊点如果有锡尖，则不得大于 0.5mm； ③ 元器件两端焊点不平滑且有锡尖，大于或等于 0.5mm	
吃锡不足	① 焊锡带需延伸到组件端的 25% 以上； ② 焊锡带从组件端向外延伸到焊点的距离需在组件高度的 25% 以上	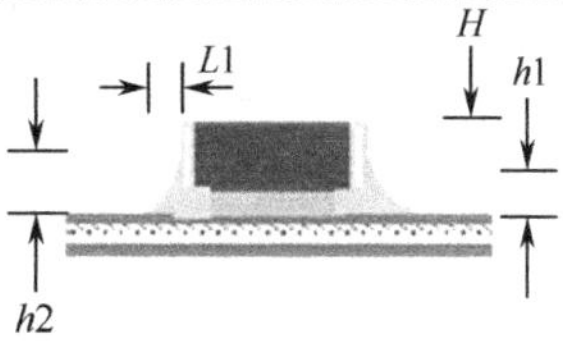 ① $h1 > H \times 25\%$，OK； ② $L1 \geq h2 \times 25\%$，OK
锡桥（短路）	相邻两元器件之间连锡	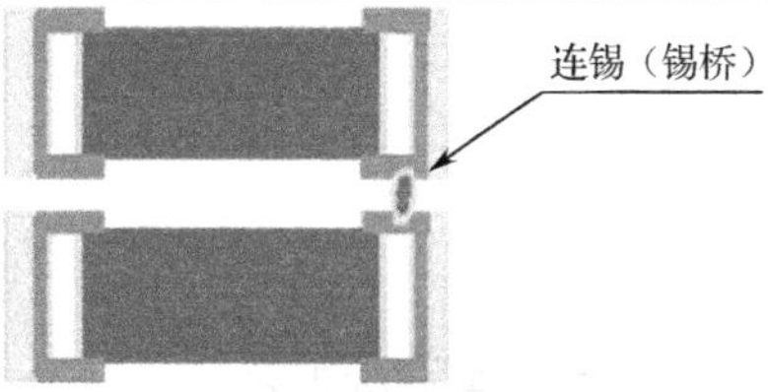

11.3 PCB 清洗工艺方法

PCB 的清洗工艺包括水基清洗、半水基清洗、溶剂清洗等，选用哪种工艺，应根据电子产品和重要性，以及对清洗质量的要求和工厂的实际情况决定。

1．水基清洗工艺

水基清洗工艺以水为清洗介质，为了提高清洗效果，可在水中添加少量的表面活性剂、洗涤助剂、缓蚀剂等化学物质（一般含量在 2%～10%）。水基清洗剂对水溶性污垢有很好的溶解作用，再配合加热、刷洗、喷淋喷射、超声波清洗等物理清洗手段，能取得更好的清洗效果。在水基清洗剂中加入表面活性剂可使水的表面张力大大降低，使水基清洗剂的

渗透、铺展能力加强，能更好地深入紧密排列的电子元器件的缝隙中，从而将渗入PCB基板内部的污垢清除。利用水的溶解作用与表面活性剂的乳化分散作用也可以很好地将合成活性类助焊剂的残留物清除，不仅可以把各种水溶性的污垢溶解去除，还可以将合成树脂、脂肪等非可溶性污垢去除。

在水基清洗工艺中，如果配合使用超声波清洗，则利用超声波在清洗液中的传播过程产生大量微小空气泡的"空穴效应"来有效地把不溶性污垢从PCB上去除。考虑到PCB、电子元器件与超声波的相溶性要求，在清洗PCB时，使用的超声波频率一般在40kHz左右。

水基清洗工艺流程包括清洗、漂洗、干燥。首先用浓度为2%~10%的水基清洗剂配合加热、刷洗、喷淋喷射、超声波清洗等物理清洗手段对PCB进行批量清洗；然后用纯水或离子水进行2~3次漂洗；最后进行热风干燥。水基清洗需要使用纯水进行漂洗，这是造成水基清洗成本很高的原因。虽然高质量的水质是清洗质量的可靠保证，但在一些情况下，先使用成本较低的且电阻率为$5\mu\Omega\cdot cm$的去离子水进行漂洗，再使用电阻率为$18\mu\Omega\cdot cm$的高纯度去离子水进行漂洗，也可以取得很好的清洗效果。典型的水基清洗工艺流程如图11-6所示。一个典型的工艺过程为：首先在55℃的温度下用水基清洗剂对PCB进行批量清洗，并配合强力喷射清洗5min；然后用55℃的去离子水漂洗15min；最后在60℃的温度下热风吹干20min。为了提高水资源的利用率，在清洗工序中使用自来水或在漂洗槽使用用过的去离子水。

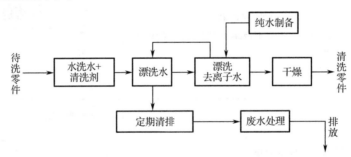

图11-6 典型的水基清洗工艺流程

2．半水基清洗工艺

在半水基清洗剂的成分中，一般都含有有机溶剂和表面活性剂，如最早使用在PCB清洗中的EC-7半水基清洗剂就是由萜烯类碳氢溶剂与表面活性剂组成的。在大多数半水基清洗剂的配方中还含有水，但由于水的含量不多（仅占5%~20%），所以从外观看上，半水基清洗剂与溶剂清洗剂一样，都是透明、均匀的溶液。与一般溶剂清洗剂不同的是，半水基清洗剂使用的有机溶剂的沸点比较高，因此挥发性低，不必像溶剂清洗剂那样在封闭的环境中进行清洗，而且在清洗过程中无须经常更换清洗剂，只需适当补充清洗剂即可。

半水基清洗工艺流程也包括清洗、漂洗、干燥三道工序，典型的半水基清洗工艺流程如图11-7所示。清洗工序往往配合使用超声波清洗，以改善清洗效果、缩短清洗时间。由于使用超声波会提高清洗剂的温度，所以需要严格控制清洗温度，不得超过清洗剂的闪点（一般清洗温度控制在70℃以下）。在清洗和漂洗工序之间加有一个乳化回收池，半水基清洗剂中含有的有机溶剂浓度很高，在清洗后仍会有较多的清洗剂附着在PCB表面，如果将清洗后的 PCB 直接放到水漂洗液中，则附着在 PCB 表面的有机溶剂会污染漂洗水，大大增大了后面水处理工序的负荷，而在清洗和漂洗工序之间增加一个盛有乳化剂水溶剂的乳化回收装置，就可以把附着在 PCB 表面的有机溶剂通过乳化分散的方式从 PCB 表面剥除，并可在这个乳化回收装置中利用过滤器和油水分离装置，把有机溶剂和污垢沉淀分离并回收。由于进入漂洗槽的 PCB 表面上的有机溶剂已很少了，所以既减轻了漂洗工序的负荷，又减轻了废水处理的负荷。最后用去离子水漂洗 2～3 次即可把污垢去除干净。由于半水基清洗工艺用水作为漂洗剂，所以存在与水基清洗工艺相同的干燥难问题，需要采用类似的多种措施提高烘干速度。

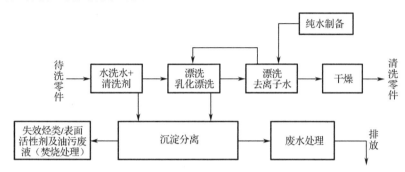

图 11-7　典型的半水基清洗工艺流程

3．溶剂清洗工艺

使用有机溶剂清洗 PCB 利用的是其对污垢的溶解作用，目前使用的溶剂清洗剂主要是 HCFC、HFC、HFE 等氟系溶剂，也可用碳氢溶剂、醇类溶剂等。为了改善氟系溶剂的清洗效果，在其中加入了碳氢溶剂、醇类溶剂等，从而形成了混合溶剂。由于这些氟系溶剂还具有不可燃的优点，所以清洗工艺及清洗设备基本不需要改变或只需略加调整即可。

典型的溶剂清洗工艺流程包括以下几种。

第一种：超声波加浸泡清洗→喷淋清洗→气相漂洗和干燥。

第二种：溶剂加热浸泡清洗→冷漂洗→喷淋清洗→气相漂洗和干燥。

第三种：气相清洗→超声波加浸泡清洗→冷漂洗→气相漂洗和干燥。

第四种：气相清洗→喷淋清洗→气相漂洗和干燥。

典型的溶剂清洗工艺流程如图 11-8 所示。

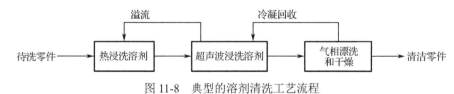

图 11-8　典型的溶剂清洗工艺流程

11.4　PCB 焊接实例

本书以功放电路为例介绍 PCB 的焊接。功放原理图如图 11-9 所示。

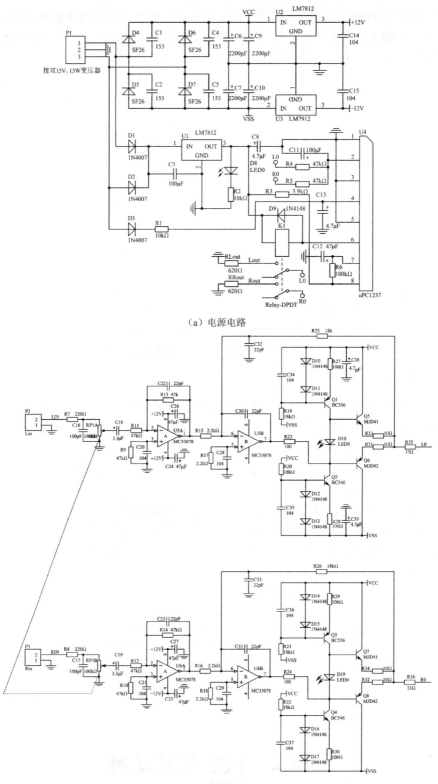

(a) 电源电路

(b) 功放电路

图 11-9 功放原理图

1. 工作原理

电源电路的工作原理：变压器次级输出的交流电压经过整流二极管 D4~D7 整流，再经 C6、C7、C9、C10 滤波后，一方面给 8 个功放三极管 Q1~Q8 提供电源；另一方面为 LM7812 和 LM7912 提供输入电压，经两个稳压块内部稳压后输出+12V 和-12V，给功放供电。

电源电路中还有一款集成电路——uPC1237，它是音响系统中为保护功放和喇叭而设计的一个集成电路，具有很宽的工作电压范围（25~60V），它具备开机延迟、功放输出端直流漂移检测、即时关机的功能。在图 11-9（a）中，P1 从功放变压器一绕组中取出交流，整流滤波后经 U1（LM7812）产生稳定的+12V 给 uPC1237 的 8 引脚提供工作电源。7 引脚为延时检测，通过 R6、C12 提供延时，延时后 6 引脚控制常开继电器的闭合，喇叭开始工作，避免了开机冲击。L0、R0 接功放左右声道输出，2 引脚为功放输出中点直流漂移检测，当检测到有直流输出时（一般为零点几伏），切断继电器，保护喇叭。4 引脚为关机检测，因为 4 引脚是从功放变压器取电，且滤波电容较小，所以当关闭功放电源时，马上就能检测到电压跌落，继而切断继电器，此时功放因为有大容量滤波电容存在而不会马上停止工作，但喇叭已被切断，从而避免了关机冲击。

在功率放大部分，左右声道放大电路完全一样。电路的放大倍数以左声道为例，放大倍数=R25/R15=18kΩ/2.2kΩ=8.2。RP1A 和 RP1B 是双联电位器，用于调节输入信号的大小，改变音量。U5A 和 U5B 组成两级放大电路，放大倍数为 8.2。Q1、Q2 组成恒流源，Q5、Q6 组成甲类功放。

2. 功放电路的 PCB 图

功放电路的 PCB 图如图 11-10 所示。

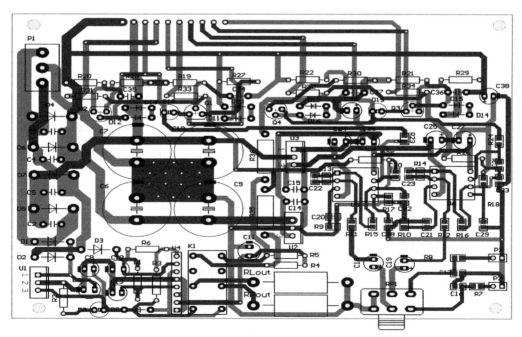

（a）功放电路板

图 11-10　功放电路的 PCB 图

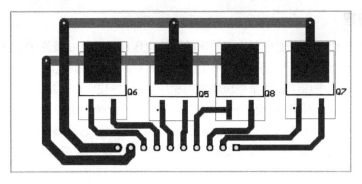

（b）功放管贴装板

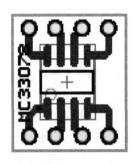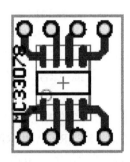

（c）功放贴装板

图 11-10　功放电路的 PCB 图（续）

3．电路的元器件清单

元器件清单如表 11-2 所示。

表 11-2　元器件清单

序号	名　称	位　号	规格及型号	数量
1	金属膜电阻器	R1，R2	10kΩ，1/4W	2
2	金属膜电阻器	R3	3.9kΩ，1/4W	1
3	金属膜电阻器	R4，R5	47kΩ，1/4W	2
4	0805 贴装电阻器	R9，R10，R11，R12，R13，R14	47kΩ	6
5	金属膜电阻器	R6	100kΩ	1
6	0805 贴装电阻器	R7，R8	220Ω	2
7	0805 贴装电阻器	R15，R16，R17，R18	2.2kΩ，1/4W	4
8	金属膜电阻器	R19，R20，R21，R22，R25，R26	18kΩ，1/4W	6
9	金属膜电阻器	R27，R28，R29，R30	100Ω，1/4W	4
10	0805 贴装电阻器	R23，R24，	100Ω	2
11	金属膜电阻器	R31，R32，R33，R34	10Ω，1/4W	4
12	金属膜电阻器	R35，R36	33Ω，1W	2
13	金属膜电阻器	RLout，RRout	620Ω，3W	2
14	双联电位器	RP1	100kΩ	1

续表

序号	名称	位号	规格及型号	数量
15	薄膜电容器	C1，C2，C4，C5	153/100V	4
16	电解电容器	C3，C11	100uF/35V	2
17	电解电容器	C6，C7，C9，C10	2200uF/25V	4
18	电解电容器	C8，C13，C38，C39	4.7uF/50V	4
19	电解电容器	C12，C24，C25，C26，C27	47uF/16V	5
20	薄膜电容器	C14，C15，C34，C35，C36，C37	104/100V	6
21	0805 贴装电容器	C20，C21，C28，C29	104	4
22	0805 贴装电容器	C16，C17	100pF	2
23	电解电容器	C18，C19	3.3uF/50V	2
24	0805 贴装电容器	C22，C23，C30，C31，C32，C33	22pF	6
25	二极管	D1，D2，D3	1N4007	3
26	二极管	D4，D5，D6，D7	SF26	4
27	发光二极管	D8，D18，D19	红色、直插、直径5mm	3
28	开关二极管	D9，D10，D11，D12，D13，D14，D15，D16，D17	1N4148	9
29	继电器	K1	HK19F-DC 12V-SHG	1
30	电源端子	P1	3端子，间距5mm	1
31	2座插针	P2	间距2.54mm	1
32	2座插针	P3	间距2.54mm	1
33	三极管	Q1，Q3	BC556，直插	2
34	三极管	Q2，Q4	BC546，直插	2
35	三极管	Q5，Q7	MJD41，贴装	2
36	三极管	Q6，Q8	MJD42，贴装	2
37	三端集成稳压器	U1，U2	LM7812 直插	2
38	三端集成稳压器	U3	LM7912 直插	1
39	集成电路	U4	uPC1237 直插	1
40	集成运放	U5，U6	MC33078 贴装	2
41	螺母	—	M3	4
42	螺钉	—	M3×10	4
43	PCB	—		1
44	电源线	—	220V 输入（配2个热缩管）	1
45	变压器	—	双15V，15W	1

4．安装说明

（1）对照元器件清单清点整机套件。

（2）按电子元器件的装配工艺将各个电子元器件的引线加工成形，正确插装。

（3）按电子元器件的焊接工艺对各个电子元器件进行焊接，焊接顺序和焊点必须符合工艺要求。

11.5 PCB的检查与返修

11.5.1 多引线插装元器件拆焊工艺要求

当拆焊PCB上的元器件或导线时，不要损坏元器件和PCB上的焊盘及印制导线。PCB上的铜箔在受热情况下极易剥离，拆焊时应特别注意。在PCB的拆焊工作中，比较困难的是拆焊那些多接点的器件，如固体器件、中频变压器、插焊在PCB上的多接点接插件、波段开关等。

PCB的拆焊有以下几种方法。

1．分点拆焊法

卧式安装的阻容元器件的两个焊接点的距离较近，可采用电烙铁进行分点加热、逐点拔出。如果引线是弯折的，则应用烙铁头撬直后进行拆除。

2．集中拆焊法

对于晶体管及直立安装的阻容元器件，其焊接点距离较近，可用电烙铁同时快速、交替地加热几个焊接点，待焊锡熔化后一次拔出，图11-11为集中拆焊示意图。对于多接点的元器件，如开关、插头座、集成电路等，可用专用烙铁头同时对准各个焊接点，一次加热取下。专用烙铁头如图11-12所示。

图11-11 集中拆焊示意图

图11-12 专用烙铁头

3．间断加热拆焊法

一些带有塑料骨架的器件，如中频变压器、线圈等，其骨架不耐高温，接点既集中又比较多，对这类器件要采用间断加热拆焊法。

拆焊时应首先除去焊接点上的焊锡，露出轮廓；然后挑开焊盘与引线的残留焊料；最后用烙铁头对个别未清除焊锡的接点加热并取下器件。当拆焊这类元器件时，不能长时间集中加热，要逐点间断加热。

4．设备拆除

利用吸锡器、通孔返修设备、红外加热风返修设备等拆除元器件能够更好地保证PCB、焊盘、被拆除的元器件不受损伤。

11.5.2 PCB 组件返修质量控制工艺要求

1. 返修前的预处理

返修前需要对 PCB 进行拆除芯片散热器、去除表面涂覆层等预处理，以留出返修操作空间，确保返修安全、可靠地进行。

2. PCB 和潮湿敏感器件的烘烤要求

（1）所有待安装的新器件必须根据器件的潮湿敏感等级和存储条件按照相关文件要求进行烘烤除湿处理。

（2）如果返修过程需要加热到 110℃ 以上，或者返修工作区域周围 5mm 以内存在其他潮湿敏感器件，则必须根据器件的潮湿敏感等级和存储条件按照相关文件要求进行烘烤除湿处理。

（3）对于返修后需要再利用的潮湿敏感器件，如果采用热风回流、红外回流等通过器件封装体加热焊点工艺修复的潮湿敏感器件，则必须根据器件的潮湿敏感等级和存储条件按照相关文件要求进行烘烤除湿处理；如果采用手工烙铁加热焊点工艺修复的潮湿敏感器件，则在加热过程得到控制的前提下，可以不用对潮湿敏感器件进行烘烤除湿处理。

3. PCB 返修加热次数的要求

PCB 组件和器件的累计加热次数要求：PCB 组件允许的返修加热累计次数不超过 4 次；新器件允许的返修加热次数不超过 5 次；PCB 上拆下的再利用器件允许的返修加热次数不超过 3 次。

4. 预热的要求

（1）在加热过程中，当基板、元器件存在受到大热量冲击的风险时，需要预热。

（2）当基本的加热方式不能使所有的焊点在一个可接受的时间内达到适当的回流温度时，需要预热。

（3）当对多层 PCB 和内有大尺寸地层的 PCB 的穿孔器件进行返修时，要进行预热，重点控制温度上升速率。

（4）当对 BGA 等大尺寸元器件进行返修时，要进行底面预热。

（5）预热温度根据组件上的元器件的耐热条件确定，通常设置为 100~120℃。

5. 返修不能使 PCB 有较大的变形

返修不能使 PCB 有较大的变形，如果使用热风返修，则要注意夹持和支撑好 PCB 并注意整板加热，避免返修后 PCB 有较大的变形。

6. 避免污染和返修中清洗原则

（1）在接触 PCB 时必须戴好干净的防静电手套、手指套，不允许用裸露的、没有采取保护措施的手指直接对 PCB 进行操作。

（2）如果返修设备具有自动清洗功能，则用该设备进行清洗；如果返修设备没有自动清洗功能，则应当优先考虑使用可以减少表面污染的清洗方法，其次才是对黏合剂、涂料、焊料的影响程度。返修焊接后的清洗应该保证表面污染物被有效去除，并且不会对产品的功能和可靠性造成影响。

7．不同类型元器件返修工艺基本要求

1）插装元器件

在返修过程中，无论是拆卸还是焊接，烙铁头空载温度均设置为(340±10)℃，特殊情况下可调整。电烙铁操作时间应控制在3～5s。

2）无引脚元器件、翼形引脚元器件、J形引脚元器件

在返修过程中，无论是拆卸还是焊接，当采用手工烙铁返修时，烙铁头空载温度应设置为(340±10)℃，可根据需要调整，每个元器件引脚的处理时间控制在2～3s；当采用热风返修时，在返修时要求焊点温升小于3℃/s，返修时焊点峰值温度小于235℃，整个过程控制在60～80s。

3）片式元器件

片式元器件包括常见的贴装电阻器、贴装电容器、贴装电感器、贴装钽电容器、贴装二极管、贴装功率电感器、贴装熔断器等。在返修过程中，无论是拆卸还是焊接，当采用热风返修时，要求焊点峰值温度小于235℃，整个过程控制在60～80s；当采用手工烙铁返修时，采用烙铁头直接加热焊盘的方法，将烙铁头空载温度设置为(340±10)℃，可根据需要调整，整个操作过程控制在3～5s。在返修过程中，严禁烙铁头直接接触元器件的封装体和焊端。

4）SOT（小外形晶体管）元器件

在返修过程中，无论是拆卸还是焊接，当采用手工烙铁返修时，要求烙铁头直接加热焊盘，通过焊盘传热给焊端完成焊接。严禁烙铁头直接接触元器件的封装体和焊端。烙铁头空载温度设置为(340±10)℃，可根据需要调整。每个焊点的平均处理时间控制在2～3s。当采用热风返修时，要求焊点峰值温度小于235℃，整个过程控制在60～80s。

5）双边缘表贴连接器

在返修过程中，无论是拆卸还是焊接，当采用热风工艺拆除器件时，热风枪空载温度为(350±20)℃，使热风口对准需要拔取器件的焊点，温度应保证整个器件加热尽量均匀，焊点熔化即可轻轻将器件拔起；当采用手工烙铁焊接时，烙铁头空载温度设置为(340±10)℃，可根据需要调整，每个焊点的平均处理时间控制在2～3s。烙铁头不允许接触器件本体，以免烫坏器件的塑胶本体。

6）连接器类器件的返修及清洗

维修时要注意对连接器本体进行保护，防止电烙铁对器件的损坏。维修时尽可能不用或少用助焊剂，必须完全避免助焊剂爬上引脚上部的器件金手指处。维修后清洗时注意用无纺布沾少许洗板水清洗引脚，不可使用毛刷清洗，清洗时注意不可将洗板水渗到器件金手指处，清洗后必须用显微镜检查整个器件，并重点检查器件有无助焊剂残留（重点是连接器的金手指处）。

11.5.3 自动光学检测仪（AOI）的操作工艺要求

1. AOI 工序通用要求

必须配置炉前 AOI 以检测贴装品质，炉后 AOI 配置必须满足对应设备规格的能力要求。使用 6 年后的 AOI 设备需要经供应商校正、确认正常后方可使用。对于炉前 AOI 设备，放置在该设备后的贴片机仅允许贴装屏蔽框和部分卡座类器件。

2. AOI 设备能力要求

AOI 设备能力要求如表 11-3 所示。

表 11-3 AOI 设备能力要求

序号	项目	技术指标	指标要求
1	元器件测试范围	最小可测元器件	能测试 0.3mm Pitch QFP 元器件、01005 元器件
2	PCB 处理能力	PCB 可测区域范围	50mm×50mm～330mm×250mm（双轨） 50mm×50mm～450mm×515mm（单轨）
		PCB 厚度	0.4～4mm
		PCB 板上、下允许元器件高度	≤25mm
3	相机及光源要求	Camera	解析度为 26μm 或更高，可调
		光源自动调节能力	自动、连续可调，可校准；0～255 级可调
		光源	Multi-layer LED
4	系统指标	偏位 GR&R	X、Y≤10%，θ≤30%
		系统精度（偏移）	≤±10μm@66
5	检出率	检出率	≥98%

在表 11-3 中，检出率=1-(漏检元器件数/总缺陷元器件数)×100%。

检出率是指 AOI 设备可以检测出的常见贴片缺陷的覆盖率，用于衡量设备本身的检测能力要求及设备工程师参数设定能力要求。

生产中必须对 AOI 漏检率和 AOI 漏检比重进行衡量和监控：

AOI 漏检率=维修缺陷中 AOI 漏检器件数/PCBA（印制电路板组装）生产数

AOI 漏检比重= AOI 漏检率/PCBA 不良率

3. AOI 检测频率要求

AOI 检测频率要求如表 11-4 所示。

表 11-4 AOI 检测频率要求

项目	说明
试产 PCB 测试频率	第一块 PCB 用于 AOI 程序调试，可不检测； 第二块 PCB 开始检测除炉前 AOI 后泛用贴片机贴片器件外的所有器件
量产 PCB 测试频率	要求对生产中的每块 PCB 进行 100%的 AOI 检测，质量工程师和工艺工程师每两个小时确认一次 AOI 良率，当低于规定良率的 97%时，要改善贴片的品质

AOI 良率是指经过 AOI 检测之后的满足贴片品质要求的 PCB 的贴装良率，是针对表

面贴装品质的管控要求。通过 AOI 良率检测结果衡量表面贴装品质。

11.6　PCB 表面贴装技术

11.6.1　锡膏涂覆工艺要求

1. 锡膏印刷工艺参数

1）图形对准

图形对准是指将工作台上的基板与钢网进行对准定位，使基板焊盘图形与钢网开孔图形完全重合。

2）刮刀与钢网的角度

刮刀与钢网的角度越小，向下的压力越大，越容易将锡膏注入网孔中，但也容易使锡膏被挤压到钢网的底面，造成锡膏粘连。一般刮刀与钢网的夹角为 45°~60°。目前，自动和半自动印刷机大多采用 60°。

3）锡膏的投入量

锡膏量投入过少易造成填充不良、漏印、少印；锡膏量投入过多易造成锡膏无法形成滚动运动，锡膏无法刮干净，最终导致印刷脱模不良，且过多的锡膏长时间暴露在空气中对锡膏质量也有影响。在生产中，作业员每半小时检查一次钢网上的锡膏条的高度，每半小时将钢网上超出刮刀长度外的锡膏用电木刮刀移到钢网的前端并使其均匀分布。

4）刮刀压力

刮刀压力也是影响印刷质量的重要因素。刮刀压力实际是指刮刀下降的深度，压力太小，刮刀没有贴紧钢网表面，还会使钢网表面残留一层锡膏，容易造成印刷成形黏结等印刷缺陷。

5）印刷速度

由于刮刀速度与锡膏的黏度成反比，所以当 PCB 有窄间距、高密度图形时，速度要慢一些。如果速度过快，则刮刀经过钢网开孔的时间就相对太短，锡膏不能充分渗入开孔中，容易造成锡膏成形不饱满或漏印等印刷缺陷。印刷速度和刮刀压力存在一定的关系，理想的刮刀速度与压力应该是正好把锡膏从钢网表面刮干净。

6）钢网与 PCB 的分离速度

锡膏印刷后，钢网离开 PCB 的瞬间速度即分离速度，它是关系印刷质量的参数。在窄间距、高密度印刷中最为重要。先进的印刷设备的钢网离开锡膏图形时有 1 个或多个微小的停留过程，即多级脱模，这样可以保证获取最佳的印刷成形效果。

7）清洗模式和清洗频率

钢网污染主要是由于锡膏从开孔边缘溢出造成的，如果不及时清洗，则会污染 PCB 表面，钢网开孔四周的残留锡膏会变硬，严重时还会堵塞钢网开孔。

清洗钢网底部也是保证印刷质量的因素，应根据锡膏、钢网材料、厚度及开孔大小等情况确定清洗模式和清洗频率。

2．影响锡膏印刷质量的主要因素

（1）钢网质量：钢网厚度与开口尺寸确定了锡膏的印刷质量。锡膏量过多会产生桥接，锡膏量过少会产生锡膏不足或虚焊；钢网开口形状及开孔壁是否光滑会影响脱模质量。

（2）锡膏质量：锡膏的黏度、印刷的滚动性、常温下的使用寿命等都会影响印刷质量。

（3）印刷工艺参数：刮刀速度、刮刀压力，刮刀与钢网的角度及锡膏的黏度之间存在着一定的制约关系。因此，只有正确控制这些参数，才能保证锡膏的印刷质量。

（4）设备精度：在印刷窄间距、高密度产品时，印刷机的印刷精度和重复印刷精度也会对印刷质量有一定的影响。

（5）环境温度/湿度和环境卫生：环境温度过高会降低锡膏的黏度；湿度过大锡膏会吸收空气中的水分，湿度过小会加速锡膏中溶剂的挥发；环境中的灰尘混入锡膏中会使焊点产生针孔等缺陷。

从以上介绍中可以看出，影响锡膏印刷质量的因素非常多，而且印刷锡膏是一种动态工艺。因此，建立一套完整的印刷工艺管制文件是非常必要的，选择正确的锡膏、钢网，并结合合适的印刷机参数设定，能使整个印刷工艺过程更稳定、可控、标准化。

11.6.2 点胶机操作工艺要求

在点胶过程中，工艺控制起着相当重要的作用。生产中易出现以下工艺缺陷：胶点大小不合格、拉丝、胶水浸染焊盘、固化强度不好易掉片等。要解决这些问题，就应整体研究各项技术工艺参数。

1．点胶量

根据工作经验，胶点直径的大小应为焊盘间距的一半，贴片后胶点直径应为胶点直径的 1.5 倍。这样既可以保证有充足的胶水来黏结元件，又可以避免过多胶水浸染焊盘。点胶量多少由螺旋泵的旋转时间长短决定，实际中应根据生产情况（室温、胶水的黏度等）选择螺旋泵的旋转时间。

2．点胶压力

目前所用的点胶机采用螺旋泵供给点胶针头胶管，通过一个压力来保证有足够的胶水供给螺旋泵。点胶压力太大易造成胶溢出、胶量过多；点胶压力太小会出现点胶断续、漏点的现象，从而造成缺陷。应根据同品质的胶水、工作环境温度选择压力。环境温度高会使胶水黏度变小、流动性变好，这时需要调小点胶压力，以保证胶水的供给，反之亦然。

3．针头大小

在实际工作中，针头内径应为点胶胶点直径的 1/2。在点胶过程中，应根据 PCB 上焊盘的大小选取点胶针头。例如，0805 和 1206 的焊盘大小相差不大，可以选取同一种针头，但是对于相差悬殊的焊盘，就需要选取不同的针头了，这样既可以保证胶点质量，又可以提高生产效率。

4．针头与 PCB 间的距离

不同的点胶机采用不同的针头，有些针头有一定的止动度。每次工作开始时都应对针头与PCB间的距离进行校准，即Z轴高度校准。

5．胶水温度

一般环氧树脂胶水应保存在0～50℃的冰箱中，使用时应提前半小时取出，使胶水充分地与工作温度相符合，胶水的使用温度应为50～230℃。环境温度对胶水的黏度影响很大，温度过低会使胶点变小，出现拉丝现象。环境温度相差50℃会造成50%点胶量变化。因此应对环境温度加以控制。另外，环境的湿度也应该给予保证，湿度小胶点易变干，影响黏结力。

6．胶水的黏度

胶水的黏度直接影响点胶的质量。胶水的黏度大，胶点会变小，甚至拉丝；黏度小，胶点会变大，进而可能渗染焊盘。在点胶过程中，应对不同黏度的胶水选取合理的背压和点胶速度。

7．固化温度曲线

对于胶水的固化，一般生产厂家已给出其固化温度曲线。在实际生产中，应尽可能采用较高温度来固化，以使胶水固化后有足够的强度。

8．气泡

胶水一定不能有气泡。一个小小的气泡就会造成许多焊盘没有胶水。每次中途更换胶管时都应排空连接处的空气，防止出现空打现象。

对于以上各参数的调整，应按由点及面的方式，任何一个参数的变化都会影响其他参数，缺陷的产生可能是多方面原因造成的，应对可能的因素进行逐项检查，进而排除。总之，在生产中，应该按照实际情况调整各参数，既要保证生产质量，又能提高生产效率。

11.6.3 贴片机操作工艺要求

随着SMT（表面贴装技术）在电子产品中的广泛应用，SMT生产中的关键设备——贴片机也得到了相应的发展，但在贴片机的使用过程中，会不可避免地发生一些故障。如何排除这些故障，确保机器处于最佳运行状态，是贴片机日常使用管理过程中的一个主要任务。本书以HSP4796L高速转塔贴片机为例介绍贴片机日常使用过程中的一些常见故障的排除方法与操作工艺要求。

HSP4796L以贴装片式元器件为主，采用16个一组的旋转贴装头，每个贴装头上有5种吸嘴；双供料平台，每个供料平台上可安装最多80种元器件（8mm）；贴片速度为0.10片/s，可贴装0201-20mm尺寸芯片等。

1．元器件吸取不良

元器件由高速运动的贴装头从包装编带中被取出，然后贴装到PCB上，在这个过程中会产生未取到、吸取后失落等几种吸取不良的故障，这些故障会造成大量元器件损耗。根据经验，元器件吸取不良通常是由以下几种原因造成的。

（1）真空负压不足。当吸嘴吸取元器件时，吸嘴处会产生一定的负压，从而把元器件吸附在吸嘴上。判定吸嘴吸取元器件是否异常一般采用负压检测方式，当负压传感器检测值在一定范围内时，机器认为吸取正常，反之认为吸取不良。在吸取元器件时，真空负压应该在 53.33kPa 以上，只有这样才能有足够的吸力吸取元器件。若真空负压不足，则无法提供足够的吸力吸取元器件。因此，在使用中要经常检查真空负压，并定期清洗吸嘴，还要注意每个贴装头上的真空过滤芯的污染情况。真空过滤芯的作用是对到达吸嘴的气源进行过滤，对污染发黑的真空过滤芯的要予以更换，以保证气流畅通。

（2）吸嘴磨损。吸嘴变形、堵塞、破损会造成气压不足，导致吸取不良，因此要定期检查吸嘴的磨损程度，对磨损严重的吸嘴要予以更换。

（3）供料器进料不良（供料器齿轮损坏），料带孔没有卡在供料器的齿轮上，供料器下方有异物、卡簧磨损，压带盖板、弹簧及其他运行机构产生变形、锈损等都会导致元器件吸偏、立片或吸不起元器件，因此应定期检查，发现问题及时处理，以免造成元器件的大量浪费。

（4）理想的吸取高度是当吸嘴接触元器件表面时再往下压 0.05mm，若下压的深度过大，则会造成元器件被压进料槽里，取不起料。若某元器件的吸取情况不好，则可适当将吸取高度向上调整一点，如 0.05mm。在实际工作过程中会碰到某一供料台上的所有元器件都出现吸取不良的情况，解决的方法是将系统参数中该供料台的取料高度适当上移一点。

（5）有些厂家生产的片式元器件包装存在质量问题，如齿孔间距误差较大、纸带与塑料膜之间的黏结力过大、料槽尺寸过小等，这些都是造成吸取不良的可能原因。

2. 元器件识别错误

HSP4796L 的视觉检测系统由两部分组成：元器件厚度检测系统和光学识别系统。因此，分析识别错误应从这两方面入手。

（1）元器件厚度检测错误。元器件厚度检测通过安装在机构上的线性传感器对元器件的侧面进行检测，并与元器件库中设定的厚度值进行比较，可判断出元器件的吸取不良状态（立片、侧吸、斜吸、漏吸等）。当元器件库中设定的厚度值与实测值的差超出允许的误差范围时，会出现厚度检测不良的情况，导致元器件损耗，因此正确设定元器件库中元器件的厚度至关重要。还要经常对线性传感器进行清洁，以防止黏附其上的粉尘、杂物、油污等影响元器件的厚度及吸取状态的检测。

（2）元器件视觉检测错误。光学识别系统固定安装在一个仰视的 CCD 摄像系统中，它在贴装头的旋转过程中经摄像头识别元器件外形轮廓并光学成像，同时把相对于摄像机的器件中心位置和旋转角度测量并记录下来，然后传递给传动控制系统，从而进行 x、y 坐标位置偏差与 θ 角度偏差的补偿，其优点在于精确性高与可适用于各种规格、形状元器件的灵活性。光学识别系统有背光识别方式和前光识别方式：前光识别以元器件引线为识别依据，识别精度不受吸嘴尺寸的影响，可清晰地检测出元器件的电极位置，即使引脚隐藏于元器件外形内的器件（PLCC、SOJ 等）也可准确贴装；背光识别以元器件外形为识别依据，主要用来识别片式阻容元器件和三极管等，识别精度会受吸嘴尺寸的影响。

元器件视觉检测错误的可能原因如下。

图 11-13 吸嘴轮廓影响元器件的背光识别

① 吸嘴的影响。当采用背光识别时,若吸嘴外形大于元器件轮廓,则图像中会有吸嘴的轮廓,如图 11-13 所示,此时识别系统会把吸嘴轮廓当作元器件的一部分,从而影响元器件的识别。解决方法要视具体情况而定。

a. 若吸嘴外径大于元器件尺寸,则换用外径较小的吸嘴。

b. 若因吸嘴位置偏差导致吸嘴外形伸出元器件轮廓,则应调整料位偏差。HSP4796L 具有元器件吸取位置自动校正的功能,通过连续测量某元器件的吸取位置,计算出平均误差并自动产生修正值加以补偿,该修正值存放在 Feeder(B)Offset 中,在该数据库中存放有每个料位自动生成的修正值,只需将该元器件所在料位偏差值清零即可解决问题。

② 元器件库参数设置不当。这通常是由于换料时元器件外形不一致造成的,需要对识别参数重新进行检查设定,检查项目包括元器件外形和尺寸等,一个有效的解决办法是让视觉系统"学习"一遍元器件外形,系统将自动产生类似 CAD 的综合描述,此方法快捷、有效。另外,若来料尺寸一致性不好,则可适当增大容许误差。

③ 光圈光源的影响。光圈光源使用较长一段时间后,光源强度会逐渐下降,因为光源强度与固态摄像转换的灰度值成正比,而采用的灰度值越大,数字化图像与人观察到的视图就越接近,所以随着光源强度的降低,灰度值也相应减小。但机器内设定的灰度值不会随着光源强度的降低而减小,只有定期校正检测,灰度值才会与光源强度成正比,当光源强度削弱到无法识别元器件时,就需要更换光源了。

④ 反光板的影响。反光板只对背光起作用,当反光板上有灰尘时,反射时摄像机的光源强度会降低,灰度值也小,这样易出现识别不良,导致元器件损耗。反光板是需要定期擦拭的部件。

⑤ 镜头上异物的影响。在光圈上面有个玻璃镜片,作用是防止灰尘进入光圈内,影响光源强度,但如果在玻璃镜片上有灰尘等异物,同样会影响光源强度,光源强度低,灰度值就小。这样也容易导致识别不良,因此要注意镜头和各种镜片的清洁。

3. 飞件

飞件指元器件在贴片位置丢失,产生的主要原因有以下几方面。

(1)元器件厚度设置错误。若元器件厚度较薄,但数据库中设置较厚,那么吸嘴在贴片时就会在元器件还没到达焊盘位置时就将其放下,而固定 PCB 的 x-y 工作台又在高速运动,由于惯性作用导致飞件。因此要正确设置元器件厚度。

(2)PCB 厚度设置错误。若 PCB 实际厚度较薄,但数据库中设置较厚,那么在生产过程中,支撑销将无法完全将 PCB 顶起,元器件可能在还没到达焊盘位置就被放下,从而导致飞件。

(3)PCB 的原因。PCB 翘曲超出设备的允许误差。PCB 容许的翘曲如图 11-14 所示。

(4)支撑销放置问题。在制作双面贴装 PCB 时,当制作第二面时,支撑销顶在 PCB 底部元器件上,造成 PCB 向上翘曲;或者支撑销摆放不够均匀,PCB 有的部

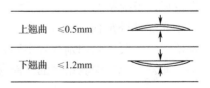

图 11-14 PCB 容许的翘曲

分未被顶到,从而导致 PCB 无法完全被顶起。

11.6.4 再流焊机操作工艺要求

1. 再流焊的工艺要求

第一:设置合理的温度曲线并定期进行温度曲线的实时测试。

第二:按照 PCB 设计时的焊接方向进行焊接。

第三:焊接过程中严防传送带震动。

第四:必须对首块 PCB 的焊接效果进行检查。检查焊接是否充分、焊点表面是否光滑、焊点形状是否呈半月状、锡球和残留物的情况、连焊和虚焊的情况,还要检查 PCB 表面颜色变化等情况,并根据检查结果调整温度曲线。在整批生产过程中,要定时检查焊接质量。

2. 影响再流焊质量的因素

再流焊是 SMT 关键工艺之一,表面组装的质量直接体现在再流焊结果中,但再流焊中出现的焊接质量问题不完全是再流焊工艺造成的。因为再流焊接质量除了与焊接温度(温度曲线)有直接关系,还与生产线设备条件、PCB 焊盘和可生产性设计、元器件可焊性、锡膏质量、PCB 的加工质量、SMT 每道工序的工艺参数,甚至操作人员的操作都有密切的关系。

1)PCB 焊盘设计对再流焊质量的影响

SMT 的组装质量与 PCB 焊盘设计有直接的、十分重要的关系。如果 PCB 焊盘设计正确,则贴装过程产生的少量的歪斜可以在再流焊时,由于熔融焊锡表面张力的作用而得到纠正(称为自定位或自校正效应);相反,如果 PCB 焊盘设计不正确,则即使贴装位置十分准确,再流焊后也会出现元器件位置偏移、吊桥等焊接缺陷。

2)锡膏质量、锡膏的正确使用对再流焊质量的影响

(1)锡膏质量。对锡膏中的金属微粉含量、颗粒度、金属粉末的含氧量、黏度、触变性都有一定的要求。如果金属微粉含量高,则在再流焊升温时,金属微粉会随着溶剂、气体蒸发而飞溅;如果颗粒度过大,印刷时会影响锡膏的填充和脱膜;如果金属粉末的含氧量高,则会加剧飞溅,形成焊锡球,还会引起不润湿等缺陷。另外,如果锡膏黏度过低或锡膏的触变性(保形性)不好,则印刷后锡膏图形会塌陷,甚至造成粘连,在再流焊时也会形成焊锡球、桥接等焊接缺陷。

(2)锡膏使用不当。例如,从低温柜中取出锡膏直接使用,由于锡膏的温度比室温低,所以会产生水汽凝结,当再流焊升温时,水汽蒸发带出金属粉末,在高温下,水汽会使金属粉末氧化,飞溅形成焊锡球,还会产生润湿不良等问题。

(3)锡膏的正确使用与管理。

① 必须储存在 2~10℃ 的条件下。

② 要求使用前一天从冰箱取出锡膏,待锡膏达到室温后才能打开容器盖,防止水汽凝结。

③ 使用前用不锈钢搅拌棒将锡膏搅拌均匀,搅拌棒一定要清洁。有条件的可以使用锡膏搅拌机将锡膏搅拌均匀。

④ 添加完锡膏后，应盖好容器盖。

⑤ 免清洗锡膏不能使用回收的锡膏，如果印刷间隔超过 1h，则必须将锡膏从模板上拭去，并将锡膏回收到当天使用的容器中。

⑥ 印刷后尽量在 4 小时内完成再流焊。

⑦ 免清洗锡膏修板后（不使用助焊剂的情况下）不能用酒精擦洗。

⑧ 对于需要清洗的产品，再流焊后应当天完成清洗。

⑨ 在进行印刷操作时，要求拿 PCB 的边缘或戴手套，以防污染 PCB。

⑩ 回收的锡膏与新锡膏要分别存放。

3）元器件焊端和引脚、PCB 的焊盘质量对再流焊质量的影响

在元器件焊端和引脚、印制电路基板的焊盘氧化或污染，或者 PCB 受潮等情况下，当进行再流焊时，会产生润湿不良、虚焊、焊锡球、空洞等焊接缺陷。解决措施如下。

措施 1：采购控制。

措施 2：完善元器件、PCB、工艺材料的存放、保管、发放制度。

措施 3：元器件、PCB、材料等过期控制（原则上不允许使用过期的物料，必须使用时需要经过检测认证，确信无问题才能使用）。

4）锡膏印刷质量

据资料统计，在 PCB 设计正确、元器件和 PCB 质量有保证的前提下，表面组装质量问题中有 70%的质量问题出在印刷工艺上。

5）贴装元器件

保证贴装质量的三要素：元器件正确、位置准确、压力（贴片高度）合适。

6）再流焊温度曲线

温度曲线是保证焊接质量的关键，实时温度曲线和锡膏温度曲线的升温速率与峰值温度应基本一致。160℃前的升温速率控制在 1~2℃/s。如果升温速率太大，则一方面会使元器件及 PCB 受热太快，易损坏元器件，造成 PCB 变形；另一方面，锡膏中的熔剂挥发速度太快，容易溅出金属成分，产生焊锡球。峰值温度一般设定为比合金熔点高 30~40℃（例如，63Sn/37Pb 锡膏的熔点为 183℃，峰值温度应设置为 215℃左右），再流时间为 60~90s。峰值温度低或再流时间短会使焊接不充分，不能生成一定厚度的金属间合金层，严重时会造成锡膏不熔。峰值温度过高或再流时间长会使金属间合金层过厚，也会影响焊点强度，甚至会损坏元器件和 PCB。设置再流焊温度曲线的依据如下。

（1）不同金属含量的锡膏有不同的温度曲线，首先应按照锡膏加工厂提供的温度曲线进行设置，锡膏中的焊料合金决定了熔点，助焊剂决定了活化温度（主要控制各温区的升温速率、峰值温度和回流时间）。

（2）根据 PCB 的材料（塑料、陶瓷、金属）、厚度、是否为多层板、尺寸大小。

（3）根据表面组装板搭载元器件的密度、元器件的大小，以及有无 BGA、CSP 等特殊元器件。

（4）根据设备的具体情况，如加热区长度、加热源材料、再流焊炉构造和热传导方式等因素。

热风炉和红外炉有很大的区别，红外炉主要是辐射传导，优点是热效率高，温度陡度大，易控制温度曲线，双面焊时 PCB 上、下温度易控制；缺点是温度不均匀，在同一块

PCB上由于元器件的颜色和大小不同，其温度会不同。为了使深颜色器件周围的焊点和大体积元器件达到焊接温度，必须提高焊接温度。热风炉主要是对流传导，优点是温度均匀、焊接质量好；缺点是PCB上、下温差及沿焊接炉长度方向温度梯度不易控制。

（5）根据温度传感器的实际位置确定各温区的设置温度。

（6）根据排风量的大小进行设置。

（7）环境温度对炉温也有影响，特别是加热温区短、炉体宽度窄的再流焊炉，在炉子进出口处要避免对流风。

7）再流焊设备对焊接质量的影响

（1）温度控制精度。

（2）传输带横向温度均匀，无铅焊接要求<±2℃。

加热区长度越长、加热区数量越多，越容易调整和控制温度曲线，无铅焊接应选择7温区以上。

（3）最高加热温度一般为300~350℃，考虑到无铅焊接或金属基板，应选择350℃以上的加热温度。

（4）加热效率高。

（5）是否配置氮气保护、制冷系统和助焊剂回收系统。

（6）要求传送带运行平稳，震动会造成移位、吊桥、冷焊等缺陷。

（7）应具备温度曲线测试功能，否则应外购温度曲线采集器。

练 习 题

单项选择题

1. 在PCB上，金属化孔的作用是（   ）。
   A. 安装固定元器件　　　　　　　　B. 穿过元器件引线
   C. 不同层间印制导线的连接　　　　D. 基板定位

2. PCB上的印制线路包括（   ）。
   A. 导电图形、印制导线、焊盘、金属化孔
   B. 字符、印制导线、焊盘、引线孔
   C. 字符、印制导线、焊盘、助焊剂
   D. 导电图形、印制导线、焊盘、阻焊剂

3. 斜口钳主要用于（   ）。
   A. 剪切较粗的铅丝　　　　　　　　B. 剪切板材
   C. 剪切导线和元器件引线　　　　　D. 剪切钢丝

4. 为了提高元器件的可焊性，一般元器件引线表面要（   ）防止氧化。
   A. 镀锡　　　　　B. 镀铅　　　　　C. 镀铝　　　　　D. 镀不锈钢

5. AOI的中文含义是（   ）。
   A. 全自动贴片机　　　　　　　　　B. 自动光学检测仪
   C. 自动控制设备　　　　　　　　　D. 自动再流焊机

判断题（正确的画√，错误的画×）

1. PCB 的焊接面除去焊盘外都应该涂有阻焊剂。　　　　　　　　　　（　　）
2. 良好的镀锡层表面应均匀光亮，允许有小颗粒及凹凸点。　　　　　（　　）
3. 电烙铁搪锡采用可调温控电烙铁，搪锡时间为 10s。　　　　　　　（　　）
4. 静电敏感器件引线搪锡时，锡锅应可靠接地，以免器件受静电损伤。（　　）
5. 在再流焊技术中，可以采用激光加热，从而可以在同一块基板上采用不同的焊接工艺。　　　　　　　　　　　　　　　　　　　　　　　　　　　　　（　　）

答　　案

单项选择题

1．C　　2．A　　3．C　　4．A　　5．B

判断题（正确的画√，错误的画×）

1．√　　2．×　　3．×　　4．√　　5．×

第 12 章 光纤与网线

12.1 光纤

光纤是光导纤维的简称,是一种利用光在玻璃或塑料制成的纤维中的全反射原理而达成的光传导工具,如图 12-1 所示。光纤是由直径大约为 0.1mm 的细玻璃丝构成的,它透明、纤细,却具有把光封闭在其中并沿轴向进行传播的导波结构,是将信息从一端传送到另一端的媒介。

图 12-1 光纤

光纤由两层折射率不同的玻璃组成:内层为光内芯,直径为几微米至几十微米,外层的直径为 0.1~0.2mm,一般内芯玻璃的折射率比外层玻璃的折射率大 1%。根据光的折射和全反射原理,当光线射到内芯和外层界面的角度大于产生全反射的临界角时,光线透不过界面,会全部反射。

12.1.1 光纤的分类及结构

光纤传输原理是光的全反射。

光纤中应用光的波长范围为 850nm、1310nm、1550nm。

在光纤系统中,电子信号输入后,透过传输器将信号数位编码,成为光信号,光线透过光纤传送到另一端的接收器,接收器再将信号解码,还原成原先的电子信号并输出,如图 12-2 所示。

图 12-2 光纤应用

由于光在光纤中的传导损耗比电在电线中的传导损耗低得多,因此光纤常用于长距离的信息传递。光纤传输有许多突出的优点,如光纤频带宽、损耗低、质量轻、抗干扰能力强、保真度高、工作性能可靠、成本不断下降等。

光纤的种类很多，用途不同，所需的功能和性能也有所差异。根据不同的分类标准，同一根光纤会有不同的名称。按光纤的材料可以分为石英光纤和全塑光纤；按光纤剖面折射率分布不同可以分为阶跃型光纤和渐变型光纤；按照光纤传输路径的模式数量可以分为传输点模数类和折射率分布类。

其中，传输点模数类又分为单模光纤（Single Mode Fiber, SMF）和多模光纤（Multi Mode Fiber, MMF）。单模光纤的纤芯直径很小，在给定的工作波长上只能以单一模式传输，传输频带宽、传输容量大。多模光纤在给定的工作波长上能以多个模式同时传输。与单模光纤相比，多模光纤的传输性能较差。

通常，光纤与光缆两个名词会被混淆。如图12-3所示，多数光纤在使用前必须由几层保护结构包覆，包覆后的光纤即被称为光缆。光纤外层的保护层和绝缘层可防止周围环境对光纤的伤害，如水、火、电击等。

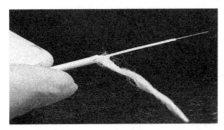

图 12-3　光缆示意图

1．单模与多模的概念

按传播模式将光纤分为多模光纤与单模光纤，如图12-4所示。在光纤数据传输领域，术语"模式"用于描述光信号在光纤玻璃纤芯内的传播方式，即模式是光的传播路径。

1）单模光纤

单模光纤是指在工作波长中只能传输一个传播模式的光纤。在有线电视和光通信中，单模光纤是应用最广泛的光纤。由于光纤的纤芯很细（8～10μm），而且折射率呈阶跃状分布，所以当归一化频率 V 小于 2.4 时，理论上只能形成单模传输。另外，单模光纤没有多模色散，传输频带较多模光纤更宽，再加上单模光纤的材料色散和结构色散的相加抵消，其合成特性恰好形成零色散的特性，使传输频带更宽。

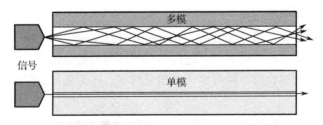

图 12-4　单/多模光纤示意图

2）多模光纤

多模光纤将光纤按工作波长以其传播可能的模式为多个模式的光纤。多模光纤的纤芯直径为 50μm 或 62.5μm，由于传输模式可达几百个，与单模光纤相比，其传输带宽主要受模式色散支配，在历史上曾用于有线电视和通信系统的短距离传输。自从出现了单模光纤，多模光纤似乎成了历史产品。但实际上，由于多模光纤较单模光纤的芯径大，且与 LED 等光源结合容易，在众多局域网中更有优势。所以在短距离通信领域中，多模光纤仍受到人们的重视。

2. 单模光纤与多模光纤的区别

（1）外观：如图 12-5 所示，单模光纤跳线的护套一般是黄色的，多模光纤跳线的护套一般是橙色或水绿色（介于蓝色和绿色之间的颜色）的；在纤芯直径方面，一般情况下，多模光纤要略大一些。

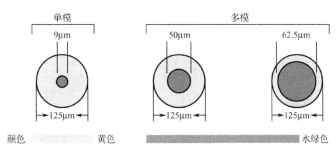

图 12-5　单/多模光纤外观示意图

（2）传输距离：单模光纤的传输距离不低于 5km，一般用于远程通信；多模光纤的传输距离只能够达到 2km 左右，适用于建筑物内或校园中的短距离通信。

（3）光源：如图 12-6 所示，因为 LED 光源较分散，可以产生多种模式的光，所以多用于多模光纤；激光光源接近单一模式，因此通常用于单模光纤。

（4）带宽：单模光纤比多模光纤的带宽更高（之前说过了，带宽指的是发送数据的频率，所以用更"高"这个形容词）。

图 12-6　单/多模光纤光源示意图

（5）使用成本：多模光纤允许通过多个光模式，因此多模光纤比单模光纤贵些。但是，单模光纤采用固态激光二极管作为光源，远比多模光纤的光源设备昂贵，因此单模光纤的使用成本比多模光纤的成本高得多。

3. 单模光纤与多模光纤传输的优点和缺点

单模光纤的传输带宽高、传输距离远，主要用于中长距离的信号传输系统，如光纤到户、地铁和道路等长距离网络。但是单模光纤的纤芯比较小，与发射机连接时需要精确对接，以耦合到较高的光源。这使得单模光纤网络系统的其他配件价格升高，单模光纤光发射机的价格比多模光纤光发射机的价格就贵不少。当使用单模连接器进行端接时，要注意精确对接，不然会产生数值较高的插入损耗，降低光纤传输性能。

多模光纤主要用于满足短距离网络的信号传输。事实上，多模光纤能够支持万兆以太网 550m 内的垂直子系统布线和短距离建筑群子系统布线，以及 40GB/100GB 网络 150m 内的数据中心布线。并且多模光纤系统的光电转换元件比单模光纤系统的光电转换元件更便宜，现场安装和端接也更简单。

4. 单模光纤与多模光纤的辨别

（1）颜色辨别。

黄色的光纤线一般是单模光纤，橘红色或灰色的光纤线一般是多模光纤。

（2）外套、线芯、标识辨别。

单模光纤的保护套一般为蓝色，其纤芯尺寸为 9μm，并且标有 sm 字样。

多模光纤的保护套颜色为米色或黑色，其纤芯尺寸为 50μm 和 62.5μm，并且标有 mm 字样。

（3）光纤磨制端头辨别。

在放大镜下可辨别光纤磨制端头，多模光纤呈同心圆；单模光纤中间有一黑点。

（4）熔接机熔接时从屏上辨别。

多模光纤中间没有白条，单模光纤中间有一白条。

12.1.2 光纤跳线

光纤跳线（又称光纤连接器）是指光缆两端都装上了连接器插头（接入光模块的光纤接头），用来实现光路活动连接。

光纤尾纤又叫猪尾线，只有一端有连接头，另一端是一根光缆纤芯的断头，通过熔接与其他光缆纤芯相连，常出现在光纤终端盒内，用于连接光缆与光纤收发器（之间还用到了耦合器、跳线等）。

跳线按连接头可分为 FC、ST、SC、LC、MU、MPO、E2000、MTRJ、SMA 等，其端面接触方式有 PC、UPC、APC。

光纤芯数：单芯、双芯、4芯、6芯、8芯、12芯或客户指定，其外径有 ϕ0.9mm、ϕ2mm、ϕ3mm。

光纤种类可分为 G652B、G652D、G655、G657A1、G657A2、50/125、62.5/125、OM3（50/125-150）、OM4（50/125-300）等。

连接头颜色可分为蓝色（常用于单模 PC、UPC 接头）、米色、灰色（常用于多模接头）、绿色（APC 接头）、水蓝色（OM3）；尾套颜色可分为灰色、蓝色、绿色、白色、红色、黑色、青绿色。

光纤跳线产品广泛运用在通信机房、光纤到户、局域网络、光纤传感器、光纤通信系统、光纤连接传输设备、国防战备等产品中；适用于有线电视网、电信网、计算机光纤网络及光测试设备，细分下来主要应用于光纤通信系统、光纤接入网、光纤数据传输、光纤 CATV、局域网（LAN）、测试设备、光纤传感器等方面。

如图 12-7 所示，光纤跳线按传输媒介的不同可分为常见的硅基光纤的单模跳线、多模跳线，还有其他（如以塑胶等为传输媒介）的光纤跳线；按连接头结构形式可分为 FC 跳线、SC 跳线、ST 跳线、LC 跳线、MTRJ 跳线、MPO 跳线、MU 跳线、SMA 跳线、FDDI 跳线、E2000 跳线、DIN4 跳线、D4 跳线等。比较常见的光纤跳线也可以分为 FC-FC、FC-SC、FC-LC、FC-ST、SC-SC、SC-ST 等。

图 12-7 光纤跳线

光纤连接器是光纤与光纤之间进行可拆卸（活动）连接的器件，它把光纤的两个端面精密地对接起来，使发射光纤输出的光能量能最大限度地耦合到接收光纤中，并将由于其介入光链路而对系统造成的影响减到最小，这是光纤跳线的基本要求。在一定程度上，光纤跳线也影响了光传输系统的可靠性和各项性能。

常用光纤跳线的类型如下。

（1）LC 光纤跳线：如图 12-8 所示，它采用操作方便的模块化插孔闩锁，插针和套筒的尺寸为 1.25mm，是普通 SC 光纤跳线、FC 光纤跳线所用尺寸的一半。LC 光纤跳线连接 SFP 光模块，常用于路由器中，在一定程度上可提高光纤配线架中光纤连接器的密度。

（2）SC 光纤跳线：由日本 NTT 公司开发，其插针及耦合套筒的结构和尺寸与 FC 光纤跳线完全相同，如图 12-9 所示。SC 光纤跳线为标准方形接头，采用的是插拔销闩式锁的紧固方式，无须旋转，常用作 GBIC 光模块的连接器，在路由器上使用较多；具有价格低廉、接入损耗波动小等特点。常用于 100G BASE-FX 标准的连接。

图 12-8　LC 光纤跳线

图 12-9　SC 光纤跳线

（3）FC 光纤跳线：最早由日本 NTT 公司研制，FC 是 Ferrule Connector 的缩写，如图 12-10 所示，其外部保护套为金属套，紧固方式为螺丝扣。FC 光纤跳线一般在 ODF（光纤配线架）侧采用，配线架上使用最多，具有紧固性强、防灰尘等优点。

（4）ST 光纤跳线：如图 12-11 所示，其外壳呈圆形，紧固方式为螺丝扣，纤芯外露，插头插入后旋转半周有一卡口固定。ST 光纤跳线常作为 10BASE-F 的连接器，多用于光纤配线架中。

图 12-10　FC 光纤跳线

图 12-11　ST 光纤跳线

（5）MPO 光纤跳线：MPO（Multi-fiber Push On）光纤跳线连接器为 MT 系列连接器之一，插芯端面左右两个直径为 0.7mm 的导引孔与导引针（又叫 PIN 针）进行精准连接。MPO 连接器与光纤加工后可生产出各种形式的 MPO 光纤跳线，如图 12-12 所示。

图 12-12　MPO 光纤跳线

12.2 光纤跳线制作

下面以 SC 光纤路线与 LC 光纤路线为例讲述光纤跳线的制作流程，如图 12-13 所示。

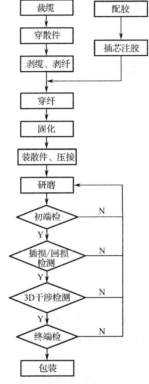

图 12-13　光纤跳线的制作流程

1. 光纤跳线制作准备

（1）工具：剥纤钳、芳纶剪、光纤切割刀、单面刀片、电子天平、镊子、钢皮尺、热风枪。

（2）辅材：无水乙醇（≥95%）、353ND 胶+固化剂、研磨片、抛光片 ADS、胶垫、低尘工业擦拭纸、纯净水、胶带等。

2. 光纤跳线制作工艺

1）裁缆

按照设计尺寸裁剪光缆。考虑到返修要求，在裁缆时，需要留出工艺余量。裁缆参考长度如表 12-1 所示。

表 12-1　裁缆参考长度

产品类型	设计要求长度 L	预留长度
跳线，尾纤	$L \leqslant 40\text{m}$	10cm
	$L > 40\text{m}$	0

2)穿散件

按照顺序在光缆上穿散件,如图 12-14 所示。

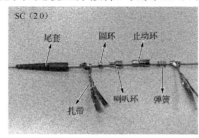
(a) SC 2.0 光缆

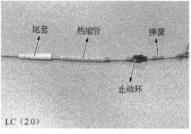
(b) LC 2.0 光缆

图 12-14　穿散件示意图

SC(2.0 光缆):尾套(扎带)+圆环+喇叭环+止动环+弹簧(扎带)。

LC(2.0 光缆):尾套+热缩管+止动环+弹簧(扎带)。

散件全装入后,在弹簧后扎扎带,避免散件滑出。

3)剥缆、剥纤

按照表 12-2 给出的尺寸进行剥缆、剥纤。

表 12-2　SC 光纤路线与 LC 光纤路线的剥缆、剥纤参考尺寸

光纤路线连接器型号	剥缆长度(L)/mm	剥纤长度/mm
SC	26_0^{+4}	12_0^{+2}
LC	32_0^{+2}	8_0^{+2}

因为光纤在光缆内部可以活动,所以剥缆长度严格意义上应为露出光纤的长度。如图 12-15 所示,剥缆后散开的芳纶纱应用剪开的套管或用胶带绑在护套上。

剥纤时应保证剥线钳与光纤成 45°夹角,每次剥纤长度建议不超过 5mm。剥纤示意图如图 12-16 所示。

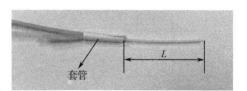

图 12-15　剥缆示意图

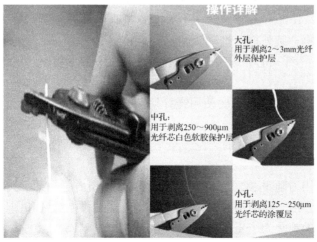

图 12-16　剥纤示意图

4）配胶

用电子天平称取适量的胶水，按照比例加入固化剂，用搅拌棒搅拌；将搅拌好的胶放入超声波清洗机中进行超声波清洗，保证胶内无气泡，如图12-17所示。

5）插芯注胶、穿纤

（1）打开注胶机，载入预先设置好的SC或LC程序。

（2）将装有胶水的针筒放入注胶机并压紧固定，保持针尖露出。

图12-17　无气泡胶水

（3）如图12-18所示，按照生产数量，在插芯排板块上装入插芯，如果不能装满整个板块，则按图示顺序排列，并保证四角位置均有插芯。在插芯排板块上压上压板，然后整体装入注胶机中并固定。

（4）控制注胶机按程序进行自动注胶。需要注意的是，该设备不能在中途自动停止。

（5）插芯注胶完成后，进行穿纤。纤芯应穿出插芯，露出3~6mm。

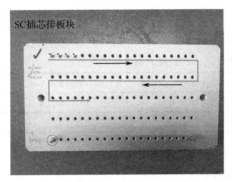 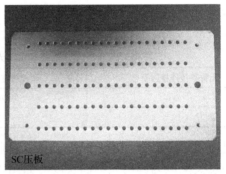

图12-18　SC注胶模具

6）固化

在一定温度下将插芯与光纤用胶水粘在一起。固化的温度时间与插芯、光缆有关。

7）装散件、压接

SC光纤跳线与LC光纤跳线的散件不相同，基本流程如下。

SC光纤跳线：切纤→剪芳纶纱→划护套→推喇叭环→推圆环→压接→装白内框→装外框→推尾套。

LC光纤跳线：切纤→剪芳纶纱→推压接环→压接→热缩管→推尾套。

（1）切纤：固化完成后，需要使用光纤切割刀将超出插芯端面的纤芯切断，如图12-19所示。

（2）剪芳纶纱：SC光纤跳线剪芳纶纱至与插芯尾部基本平齐，如图12-20所示。

图12-19　切纤示意图

（3）划护套：用刀削平SC光纤护套，注意不要损伤内层光纤，如图12-21所示。

（4）推压接环：由于结构不一样，SC光纤跳线需要推喇叭环和圆环，LC光纤跳线只需推热缩管，但目的都是为了压住芳纶纱，提高跳线的抗拉强度。

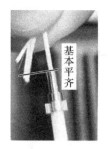
图 12-20 剪芳纶纱示意图

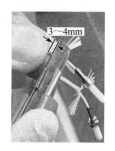
图 12-21 划护套示意图

（5）压接：用压接机或合适的压接钳进行压接。对于 SC 光纤跳线，先压接喇叭环，再压接圆环，并压紧圆环与喇叭环之间的护套。对于 LC 光纤跳线，直接压接热缩管，压紧芳纶纱即可。

每步压接均需要压接两次，第一次与第二次之间需要旋转 60°，压接完成后，圆环应该变为六角环。

（6）装剩余附件。

SC 光纤跳线：先将白内框与止动环对插，外框与白内框安装需要注意方向，安装完成后，外框应有一定的活动余量，最后将尾套推入卡紧即可。

LC 光纤跳线：将外框与止动环对接，然后用热吹风收缩热缩管，最后套入尾套即可。

8）研磨

（1）研磨砂纸根据粗细可以分为 D30、D9、D1、ADS，如图 12-22 所示。D30、D9、D1 砂纸的主要作用是研磨纤芯端面（粗磨、中磨、细磨），最后用 ADS 砂纸进行抛光。

（2）研磨机主要可以分为控制部分、旋转部分和加压部分。研磨参数通过触屏直接输入，控制键控制研磨的开始与停止，加压柱对模具加压，使插芯及纤芯受力研磨，如图 12-23 所示。

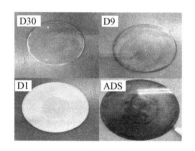
图 12-22 研磨砂纸示意图

图 12-23 研磨机示意图

端面形貌指标有曲率、顶点偏移及纤高，这些指标都与插芯在研磨时和砂纸的接触力有关。这个接触面主要由胶垫硬度、研磨压力、研磨时间及温度决定。

9）初端检

研磨完成后可使用光学或电子显微镜对研磨端面进行检查，要求纤芯无脏污、无划伤，纤芯中间白色部分是通光区域，不能有任何脏污或划痕，如图 12-24 所示。

图 12-24 初端检示意图

10）插损/回损检测（多模光纤暂只能进行插损测试）

插损/回损检测的步骤：首先按使用的光缆调整仪器光源的波长，然后接上标准线进行基准调零，最后插上转接器对测试线进行测试。插损指标要求小于 0.2dB（正常无划痕、无脏污的跳线插损值一般在 0.05dB 以下）。

11）3D 干涉检测

插损/回损检测通过后进行 3D 干涉检测。3D 干涉检测指标范围如表 12-3 所示。

表 12-3　3D 干涉检测指标范围

光纤跳线型号	曲率/mm	顶点偏移/μm	纤芯高度/nm
SC	10～25	0～50	-100～100
LC	7～25	0～50	-100～100

以上参数如果出现不达标的情况，则应调整研磨参数重新研磨。

12.3　光纤续接工艺

12.3.1　光纤冷接头续接工艺

1. 光纤冷接工艺流程

光纤冷接工艺流程为：准备→套入光纤→光缆剥皮→剥涂覆层→定位切割→到位锁紧→外壳安装。

2. 具体步骤

（1）工具准备，包括米勒钳、开剥钳、冷接器、定长开剥器、切割刀等，如图 12-25 所示。

图 12-25　所需工具

（2）如图12-26所示，将光缆穿入尾套中。

（3）如图12-27所示，用开剥钳去除外皮。

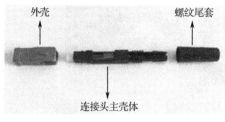

图12-26　穿入尾套　　　　　　图12-27　去除外皮

（4）如图12-28所示，用米勒钳剥去涂覆层，并反复弯曲确认光纤没有受损。

（5）用无水酒精清洁光纤表面，并放置在定长开剥器上，如图12-29所示，要确认光纤在定长开剥器槽里。

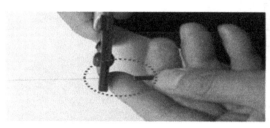
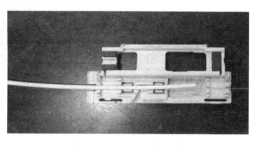

图12-28　剥去涂覆层　　　　　　图12-29　定长开剥器

（6）如图12-30和图12-31所示，将带光纤的定长开剥器放置在切割刀上切割光纤。（5）、（6）两步可用专用精密切割刀完成。

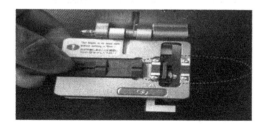

图12-30　专用精密切割刀　　　　　　图12-31　切割光纤

（7）如图12-32所示，穿入光纤并锁紧。

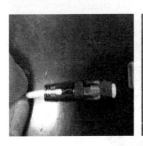

图 12-32　穿入光纤并锁紧

（8）如图 12-33 所示，将尾套推上去并拧紧。

图 12-33　推入尾套

（9）如图 12-34 所示，安装好外壳，完成装配。

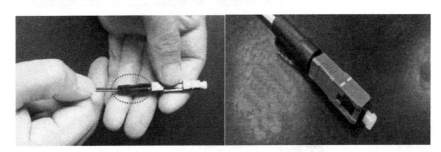

图 12-34　完成装配

12.3.2　光纤续接的具体流程

在工程施工中，经常需要对尾纤及在发生光纤故障（断纤、漏光）时进行光纤连接工作。

光纤连接一般采用熔接法，需要使用光纤熔接设备，采用纤芯对纤芯的熔接方式。光纤续接工艺流程如下。

（1）将光缆破开，剥去松套管，对光纤进行清理。

（2）穿套光纤接合保护热缩管。

（3）使用剥纤刀、纤芯切割刀等工具制备续接纤芯。

（4）使用熔接机进行续接。

制备好光纤后，将其放入熔接机。续接模式种类很多，一般采用自动续接，续接完毕，熔接机会计算出续接损耗。一般来讲，续接损耗在 0.04dB 以上就需要重新续接了。光纤续接的质量保证在光纤的制备上。

(5) 续接完毕,将光纤接合保护热缩管移至裸纤节点,进行热缩。

(6) 热缩完毕,将光纤取出。

12.3.3 光纤续接常用工具和材料

1. 精密光纤切割刀

精密光纤切割刀用于切割像头发一样细的石英玻璃光纤,切好的光纤末端经数百倍放大后观察仍是平整的。

2. 光纤接头研磨盘

ST/SC 光纤接头研磨盘有不锈钢研磨盘和塑料研磨盘。如图 12-35 所示,经高精度机加工的研磨盘适用于所有的 2.5mm 的 ST/SC/FC,可以对光纤接头端面角度提供精度研磨,带槽口表面提高了研磨效率,是制造、施工、维修工具包中的必备工具。

图 12-35　研磨盘

3. 光纤清洁棒

如图 12-36 所示,光纤清洁棒的开口棒端设计使它的清洁效果更简单、有效。光纤清洁棒的棒身内预装清洁剂(99%异丙基酒精),一根光纤清洁棒可反复使用,直至清洁剂用尽。

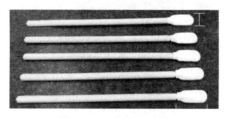

图 12-36　光纤清洁棒

4. 光纤接合保护热缩管

光纤接合保护热缩管的结构如图 12-37 所示。

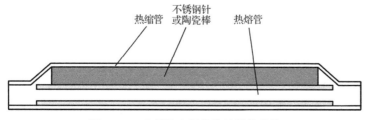

图 12-37　光纤接合保护热缩管的结构

光纤接合保护热缩管由热缩管、热熔管和不锈钢针（或陶瓷棒/石英棒）组成。如图 12-38 所示，光纤接合保护热缩管的透明的外层便于检测光纤接合部位连接是否正确，使光纤能简单、安全地进行装配，收缩后可保持光纤的光传输特性，对光纤接合处提供强度和防护。光纤接合保护热缩管能够避免安装过程中光纤的损坏。

图 12-38　光纤接合保护热缩管

光纤接合保护热缩管的特点如下。
（1）透明度好，光纤接合状况一目了然。
（2）收缩快，施工效率高。
（3）柔软且强度高。
（4）使用简便，性能可靠。
（5）使用温度：-45～105℃。

5．光纤热剥机

光纤热剥机（见图 12-39）数秒内可以完成 3 个操作步骤：热剥、清洁、切割。

图 12-39　光纤热剥机

1）热剥：自动热剥皮
（1）使用直线轴承导轨和热剥，确保剥皮后光纤的高抗拉强度。
（2）可调整不同的温度和加热时间，以适用不同类型的光纤。
（3）采用传感控制器实现自动热剥皮。
2）清洁：超声波清洗
（1）只需将光纤插入容器中即可。
（2）方便添加与更换清洁液。

3）切割

（1）完美的切割端面。

（2）一步完成切割和光纤废纤的自动收集。

6．光纤熔接机

某些光纤熔接机具备纤芯自动对准功能，以及切割、熔接及测试系统，如图 12-40 所示。

光纤熔接机采用纤芯对纤芯的熔接方式。

特点：熔接速度快（单模光纤数秒快速熔接，热缩管加热时间短），质量轻、体积小，方便携带并适于工程现场快捷熔接自动操作。

图 12-40　光纤熔接机

7．光纤分线器

光纤分线器是成对使用的，如图 12-41 所示，一对光纤分线器是由两个分线器组成的。一个光纤分线器由两个水晶头、一个模块组成，两个水晶头是通过双绞线与模块进行连接的。

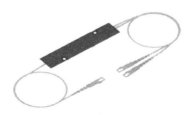

图 12-41　光纤分线器

8．光纤传感器

光纤传感器是一种将被测对象的状态转变为可测的光信号的传感器，如图 12-42 所示。光纤传感器的工作原理是：将光源入射的光束经由光纤送入调制器，在调制器内，入射的光束与外界被测参数相互作用，使光的光学性质（如光的强度、波长、频率、相位、偏振态等）发生变化，成为被调制的光信号，再经过光纤送入光电器件，最后经解调器获得被测参数。在整个过程中，光束经由光纤导入，通过调制器后射出，其中光纤的作用首先是传输光束，其次是起光调制器的作用。

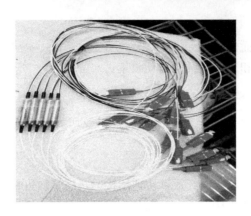

图 12-42　光纤传感器

12.3.4　光纤跳线的测量

检测光纤跳线需要使用插损/回损测试仪，首先用通光笔测出跳线是否通光，确定光纤有无断纤、漏光等故障。

测试指标：一般电信级指标，包括插入损耗（小于 0.3dB）、回波损耗（大于 45dB）。光纤跳线的性能检测分为以下几项。

（1）光学性能检测：包括插损/回损测试，可以使用插损/回损测试仪。

（2）端面几何形状测试：测试的参数包括曲率半径、顶点偏移、光纤高度等，测试的仪器是干涉仪。

（3）光纤端面划痕检测：采用视频光纤放大镜或可变倍数放大镜进行检测，可清晰、方便地观察光纤端面及插芯端面的情况，相关设备可以使用相关自带软件进行自动检查。

（4）光纤拉力测试：测试光纤与连接器能承受的拉力大小。

（5）环境温度测试：需要测试光纤与连接器在不同环境温度下的性能指标，相关光纤跳线检测主要参数如表 12-4 和表 12-5 所示。

注意：为避免在测试过程中端面会沾染脏污，达标的跳线应套上防尘帽进行保护。

表 12-4　主要参数 1

产品类型	ST		SC		FC	
	多模	单模	多模	单模	多模	单模
插入损耗	≤0.2dB	≤0.2dB	≤0.2dB	≤0.2dB	≤0.2dB	≤0.2dB
反射损耗	PC≥45dB	PC≥45dB UPC≥50dB	PC≥45dB UPC≥50dB	PC≥45dB UPC≥50dB	PC≥45dB UPC≥50dB	PC≥45dB UPC≥50dB
重复性	≤0.2dB	≤0.2dB	≤0.2dB	≤0.2dB	≤0.2dB	≤0.2dB
互换性	≤0.2dB	≤0.2dB	≤0.2dB	≤0.2dB	≤0.2dB	≤0.2dB
环境温度	-40～85℃	-40～85℃	-40～85℃	-40～85℃	-40～85℃	-40～85℃

表 12-5　主要参数 2

产品类型	MT-RJ		LC	
	多模	单模	多模	单模
插入损耗	≤0.2dB	≤0.2dB	≤0.2dB	≤0.2dB
反射损耗	PC≥45dB UPC≥50dB APC≥65dB	PC≥45dB UPC≥50dB APC≥65dB	PC≥45dB UPC≥50dB APC≥65dB	PC≥45dB UPC≥50dB APC≥65dB
重复性	≤0.2dB	≤0.2dB	≤0.2dB	≤0.2dB
互换性	≤0.2dB	≤0.2dB	≤0.2dB	≤0.2dB
环境温度	−40～85℃	−40～85℃	−40～85℃	−40～85℃

12.3.5　光纤维护

1. 便携光纤维修套装包

（1）便携光纤维修套装包的基本配置如图 12-43 所示，包括酒精棉、米勒钳、剥线器、定长开剥器、切割刀、光纤接合保护热缩管等，用来完成光纤的污损、露光、断纤等故障的手工基本修理工作。

（2）光纤故障可视探查器是一种用于定位光纤断裂和错接的激光光源。它可用于局域网光数据链路和环路电话转接板与其他线路，以及那些以光纤代替铜缆后要求进行安全确认的场合。

图 12-43　便携光纤维修套装包的基本配置

光纤故障可视探查器将高功率可视红色激光注入光纤，然后沿光纤长度方向进行简单的观察，光纤的任何断裂均可通过明显的发光或闪光被看到。光纤故障可视探查器可用于单模光纤和多模光纤。有效验证距离可以根据需求通过选型选择。

如图 12-44 所示，光纤故障可视探查器可作为基本故障定位工具单独使用，也可配合使用 OTDR（光时域反射仪），用于诸点故障的探查。

图 12-44　光纤故障可视探查器及裸纤盘

2. 其他光纤测试设备

1）便携式光纤损耗测试仪

便携式光纤损耗测试仪是光源、光功率计合二为一的组合体，光源和光功率计既可以同时使用，也可以单独使用。光功率模块可用于 850nm、980nm、1300nm、1310nm、1550nm 中的任一波长，以 mW、dB、dBm 为单位的光功率测量的显示分辨率高。如图 12-45 所示，便携式光纤损耗测试仪可线性和非线性同时显示光功率，既可用于光功率的直接测量，又可用于光链路损耗的相对测量。

2）光时域发射仪

光时域发射仪满足单模光纤、多模光纤和 PON 网络（1625nm 带滤波器，在线测试）光纤测试应用的需求，支持平均/实时双测量模式，可充分满足不同用户和各种现场测试的需求，成为目前发展迅速的农话网、城域网和 FTTx 光纤施工、认证、例检、抢修、维护的首选工具，如图 12-46 所示。

图 12-45　便携式光纤损耗测试仪

图 12-46　光时域发射仪

3）数据线缆认证测试仪

数据线缆认证测试仪可对五类、六类、七类双绞数据线缆、同轴线缆及光缆进行全面的数据检测，只需单一适配器即可完成信道、链路测试及现场校准测试，如图 12-47 和图 12-48 所示。

图 12-47　数据线缆认证测试仪 1

图 12-48　数据线缆认证测试仪 2

数据线缆认证测试仪的性能特点如下。
（1）可直接以图形方式直观地显示测试结果。
（2）嵌入式 TDR（时域反射技术）可实现铜缆与光纤故障定位。
（3）配合光纤选件可显示光纤链路中事件的距离与规模。

12.4 网线

网线（见图 12-49）是连接局域网必不可少的。在局域网中，常见的网线主要有双绞线、同轴电缆、光缆。

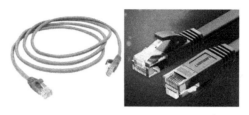

图 12-49 网线

1. 网线的分类及特点

网线中的双绞线按电气性能可以划分为三类、四类、五类、超五类、六类、七类等类型。数字越大，代表级别越高、技术越先进、带宽越宽。双绞线主要参数如表 12-6 所示。双绞线不仅可用于数据传输，还可用于语音和多媒体的传输。目前的超五类和六类非屏蔽双绞线可以轻松地提供 155Mbps 的通信带宽，并拥有升级至千兆带宽的潜力，因此，成为当今水平布线的首选线缆。

表 12-6 双绞线主要参数

类 型	六类网线	七类网线	八类网线	超五类网线	超六类网线
速率	1000Mbps	10Gbps	40Gbps	100Mbps	10Gbps
频率带宽	250MHz	600MHz	2000MHz	100MHz	500MHz
传输距离	100m	100m	30m	100m	100m
导体	8芯	8芯	8芯	8芯	8芯

如图 12-50 所示，网线已广泛应用于交换机、路由器、笔记本、分线器网卡、网络电视等产品中。另外，还应用在各大中小型办公装修、家庭装修等高速局域网中，以及大型数据库和机房等场所。

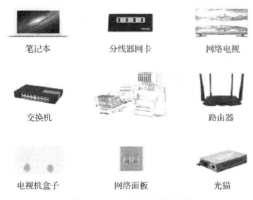

笔记本　　分线器网卡　　网络电视

交换机　　　　　　　　　路由器

电视机盒子　　网络面板　　光猫

图 12-50 应用范围示例

2. 网线结构特点

好的网线对绞线会以逆时针的方向绞合,它们之间的间距称为绞距。好的网线对绞线之间的绞距各不相同,但每对线的绞距都非常均匀,如图 12-51 所示。

图 12-51 对绞线

对于局域网内组网采用的网线,使用较广泛的就是双绞线。双绞线由不同颜色的 4 对 8 芯线组成,每两条按一定的规则绞合在一起,成为一个芯线对,作为局域网最基本的连接、传输介质。

目前,在一般局域网中常见的是五类、超五类或六类非屏蔽双绞线。屏蔽的五类双绞线外面包有一层屏蔽用的金属膜,因此其抗干扰性能好些。它只有在两端正确接地的情况下才发挥作用,如图 12-52 所示。

图 12-52 屏蔽与非屏蔽双绞线

3. 网线接口

RJ-45 接口是连接非屏蔽双绞线的连接器,为模块式插孔结构,如图 12-53 所示。RJ-45 接口前端有 8 个凹槽,简称 8P,凹槽内有 8 个金属接点,简称 8C,因而有 8P8C 的别称。

图 12-53 RJ-45 接口

从侧面观察 RJ-45 接口,可以看到平行排列的金属片,一共有 8 片,每片金属片前端都有一个突出的透明框,从外表来看就是一个金属接点。按金属片的形状划分,RJ-45 接口又有二叉式 RJ-45 接口和三叉式 RJ-45 接口之分。二叉式 RJ-45 接口的金属片只有 2 个侧刀，三叉式 RJ-45 接口的金属片有 3 个侧刀。金属片的前端有一小部分穿出 RJ-45 接口的塑料外壳，形成与 RJ-45 接口插槽接触的金属脚。在压接网线的过程中，金属片的侧刀必须刺入双绞线的线芯，并与线芯总的铜质导线内芯接触，以联通整个网络。一般情况下，叉的数目越多，接触的面积越大，导通的效果也越明显。因此，三叉式 RJ-45 接口比二叉式 RJ-45 接口更适合高速网络。

4．网线相关

网线对接如图 12-54 所示。

图 12-54　网线对接

12.5　网线的制作流程及方法

双绞线的制作方式有两种国际标准，分别为 EIA/TIA568A 和 EIA/TIA568B。双绞线的连接方法也主要有两种，分别为直通线缆和交叉线缆。下面以 EIA/TIA568B 标准为例讲述网线的制作流程及方法。

1．网线制作工具

图 12-55（a）为三合一网线钳，用于剪线、剥线和压线。

三合一网线钳除压接功能为网线压接专用功能外，剪线、剥线可根据需求采用其他工具替代。在三合一网线钳的最顶部是压线槽，压线槽共提供了三种类型的线槽，分别为 6P、8P 及 4P，中间的 8P 槽是最常用的 RJ-45 压线槽，4P 为 RJ11 电话线路压线槽。

在 8P 压线槽的背面可以看到呈齿状的模块，主要用于把水晶头上的 8 个触点压稳在双绞线上，如图 12-55（b）所示。

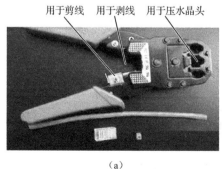

（a）　　　　　　　　　　　　　　（b）

图 12-55　网线剪线、剥线、压接工具

2. 网线的选择

一般百兆宽带使用的是 Cat5 网线，千兆宽带使用的是 Cat6 网线。要选用正宗的网线，网线外皮上都有网线的种类标识及厂家的商标，它具有抗燃烧性，不能燃烧。网线外皮还具有伸展性，不易拉断。网线柔韧，因此弯曲很方便，不容易被折断。网线的绕距较短，一般在 15mm 左右。

3. 水晶头

水晶头也有档次之分，有带屏蔽的水晶头，也有不带屏蔽的水晶头。各类水晶头如图 12-56 所示。

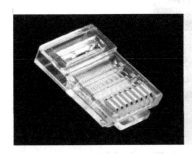

(a) 五类、六类水晶头

(b) 屏蔽水晶头　　　　　　　(c) 超六类免压水晶头

图 12-56　各类水晶头

4. 网线接线

国家标准线序是一种国际上共同遵守的标准，为的是方便模块（如墙上的网络接口插座等）的制作线序。

（1）EIA/TIA 的布线标准中规定了两种双绞线的线序：568A 标准与 568B 标准。

568A 标准：绿白——1，绿——2，橙白——3，蓝——4，蓝白——5，橙——6，棕白——7，棕——8。

568B 标准：橙白——1，橙——2，绿白——3，蓝——4，蓝白——5，绿——6，棕白——7，棕——8。

百兆直连线线序：

第一端：绿白——1，绿——2，橙白——3，蓝——4，蓝白——5，橙——6，棕白——7，棕——8。

另一端：绿白——1，绿——2，橙白——3，蓝——4，蓝白——5，橙——6，棕白——7，棕——8。

或

第一端：橙白——1，橙——2，绿白——3，蓝——4，蓝白——5，绿——6，棕白——7，棕——8。

另一端：橙白——1，橙——2，绿白——3，蓝——4，蓝白——5，绿——6，棕白——7，棕——8。

百兆交叉线线序：

第一端：绿白——1，绿——2，橙白——3，蓝——4，蓝白——5，橙——6，棕白——7，棕——8。

另一端：橙白——1，橙——2，绿白——3，蓝——4，蓝白——5，绿——6，棕白——7，棕——8。

千兆直连线线序：

第一端：绿白——1，绿——2，橙白——3，蓝——4，蓝白——5，橙——6，棕白——7，棕——8。

另一端：绿白——1，绿——2，橙白——3，蓝——4，蓝白——5，橙——6，棕白——7，棕——8。

或

第一端：橙白——1，橙——2，绿白——3，蓝——4，蓝白——5，绿——6，棕白——7，棕——8。

另一端：橙白——1，橙——2，绿白——3，蓝——4，蓝白——5，绿——6，棕白——7，棕——8。

千兆交叉线线序：

第一端：橙白——1，橙——2，绿白——3，蓝——4，蓝白——5，绿——6，棕白——7，棕——8。

另一端：绿白——1，绿——2，橙白——3，棕白——4，棕——5，橙——6，蓝——7，蓝白——8。

（2）直通线缆是水晶头两端都同时采用568A标准或568B标准的接法；交叉线缆的水晶头一端采用586A标准制作，另一端采用568B标准制作。

网线两端使用相同线序定义为平行线，采用568A-568A或568B-568B标准。

网线两端使用不同线序定义为交叉线，采用568A-568B标准。

5．网线制作步骤

（1）剪网线：如图12-57所示，利用压线钳的剪线刀口剪裁出计划需要使用的双绞线长度。注意网线外皮与刀片的距离，压太紧会伤害芯线的外皮和铜芯，压太松会难脱外皮。

（2）把双绞线的灰色保护层剥掉：可以利用压线钳的剪线刀口将线头剪齐，再将线头放入剥线专用的刀口，稍微用力握紧压线钳并慢慢旋转，让刀口划开双绞线的防护层。

图12-57 裁剪网线

如图 12-58 所示，首先剥开网线外防护层 30mm 左右，将白色的填充绳在外皮端剪断；然后将绞在一起的芯线逐对散开并拉直；最后按不同使用要求将线序排列好，并将芯线的长度剪为 15mm。

剥除灰色的塑料保护层后即可见到双绞线的 4 对 8 条芯线，并且可以看到每对的颜色都不同。每对缠绕的两根芯线是由一种染有相应颜色的芯线加上一条只染有少许相应颜色的白色相间芯线组成的。4 条全色芯线的颜色为棕色、橙色、绿色、蓝色。

（3）每对线都是相互缠绕在一起的，制作网线时必须将 4 个线对的 8 条细导线逐一解开、理顺、拉直。如图 12-59 所示，解开后根据需要接线的规则把几组线缆依次排列好并理顺，然后按照规定的线序排列整齐，避免线路缠绕和重叠。

图 12-58　线序排列

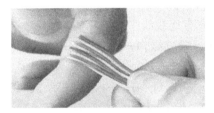
图 12-59　理顺导线

（4）使用压线钳的剪线刀口把线缆顶部裁剪整齐，保留去掉外层保护层的部分约为 15mm，这个长度可以保证将各细导线插入各自的线槽中。如果该段留得过长，则一方面由于线对不再互绞而增大了串扰；另一方面由于水晶头不能压住护套而可能导致电缆从水晶头中脱出，造成线路接触不良，甚至中断。

（5）将整理好的线缆插入水晶头内：如图 12-60 所示，将水晶头塑弹簧片的一面向下，有针脚的一面向上。此时，最左边的为第 1 脚，最右边的是第 8 脚，其余依次顺序排列。

插入时需要注意缓缓地用力把 8 条线缆同时沿 RJ-45 接口内的 8 个线槽插入，如图 12-61 所示，芯线的顶端要贴近水晶头铜片的顶端，网线外皮要超过水晶头的卡位，一直插到线槽的顶端。

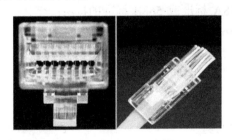
图 12-60　穿入网线

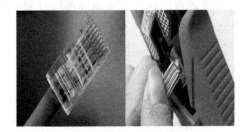
图 12-61　将网线按顺序穿入水晶头

千兆线序和百兆线序的接法是一样的，网线的线序有两种：一种是 568A 标准；另一种是 568B 标准。两种标准的接线关系如图 12-62 所示，一根网线如果两头都用 568A 标准或 568B 标准，则称之为直通线，用来连接计算机和设备，如路由器和计算机，交换机和计算机。如果一根网线的一端用 568A 标准，另一端 568B 标准，则称之为交叉线，用来连接相同的设备，如计算机和计算机的连接，交换机和交换机的连接。也就是说，水晶头-568A 的 1、2 对应水晶头-568B 的 3、6，水晶头-568A 的 3、6 对应水晶头-568B 的 1、2。

（6）压线。

在压线前，可以对水晶头的顶部进行检查，查看是否每组线缆都紧紧地顶在水晶头的末端。如图 12-63 所示，将带网线水晶头放入压线槽的 8P 压线槽内，捏合三合一网线钳的手柄并压紧，听到轻微的"啪"的一声即可。

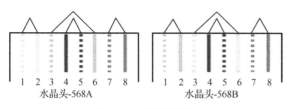

图 12-62　接线关系　　　　　　　　　图 12-63　压紧导线

（7）外观检查。

① 如图 12-64 所示，查看水晶头内的 8 块 U 型针脚，必须都被压进芯线且表面平整，避免接触不良；水晶头下部的塑料扣位也应压紧在网线的灰色保护层上。

② 注意事项。

针片要被完全压入垫片中；芯线要剪裁平整插入水晶头，如果不平整，则会导致芯线与针片接触不良。如图 12-65 所示，针片已被整齐地压入了垫片中。

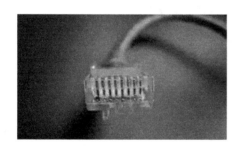 

图 12-64　外观检查　　　　　　　图 12-65　将针片整齐地压入垫片中

（8）网线测试仪测试。

网线测试仪的测试原理：如图 12-66 所示，网线工作时只用其中的 4 根线（1、2、3、6），有两种工作模式，分别是 1 发 3 收、2 发 6 收和 1 收 3 发、2 收 6 发。如果连接的两台设备的工作模式一样，就要用交叉线，因为这边是 1 发，所以那边要用 3 来收；这边用 3 来收，那边发的就是 1。

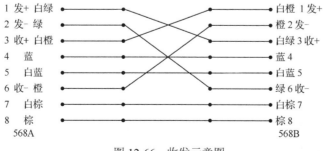

图 12-66　收发示意图

如果相连的两台设备的工作模式不一样，就直接用图 12-67 所示的直通线。

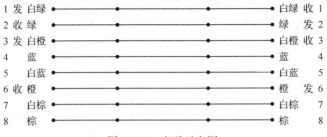

图 12-67　直通示意图

如图 12-68 所示，网线测试仪可以对同轴电缆的 BNC 接口网线及 RJ-45 接口网线进行测试。

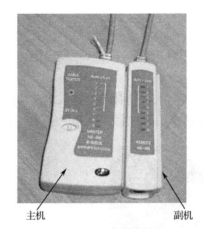

图 12-68　网线测试仪

用网线测试仪检测网线，正常的平行线和交叉线在网线测试仪的主机和副机上按表 12-7 中的次序依次点亮。

表 12-7　主/副机检测点亮次序

平行线		交叉线	
主　机	副　机	主　机	副　机
1	1	1	3
2	2	2	6
3	3	3	1
4	4	4	4
5	5	5	5
6	6	6	2
7	7	7	7
8	8	8	8

RJ-45 两端的接口插入网线测试仪的两个接口后，打开测试仪，可以看到测试仪上的

两组指示灯都在闪动。若测试的线缆为直通线缆，则在测试仪上的 8 个指示灯应该依次为绿色闪过，证明网线制作成功，可以顺利地完成数据的发送与接收。若测试的线缆为交叉线缆，则其中一侧同样是依次由 1～8 闪动绿灯，而另外一侧则会根据 3、6、1、4、5、2、7、8 这样的顺序闪动绿灯。

若出现任何一个灯为红灯或黄灯，则证明存在断路或接触不良的故障，此时最好先对两端水晶头再用网线压接钳压一次，再测。如果故障依旧，就再检查一下两端芯线的排列顺序是否一样，如果不一样，就剪掉一端，然后重新按另一端芯线排列顺序制作水晶头；如果芯线顺序一样，但当再次测试时，测试仪仍显示红灯或黄灯，则表明其中肯定存在对应芯线接触不良的故障。此时应先剪掉一端，然后按另一端芯线排列顺序重新制作一个水晶头，再测。如果故障消失，则不必重新制作另一端水晶头，否则还得把原来的另一端水晶头也剪掉重新制作，直到测试全为绿灯闪动。

练 习 题

填空

1．光纤是一种利用光在玻璃或塑料制成的纤维中的（　　　）而达成的光传导工具。
2．光纤传输具有（　　）、（　　）、质量轻、（　　）能力强、（　　）高、工作性能可靠、成本不断下降等优点。
3．光纤冷接工艺流程为：准备、（　　　　）、光缆剥皮、（　　　　）、（　　　）、（　　　　）、外壳安装。
4．一般百兆宽带使用（　　　）网线，千兆宽带使用（　　　）网线。
5．网线剥线后，导线按照顺序（　　　），避免线路（　　　）和（　　　）。

答 案

填空

1．全反射原理
2．频带宽、损耗低、抗干扰、保真度
3．套入光纤、剥涂覆层、定位切割、到位锁紧
4．Cat5、Cat6
5．排列整齐、缠绕、重叠

第13章 整机装配

电子产品一般是由各种元器件、导线、电缆组件、机电件、结构件等组成的,把它们组装到一起的过程就是整机装配。整机装配是以设计文件为依据,按照既定的工艺文件规程和具体要求把元器件、导线、电缆组件、机电件、结构件等安装到指定位置,并使其构成具有一定功能的完整的电子产品的过程。

技术文件是产品研究、设计、试制与生产实践经验积累形成的一种技术资料,主要包括设计文件、工艺文件。

13.1 现场生产文件准备

按照生产作业准备计划,组织落实生产前的各项准备工作,使产品在生产前就能达到充分完备的状态,这样可大大减少生产活动出现漏洞,为生产计划创造良好的条件。

标准化是电子产品技术文件的基本要求,电子产品技术文件要求全面、严格地执行国家标准或企业标准。

技术文件具有完整性,是指成套性和签署完整性,即产品技术文件以明细表为单位,齐全且符合有关标准化规定,签署齐全;技术文件具有正确性,是指编制方法正确、符合有关标准,贯彻实施标准内容正确,贯彻实施相关标准准确;技术文件具有一致性,是指填写一致性、引证一致性、文物一致性。技术文件一旦通过审核签署,生产部门就必须完全按相关的技术文件工作,操作者不能随便更改,技术文件的完整性、权威性和一致性得以体现。

1. 图纸和技术文件的准备

图纸和各种技术文件是组织生产的依据,如供生产活动使用的工作图、操作规程、技术定额、材料定额,以及各种零件的明细表、产品总图、部件装配图等,必须在生产活动展开之前就发到有关科室和作业现场。特别是在生产新产品,采用新技术、新工艺、新材料的情况下,不仅在生产作业开始之前要把有关图纸和技术文件准备好,还要使生产工人和管理人员在作业前认真消化理解,明确技术特点、工艺要求和技术关键,掌握产品技术标准,熟悉操作规程,为优质、高产、低耗和安全生产奠定基础。

2. 机器设备和工装的准备

在生产作业开始前,要求机修部门根据现场生产计划合理地安排设备维修进度,严格按照生产和技术要求做好设备的维修与调试工作。工装是影响生产和产品质量的一大因素,生产作业前的工装准备:一是要使生产所需的各种工装配套齐全;二是要检查工装技术状态,确保它满足工艺规程的要求。

3. 生产物资准备

生产物资准备包括直接转化成产品的原材料、毛坯、半成品和外购件的准备，以及生产中消耗的燃料、动力和低值易耗品的准备。在生产作业准备过程中，应按照生产计划规定的产品品种、质量、数量和进度要求检查物资采购与供应计划是否能满足生产计划要求，并根据各种产品的投入产出顺序安排好原材料、外购件等的投入顺序。

4. 劳动力的配备和调整

随着生产任务和生产条件的改变，各工种、各车间都会出现劳动力短缺或不平衡的现象。在每项生产作业开始前，应根据生产任务、生产条件和作业标准等调整劳动组织，配备适当的作业人员，使劳动组织和劳动力的配备既能满足生产数量和质量的要求，又利于提高劳动生产率、降低生产成本。

13.2 整机装配要求

整机装配工艺过程根据产品的复杂程度、产量大小等方面的不同而有所区别。但总体来看，有装配准备、部件装配、整件调试、整机检验、包装入库等几个环节。

13.2.1 力矩设置工艺要求

电子产品总装是指在各部件、组件安装和检验合格的基础上进行整体装配，简称总装。总装是对各部件、组件进行整合，其操作一般包含电气连接和机械连接（铆接、螺纹连接等）。具体地说，总装就是将构成整机的各零部件、插装件及单元功能整体（各机电元器件、PCB、底座及面板等）按照设计要求进行装配、连接，组成一个具有一定功能的、完整的整机产品的过程，以便进行整机调整和测试。

总装的连接方式可分为两类：一类是可拆卸连接，即拆散时不会损伤任何零件，包括螺纹连接、柱销连接、夹紧连接等；另一类是不可拆卸连接，即拆散时会损坏零件或材料，包括铆钉连接、锡焊、自黏胶连接等。总装的装配方式也分为两类：整机装配和组合件装配。

总装的原则：先轻后重、先小后大、先铆后装、先装后焊、先里后外、先低后高、易碎后装，上道工序不得影响下道工序。在装配过程中，应严格遵守自检、互检与专检的"三检制"原则。

1. 螺纹连接

整机装配过程中的结构件会用螺钉、螺栓等紧固件进行连接，这个过程就是螺纹连接。螺纹连接紧固件如图13-1所示。

拧紧方法：当拧紧长方形工件的螺钉组时，必须从中央开始逐渐向两边对称扩展；当拧紧方形工件和圆形工件的螺钉组时，应按交叉顺序进行。无论哪一种螺钉组，都应先按顺序列装上螺钉，然后分步逐渐拧紧，以免发生结构件变形和接触不良的现象。

螺纹连接质量标准：螺钉、螺栓紧固后，螺尾外露长度一般不得少于2扣。沉头螺钉紧固后，其头部应与被紧固件的表面保持平整，允许略微偏低，但不应超过0.2mm。螺纹连接要求拧紧，不能松动，但对非金属件拧紧要适度。弹簧垫圈四周均要被螺帽压住并压平。螺纹连接要牢固、防震和不易退扣，应无滑帽现象。对于装配紧固后的螺钉，必须在螺钉末端涂上紧固漆，以表示产品属原装配，并防止螺钉松动。

图 13-1 螺纹连接紧固件

螺纹连接的要求：根据不同情况合理使用螺母、平垫圈和弹簧垫圈。弹簧垫圈应装在螺母与平垫圈之间。在装配时，螺钉旋具的规格要选择适当，操作时应始终保持垂直于安装孔表面的方位旋转，避免摇摆。在拧紧或拧松螺钉、螺帽或螺栓时，应使用螺钉旋具、扳手、套筒等工具，不能使用尖嘴钳。在拧紧螺钉时，切勿用力过猛，以防止滑帽，损坏螺钉。

2. 铆接

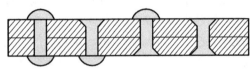

图 13-2 铆接示意图

用铆钉将两个以上的零部件连接起来的操作叫作铆接，如图 13-2 所示。铆接有冷铆和热铆两种方法，在电子产品装配中，通常采用冷铆法进行铆接。

铆接的要求：半圆头铆钉铆接后，铆钉应完全平贴于被铆的零件上，并应与铆窝形状一致，不允许有凹陷、缺口和明显开裂现象，铆接后也不应出现铆钉杆歪斜和被铆件松动现象。当用多个铆钉连接时，应按对称交叉顺序进行。沉头铆钉铆接后应与被铆件平面保持平整，允许略微偏低，但不得超过 0.2mm。空心铆钉铆紧后扩边应均匀、无裂纹，管径不应歪扭。

铆钉长度和铆钉直径：铆钉的长度应等于被铆件的总厚度与留头长度之和，半圆头铆钉的留头长度为铆钉直径的 1.25～1.5 倍，沉头铆钉的留头长度为铆钉直径的 0.8～1.2 倍；铆钉直径的大小与被铆件的厚度有关，铆钉直径应大于被铆件厚度的 1/4，一般应取板厚的 1.8 倍。铆孔直径与铆钉直径的配合必须适当，若孔径过大，则铆钉易弯曲；若孔径过小，则铆钉不易穿入，此时若强行打入，则容易损坏被铆件。

13.2.2 机电元器件、组件、部件、整件安装工艺要求

1. 整机装配的顺序与原则

按组装级别来分，整机装配按元件级、插件级、插箱板级和箱、柜级顺序进行。元件

级是最低的组装级别，特点是结构不可分割；插件级用于组装和互连电子元器件；插箱板级用于安装和互连插件或 PCB 部件；箱、柜级主要通过电缆及连接器互连插件和插箱，并通过电源电缆送电构成独立的且具有一定功能的电子仪器、设备和系统。

整机装配的一般原则与总装原则相同，装配时注意装配顺序不能前后颠倒。

2．整机装配的基本要求

（1）未经检验合格的装配件（零件、部件、整件）不得安装，已检验合格的装配件必须保持清洁。

（2）认真阅读工艺文件和设计文件，严格遵守工艺规程。装配完成后的整机应符合图纸和工艺文件的要求。

（3）严格遵守装配的一般顺序，防止前后顺序颠倒，注意前后工序的衔接。

（4）装配过程不要损伤元器件，避免碰坏机箱和元器件上的涂覆层，以免损害绝缘性能。

（5）熟练掌握操作技能，保证质量，严格执行三检制度。

13.3 产品检查要求

整机内部工艺检查：检查内部紧固件是否齐全、拧紧；检查内部连接线是否插接牢固、可靠，导线、导线束、端子线束等连接线均不能与发热元器件、散热片等接触；检查内部工艺连线的走线是否整齐、美观；检查成品内部是否有异物，如螺钉、螺帽、垫圈、线头、工具等，并加以清理。

整机外观检查：外观不应有污渍、油印等不良现象；外壳表面不应有脱漆、划伤、毛刺等不良现象；铭牌无残缺、倒置、倾斜和翘曲等不良现象；旋钮、电源键、功能按钮等无卡死、偏斜、手感不良等现象；机脚垫无磨损、掉落等不良现象；门、面板、背板等丝印的文字、符号应清晰，无划断、缺陷、被遮挡等不良现象。

13.4 质量证明文件

生产单位在产品生产过程中，应采用跟踪卡的形式进行跟踪管理。质量过程跟踪卡应该建立在严格的制度之上，任何人都必须执行。态度与理念是生产流程的主要出发点。

根据本单位的实际情况制定质量过程跟踪卡的编制要求格式和填写要求，规定相应的管理办法并形成文件。质量过程跟踪卡应依据工艺规程、工艺卡片、作业指导书等文件进行编制，并随产品流转，产品完工后应按规定及时收集、整理并归档。质量过程跟踪卡确保系统完整、正确、有效地记录产品生产过程的质量状况。质量过程跟踪卡的各项内容应及时填写准确，并按规定签署，使用黑色签字笔或钢笔书写，字迹规范、整洁且不存在有歧义的数字及符号，同一页记录表格中的划改项不允许出现 3 处以上，且划改后必须经检验人员盖章确认。质量过程跟踪卡记载的内容应具有可追溯性，满足信息采集的要求，并能保证及时提供查询与利用功能。

生产单位可以根据产品的特点和工艺流程编制不同类型的质量过程跟踪卡。

跟踪卡的类型一般可分为以下几类。

(1) 零件生产质量跟踪卡。

(2) 零部件、组件装配质量跟踪卡。

(3) 特种工艺跟踪卡。

(4) 关键工序跟踪卡。

(5) 元器件筛选安装跟踪卡。

(6) 整机装配、调试过程质量跟踪卡。

(7) 分系统、总系统质量跟踪卡。

(8) 软件产品生产质量跟踪卡。

(9) 其他类型质量跟踪卡。

质量过程跟踪卡一般包括产品代号、产品图号、产品名称、产品编号（具有唯一性）、产品原始状态、器材（原材料、元器件、毛坯、配套件的质量情况及处理情况的内容）等内容。检验与试验结果由专职操作人员签署（操作人员姓名和日期）。

质量过程跟踪卡应指定专人编制、校对，并按规定签署。质量过程跟踪卡应以工艺规程、工艺卡片或作业指导书等为依据，其内容应与工艺流程及实际生产过程一致，能够对全过程提供完整、真实、有效的记录。关键件、重要件及关键工序的跟踪卡应按规定做好标识，满足对生产全过程实施有效跟踪管理的要求。质量过程跟踪卡所有要求填写记录的项目均应留出相应的空格。

质量过程跟踪卡的填写应及时、准确；字迹清晰工整；日期按统一格式书写，如 2019 年 8 月 1 日，应写成 2019.08.01。质量过程跟踪卡应由操作人员填写并签署，不得代填、代签。下道工序接收者应检查质量过程跟踪卡的填写是否符合要求，对填写不符合要求的质量过程跟踪卡有权拒收。严禁随意更改质量过程跟踪卡，如果需要更改，则一般由填写者本人更改，特殊情况需要提交申请，审批后方可更改，并且更改只能划改，不得涂改或刮改。更改处应做更改标记（更改者签名或盖章），并注明更改日期。生产单位应明确规定并实施质量过程跟踪卡归档管理办法，质量过程跟踪卡的保存期限应符合质量体系文件中质量归档的管理规定。

13.5 830T 数字万用表装配

用产品装配实例说明产品在生产中各个装配环节的工作要点，并将这些要点编制成技术文件，可以解决生产中的问题。下面用装配 830T 数字万用表的实例说明各个装配环节的工作内容。

830T 数字万用表是一种具有数字液晶显示的多功能、多量程的三位半便携式电工仪表，可以测量直流电流（DCA）、交直流电压（ACV）、电阻值、晶体管共射极直流放大倍数和二极管极性等。通过对 830T 数字万用表进行安装、焊接、调试，可了解产品装配的全过程，掌握更加合理的装配元器件的方法。

1．实践要求

（1）掌握 830T 数字万用表的工作原理。
（2）对照原理图，看懂 830T 数字万用表的装配接线图。
（3）对照原理图、PCB 图，了解 830T 数字万用表的电路符号、元器件和实物。
（4）根据技术指标测试各元器件的主要参数。
（5）掌握 830T 数字万用表调试的基本方法，学会排除焊接和装配过程中出现的故障。
（6）掌握 830T 数字万用表的使用方法。
（7）能懂得各个环节的设计装配的原则。
（8）养成严谨、细致的工作作风。

2．830T 数字万用表简介

830T 数字万用表以集成电路 7106 为核心，电路简洁、功能齐全、体积小巧、外观精致、便于携带。830T 数字万用表主要技术指标如表 13-1 所示。

表 13-1　830T 数字万用表主要技术指标

一般特性	技术参数			直流电流	技术参数		
显示	31/2 位 LCD 自动极性显示			量程	分辨力	精度	
超量程显示	最高位显示"1"，其他位空白			200uA	0.1μA	1.0%读数 3 字	
最大共模电压	500V 峰值			2000uA	1μA	1.0%读数 3 字	
储存环境	−15～50℃			20mA	10μA	1.0%读数 3 字	
温度系数	小于 0.1×准确度/℃			200mA	100μA	1.5%读数 5 字	
电源	9V 叠层电池			10A	10mA	2.0%读数 10 字	
外形尺寸	128mm×75mm×24mm			交流电压	技术参数		
直流电压	技术参数			量程	分辨力	精度	
量程	分辨力	精度		200V	100mV	1.2%读数 10 字	
200mV	0.1mV	0.5%读数 2 字		750V	1V	1.2%读数 10 字	
2000mV	1mV	0.5%读数 3 字		电阻	技术参数		
20V	10mV	0.5%读数 3 字		量程	分辨力	精度	
200V	100mV	0.5%读数 3 字		200Ω	0.1Ω	1.0%读数 10 字	
1000V	1V	0.8%读数 3 字		2000Ω	1Ω	1.0%读数 2 字	
晶体管检测	技术参数			20kΩ	10Ω	1.0%读数 2 字	
量程	测试电流	开路电压/测试电压		200kΩ	100Ω	1.0%读数 2 字	
二极管	1.4mA	2.8V		2000kΩ	1kΩ	1.0%读数 2 字	
三极管	I_b=10μA	V_{ce}=3V		—	—	—	

3．830T 数字万用表的工作原理

830T 数字万用表以大规模集成电路 7106 为核心，其工作原理框图如图 13-3 所示。输入的电压或电流信号经过一个功能转换器转换成 0～199.9mV 的直流电压。例如，输入信号为 100V DC，就用 1000∶1 的分压器获得 100mV DC；输入信号为 100V AC，首先整流为100V DC，然后分压成100mV DC。电流测量通过选择不同阻值的分流电阻获得，采用比例法测量电阻：将一个内部电压源加在一个已知电阻值的系列电阻和串联在一起的被测电阻上，被测电阻上的电压与已知电阻上的电压的成正比。

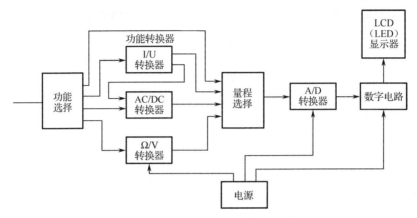

图 13-3 数字万用表的工作原理框图

输入集成电路 IC 7106 的直流信号被接入一个 A/D 转换器，转换成数字信号，然后送入译码器转换成驱动 LCD 的 7 段码。

A/D 转换器的时钟是由一个振荡频率约 48kHz 的外部振荡器提供的，时钟信号经过一个 1/4 分频获得计数频率，这个频率获得 2.5 次/s 的测量速率。4 个译码器将数字转换成 7 段码的 4 个数字，小数点由选择开关设定。数字万用表的外观如图 13-4 所示。

830T 数字万用表的装配分成 PCB 装配和整机结构安装。830T 数字万用表的 PCB 是典型的双面 PCB，如图 13-5 所示，上面的元器件是混合安装的元件，核心元件 IC7106 直接分装在 PCB 上，旁边还有一个贴装的 8 引脚的芯片。一般的装配要求是先安装简单的元器件，可是这款 PCB 只能考虑另一套方案，即先安装最低的元器件。因此，在制作技术文件时，必须说明安装顺序。

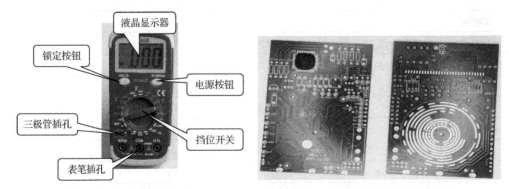

图 13-4 数字万用表的外观　　图 13-5 830T 数字万用表的 PCB

4．装配 PCB 与焊接

装配 PCB 要了解元器件的特点和安装方式。表面贴装元器件必须先安装，其次是卧装的元器件。在本例的 PCB 上，为了减小 PCB 的面积，大部分采用的是立式安装，可是有一部分电阻器必须卧装，原因是要给电池仓留出空间。如果没有观察 PCB，就不会发现

PCB 符号的特点，要注意哪些是卧装、哪些是立装，如图 13-6 所示。

本例的 PCB 上还有大体积焊点，这些焊点不仅要有好的导电性功能，还要有一定的机械强度，如图 13-7 所示。表笔输入插口要求焊接牢固；电池扣线、蜂鸣器线也属于此类焊点，不仅要符合导线的安装工艺，还要做到反复扭动不会折断。另外，还要满足安装时的外力要求。

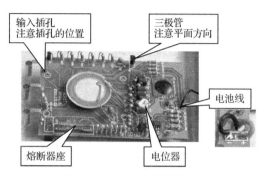

图 13-6　元器件的安装位置

图 13-7　大体积焊点

如图 13-8 所示，有几个特殊的塑料元件，我们可以认为它们属于易损元件。三极管测量插座、电源开关这些元件安装时施加外力过度、焊接时间过长都会被损坏。要对这些元件的安装做好技术说明，并且开关安装是有方向的，避免误操作。

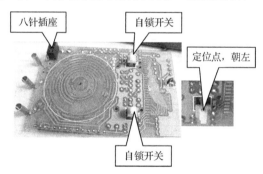

图 13-8　开关、插座安装位置

830T 数字万用表的结构简单、PCB 元件不多，如表 13-2 所示，但装配时要考虑的工艺细节不少。可以说，要求的工艺点可以覆盖一般产品的要求。通过梳理此产品的技术要求，可以制定技术规范的要求。

表 13-2　830T 数字万用表的元件清单

序号	名称	元件位号	元件规格	数量	备注
1	精密金属膜电阻器	R10	0.99Ω-0.25W-0.5%	1	立装
2	精密金属膜电阻器	R08	9Ω-0.25W-0.3%	1	立装
3	精密金属膜电阻器	R28	90Ω-0.25W-0.3%	1	立装
4	精密金属膜电阻器	R29	100Ω-0.25W-0.3%	1	立装
5	精密金属膜电阻器	R17、R20	900Ω-0.25W-0.3%	2	立装
6	精密金属膜电阻器	R21	9kΩ-0.25W-03%	1	立装

续表

序号	名称	元件位号	元件规格	数量	备注
7	精密金属膜电阻器	R22	90kΩ-0.25W-0.3%	1	立装
8	精密金属膜电阻器	R23	352kΩ-0.25W-0.3%	1	立装
9	精密金属膜电阻器	R27	548Ω-0.25W-0.3%	1	立装
10	金属膜电阻器	R09	36Ω-0.25W-±1%	1	立装
11	金属膜电阻器	R11	360Ω-0.25W-±1%	1	立装
12	金属膜电阻器	R05	1kΩ-0.25W-±1%	1	立装
13	金属膜电阻器	R06、R16、R30	10kΩ-0.25W-±1%	3	立装
14	金属膜电阻器	R07	33kΩ-0.25W-±1%	1	立装
15	金属膜电阻器	R25	47kΩ-0.25W-±5%	1	立装
15	金属膜电阻器	R36	47kΩ-0.25W-±5%	1	卧装
16	金属膜电阻器	R01	120kΩ-0.25W-±5%	1	卧装
17	金属膜电阻器	R04、R18、R19、	220kΩ-0.25W-±5%	3	立装
17	金属膜电阻器	R24、R12、R13、R14、R33、R35	220kΩ-0.25W-±5%	6	卧装
18	金属膜电阻器	R02、R31	470kΩ-0.25W-±5%	2	立装
19	金属膜电阻器	R03	1MΩ-0.25W-±5%	1	立装
20	金属膜电阻器	R15、R26	2MΩ-0.25W-±5%	2	立装
21	金属膜电阻器	R34	90Ω-0.25W-±5%	1	立装
22	插件电位器	VR1	200Ω	1	—
23	插件瓷片电容器	C1	100pF(101)-±20%	1	—
24	插件瓷片电容器	C7	220pF(221)-±20%	1	—
25	插件聚酯电容器	C2、C4、C5、C6	100nF(104)-±20%	4	—
26	插件聚酯电容器	C3	220nF(224)-±20%	1	—
27	插件独石电容器	C8	1μF(105)-±20%	1	—
28	热敏电阻器	R32	(1.2~1.5)kΩ PTC	1	—
29	二极管	D1	1N4007	1	—
30	三极管	Q1	9013	1	—
31	三极管	Q2	9015	1	—
32	贴片集成电路	IC2	LM358	1	—
33	软封装集成电路	IC1	IPC7106（绑定在PCB上）	1	—
34	熔断器 5mm×20mm	FU	0.2A	1	—
35	熔断器卡子	F	5mm	2	—
36	蜂鸣器	Y	直径27mm，带线	1	—
37	三极管测量座	VT	八针	1	—
38	测量线插口	CL	4mm	3	—
39	自锁开关	K	5.8mm×5.8mm	2	—
40	9V电池扣	BA	9V叠层电池专用	1	—

5. 外部结构装配

结构设计是保证产品可靠性和装配可操作性的基础。作为一个电子产品，PCB 是产品的核心，外结构是产品的支撑。外结构件的安装是实现产品功能的一部分，外结构的构造决定了产品的可用性。

830T 数字万用表 PCB 装配完成后，要将 PCB 装配到机壳中，还要将开关按钮、弹簧旋钮、液晶屏安装到位。看起来只是将螺钉拧紧就可以了，但是这块数字万用表有三种螺钉，要根据实际位置选择对应的型号，只有这样才能保证安装正确。

PCB 装配的机壳中要分成三层布置零件。第一层，要在壳体中安置液晶屏、开关按钮、弹簧旋钮。这些元件的安装要摆放到位，不然会影响第二层元件的安装，如图 13-9 所示。

第二层，导电胶要放在液晶屏的电极上，要摆放端正，否则紧固后会产生数字显示不全的现象；将钢珠放到弹簧旋钮上，同时放上旋钮盘，如图 13-10 所示，此时是这个结构最脆弱的时候，稍有晃动钢珠就会脱离。上述这些工艺流程要在工艺文件中体现出来，以提高生产效率和产品质量。

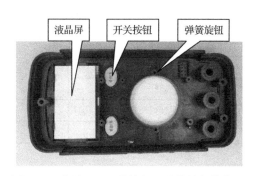
图 13-9 液晶屏、开关按钮、弹簧旋钮的位置

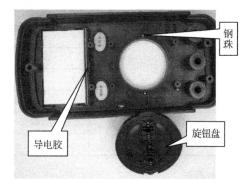
图 13-10 导电胶、钢珠及旋钮盘的位置

第三层，放上 PCB，PCB 上有六个安装螺钉的孔，一个穿电池线的孔，还有右上角、左下角、旋钮盘中间的三个定位孔，如图 13-11 所示，这三个孔用来保证 PCB 与机壳的相对位置。PCB 错位可以拧上螺钉，但旋钮盘移动，钢珠就会脱离，并且旋钮盘的位置不对，显示的数字是错的，这就需要在安装时有一定的技巧，以保证安装不错位。830T 数字万用表外结构元件清单如表 13-3 所示。

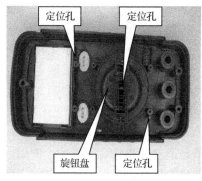
图 13-11 定位孔

表 13-3 830T 数字万用表外结构元件清单

序号	名称	元件编号	元件规格	数量
1	导电胶	—	6.8mm×2mm×54mm	1
2	钢珠	—	ϕ3mm	1
3	旋钮开关弹簧	—	ϕ2.9mm×5.0mm×0.3mm（6 圈）	1
4	PCB 固定自攻螺钉	—	PB2×6mm	6
5	底壳自攻螺钉	—	PA3×10mm	3
6	电池仓盖自攻螺钉	—	PM3×6mm	1
7	液晶数字显示片	—	GH11141TNP-IS 33.7mm×53.5mm	1
8	PCB	—	双面 61mm×100.5mm	1
9	蜂鸣器固定胶	—	双面包膜胶	1
10	旋钮盘弹簧片	—	A59、A50，已装在旋钮盘上	1
11	机壳	—	面板	1 套
		—	底壳	
		—	按钮×2	
		—	旋钮盘	
		—	电池仓盖	
		—	外壳套	
12	表笔	红、黑	测量用	1
13	叠层电池	9V	标准尺寸	1

6．总装

总装就是将 PCB 安装到机壳中。

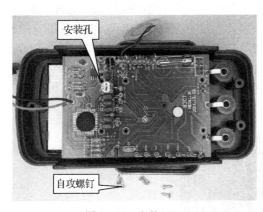

图 13-12 安装 PCB

如图 13-12 所示，将底壳安装到位，装上电池，盖上电池仓盖，这就是整个安装过程。虽然看起来很简单，但是在安装的质量和方法上有很多细节需要注意。例如，安装 PCB 要注意六个定位螺钉的位置，整机不能拿在手中，因为 PCB 是悬浮在旋钮盘上的，一不小心钢珠就会脱落。我们在操作台上放一个小工具，垫在数字万用表的下面，使旋钮不接触桌面，这时再安装这六个螺钉就不会发生钢珠脱落、无法定位的现象了，从而提高了操作效率。

如图 13-13 所示，底壳的安装较简单，要注意机壳的缝隙，这个环节是最会让操作者忽略的。例如，在壳体边缘安装时，如果没有检查，就会导致电线绝缘层被壳体挤压变形，甚至破损。看起来简单的环节也要在技术文件中做出说明，以便提醒操作者注意这些细节。

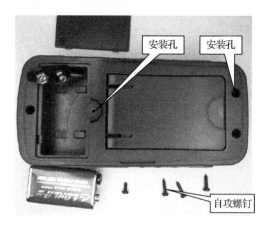

图 13-13　安装底壳

如图 13-14 所示，装上护套产品，装配完成。通过这个简单的产品，讲解了要注意操作的各个细节。通过改善操作方法、正确使用工具并设计出合适的辅助工具以提高生产效率和产品质量。

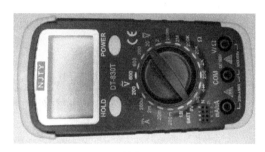

图 13-14　数字万用表成品

练　习　题

填空题

1．质量过程跟踪卡的签署要求字迹规范、整洁，且不存在有（　　　　）的数字及符号。

2．质量过程跟踪卡应指定（　　　）编制、校对，并按（　　　）签署。

3．质量过程跟踪卡编制应以工艺规程、工艺卡片或作业指导书等为（　　　）。

4．技术文件具有完整性、权威性和一致性，操作者不能随便（　　　）。

5．质量过程跟踪卡记载的内容应具有（　　　　　），满足（　　　　　　）的要求，并能保证及时提供查询与利用的功能。

简答题

1．整机装配的原则是什么？

2．质量过程跟踪卡包括什么？

答　案

一、填空题

1．歧义
2．专人、规定
3．依据
4．更改
5．可追溯性、信息采集

二、简答题

1．整机装配的原则是什么？

答：整机装配的一般原则：先轻后重、先小后大、先铆后装、先装后焊、先里后外、先低后高，易碎后装，上道工序不得影响下道工序。

2．质量过程跟踪卡包括什么？

答：质量过程跟踪卡一般包括产品代号、产品图号、产品名称、产品编号（具有唯一性）、产品原始状态、器材（原材料、元器件、毛坯、配套件的质量情况及处理情况的内容）等内容。

第 14 章　多余物控制

本章概述了什么是多余物，分析了多余物的产生及其与产品清洁度的关系，对如何控制多余物提出了具体措施。根据生产实践经验，得出多余物对产品质量影响甚大，必须严格进行现场管理，及时清理生产过程中的多余物，提出控制多余物的思路和多余物常用检查及排除的方法。杜绝多余物的产生，必须要从设计、工艺、装配和检验等环节对多余物进行控制。

14.1　多余物的产生及预防

多余物产生的原因很多，其中有设计原因、操作原因和管理原因。设计原因主要包括功能设计、结构设计、工艺设计不当。操作原因主要是操作水平有限、质量意识淡薄。管理原因有客观原因，也有主观原因，包括对员工质量教育的缺失，没有及时对员工进行技术、技能培训，生产现场管理松散等。有效地控制和去除多余物是产品质量提升的重要课题之一，包括设计、工艺、操作、检验、试验全过程，使之形成良好的闭环管理模式，进一步避免和减少多余物的产生和引入。

一般来说，凡是产品中存在的，由外部进入或由内部产生的与设计文件、工艺文件和标准文件规定状态无关的一切物质均可称为多余物。电子产品中的多余物按其常规特性可分为三类：第一类是宏观多余物，指正常人标准视力所看到的一切多余物；第二类是微观多余物，指标准视力看不到的，需要借助放大镜、显微镜等光学仪器才能看到的一切多余物；第三类是随机多余物，指产品在交付出厂时并无多余物，但随时间、使用状态、环境条件的变化及物理化学作用而产生的多余物。

多余物按其危害性质可分为致命多余物、严重多余物和一般多余物：致命多余物是指使产品丧失主要功能，造成致命故障，导致产品失效的多余物；严重多余物是指使产品的某些性能降低，造成局部故障，有一定危害影响的多余物；一般多余物是指不影响产品性能，在一般情况下不会造成致命或严重后果的多余物。多余物按其材质可分为金属多余物、非金属多余物、零部件多余物和其他多余物：金属多余物主要包含导线头、焊锡渣、金属屑、熔断器头等金属残余物；非金属多余物主要包括毛发、漆皮、棉花球、电缆线头、绸布脚料、玻璃丝纤维、云母片等；零部件多余物主要是指垫圈、螺钉、螺母、电阻器、电容器、接插件等；其他多余物主要包括灰尘、氧化物、硫化物、锈蚀等。

14.1.1　从设计、工艺、装配、检验等各环节预防多余物

（1）应将预防多余物作为设计准则之一，在进行产品设计时，应充分考虑多余物的预防和便于检查、清除的工作。

① 设计者应保证选用的原材料、元器件、零部件等不会在后续的生产、试验和使用过程中产生多余物。

② 设计者不应选用在产品使用环境下及有效期内易发生虫蛀、腐蚀、脱皮、龟裂的材料，必须使用时应采取防护措施。

③ 设计者应合理选择表面涂覆材料和热处理、表面处理方法，保证产品在规定的使用期限内和使用条件下不脱漆、不脱镀层、不氧化生锈、不发生脆化断裂的情况。

④ 当镀银发热元器件与含硫材料接触时，应采取有效的防护措施。

⑤ 根据产品使用的力学环境条件选用具有防松动功能的紧固件。

⑥ 选用可靠的且能防止多余物（如灰尘、水汽）进入产品的密封材料。

⑦ 结构设计应便于后续的生产操作、质量检查和多余物清除工作。

⑧ 相对运动的部件应避免锐边、咬边和毛刺等，以免划伤其他部件表面或因毛刺脱落产生多余物。

⑨ 应采用不易造成多余物的包装设计，预防产品在存储和运输期间产生多余物。

⑩ 规定关键部位的多余物控制措施，规定必要的检查和特殊检查的要求。

（2）工艺过程应采用不会产生多余物的设计，避免操作不当产生多余物。根据产品的特点，在工艺规程中明确防止多余物产生的具体措施、方法和检验要求。

① 应将多余物的预防和控制工作作为设计与工艺评审的内容之一。

② 工艺人员在会签设计图纸时，要检查有无多余物预防措施，对不利于多余物防控的设计应提出整改建议。

③ 合理编制工艺流程和工艺方法，注明多余物防控措施，避免多余物的产生。

④ 在编制零部件工艺规程时，应有清除毛刺、尖角，孔中不允许夹杂金属屑，表面涂层不允许锈蚀、脱漆、脱皮等要求。

⑤ 对关键过程和关键部位应规定预防与控制多余物的操作方法。

⑥ 选用能有效检验和清除多余物的通用工具，必要时设计专用的检查和清除多余物的工装设备。

⑦ 装配工艺应有专门的清除多余物的工序，并应明确清除多余物的设备。如图 14-1 所示，合理选用仪器和设备（如留屑钳、放大镜、显微镜、吸尘器、吸锡器、三维视频设备等）对多余物进行检查及清除。

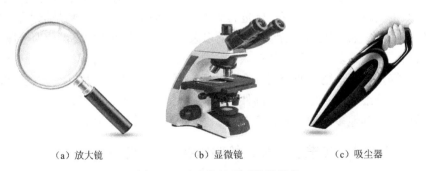

(a) 放大镜　　　　(b) 显微镜　　　　(c) 吸尘器

图 14-1　多余物检查及清除设备

⑧ 在进行精密零部件的装配时，要在洁净间或洁净台上进行。

⑨ 在安装电池、火工品时，应保证安全可靠；在灌注密封、定位时，不允许产生多余物，以防止机构失灵。

⑩ 对容易产生多余物的工序，应明确预防清除和检验多余物的要求，规定明确的检验方法和清除方法。

⑪ 整机装好后一般需要在不通电情况下进行 X、Y、Z 方向上的工艺振动，频率为 50Hz、振幅为 $3g$（g 为加速度），时间为 2min，振动后开箱检查产品是否有损伤及多余物产生。

（3）生产全过程的多余物控制符合标准化要求，防止生产加工过程中产生的多余物进入产品内部。

① 制定生产加工过程中的具体控制措施。
② 对发现的多余物进行分析和记录。
③ 生产现场物品分区放置，责任到人。
④ 及时清理生产过程中产生的多余物。

（4）为防止携带多余物的产品转入下一道工序，应进行产品多余物的检查。

① 检验人员应根据工艺文件规定的检验程序和检验点检查有无多余物。
② 可通过目视、镜检、晃动、多余物检测设备对多余物进行检验。

（5）包装、搬运和储存过程中多余物的控制。

① 严格按包装设计包装产品。
② 对产品采取有效的防护措施。
③ 交接检验产品是否完好
④ 产品存储加盖防护罩。

14.1.2 生产过程中多余物的控制要求

控制多余物必须从源头抓起，只有这样才能做好多余物的预防和控制工作。对于电子产品的装配工作，多余物的控制主要从设备、工作环境、配套库房、工艺、操作和检验等各方面进行分析。有针对性地对每种来源的多余物制订多余物控制方案，而且要考虑实际生产过程的需要，制订的多余物控制方案要简单、无害、无损、经济、有效。

目前所说的多余物一般是指自由颗粒和暂时不动的颗粒，包括导电多余物和非导电多余物：导电多余物包括金丝、铝丝、导线的芯线碎屑、电阻膜的碎屑、锡渣、锡珠、导电胶渣和拉尖、螺装时掉下的金属屑等；非导电多余物包括松香碎屑、绝缘漆渣、绝缘胶黏剂颗粒、绒毛、头发和空气中的大颗粒尘埃等。

某产品调试故障，经检查发现产品内部有多种多余物，包括铝屑、焊锡、松香、焊渣、金属毛刺、棉纤维、刷子毛等，这些都是由于操作过程中没有严格执行多余物控制要求造成的，这些多余物有可能造成产品通电短路，甚至使整件产品报废。

在生产现场发现的多余物问题，工作中产生的多余物没有被及时清理，桌面上留有剪下来的元器件引脚、纸板等多余物，如图 14-2 所示，间接地反映出平时的违规工作状态，也反映出公司管理上的不足，对员工的培训不到位，此种状态给产品带来了很大的质量隐患。

为控制生产过程中的多余物，公司应根据产品的特点和性能，制定对原材料采购、生产（零部件装配、总装、调试等）、周转、运输、存储等方面多余物的控制措施。

图 14-2 工作中产生的多余物

其中,原材料采购的多余物控制要求如下。

(1) 在采购文件中注明多余物防控要求。

(2) 对采购的仪器、设备、原材料、元器件、辅料等要有入厂检验制度。

(3) 原材料、元器件、辅料等其表面无锈蚀、发霉、氧化、老化、裂纹、划伤、折痕、起皮、毛刺及金属屑等。

(4) 对于封闭型采购产品,应使用适当的设备、仪器、工具和方法检查其内部有无多余物。检查中若发现有多余物,则应进行分析并做好记录,按不合格品控制程序进行处理。

生产过程中多余物的控制主要分为现场环境控制、操作过程控制、周转与存储控制。

1. 现场环境多余物控制

(1) 生产现场保持清洁,特殊产品装配需要在洁净间进行;进入现场要经过风淋系统,避免空气中的灰尘和绒毛等物体进入腔体,进而形成多余物。

(2) 生产现场的温度、湿度、洁净度符合工艺文件的要求。

(3) 生产现场设置专门的危化品存储箱,并由专人负责。

(4) 生产现场设置专门的化学废料存储箱,并由专人负责定期清理。

(5) 进入生产现场的工作人员不携带与工作无关的物品(如手机),按照公司规定着装,穿好工作服、戴好工作帽(女士头发放入帽子中,不允许露在外面)、换好工作鞋,如图 14-3 所示。进入生产现场前应释放静电并进行静电测试(包括进入现场的所有人员),静电测试设备如图 14-4 所示。测试合格后要在测试记录表(见图 14-5)中签字。接触特殊产品时要戴好防静电手套。

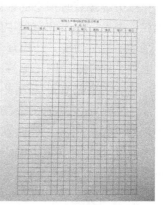

图 14-3 按规定着装　　图 14-4 静电测试设备　　图 14-5 测试记录表

（6）生产区域实行定置管理，做到清洁整齐、文明生产，生产前、中、后都应及时对生产现场进行整理，严格控制无关人员入内。

生产现场接待区由专人负责管理，只有按规定在指定位置更换工作服后才能进入生产现场。现场管理采取谁接待谁负责的管理方式。

（7）在生产区域工作台上设置多余物专用盒（防静电材质），如图14-6所示。及时清理生产过程中剪下的元器件引线、线头、棉纱、酒精棉球等多余物。

（8）生产现场严禁吸烟、喝水、进食，不允许设置私人小仓库。吸烟应到指定区域。

（9）多余物的检查、检验应在安静的场所进行，并在底面铺垫干净的白布，以利于识别掉出的多余物。

图14-6 多余物专用盒

2．电装操作过程中的多余物控制

（1）领料过程控制：严格按照配套明细表及工艺文件规定的代号、型号、名称、数量领取元器件、零部件、标准件及辅料，做到数量准确、当面点清，并检查有无合格证；查看产品外表面是否有变色、疤痕、划痕、氧化和杂质等缺陷，辅料应在有效期内使用。

（2）操作过程控制。

① 在焊接过程中，在去除烙铁头污物时，应优先使用烙铁头清洁器，如图14-7所示；或者用半干的海绵擦拭；使用除氧化膏去除烙铁头氧化物，严禁用甩的方法去除，以防止锡瘤四处飞溅形成多余物。

② 工作台面要保持整洁，应使用留屑钳将产品装配后多余的线头、引线剪断，及时清除桌面上多余的塑料皮、纱头棉线、金属丝、锡渣等废料，并将其一起放入专用的多余物专用盒内，每天集中处理。

③ 焊点应使用半干的无水乙醇棉球擦洗（注意不要在焊点和组件上留下棉质纤维）。

④ 在焊接开关、插头、插座等非密封器件时，要少量使用助焊剂，但助焊剂不允许流入器件内部接触面，焊接时可以借助专用台钳（见图14-8）夹住器件，并使器件端子向下倾斜45°，防止助焊剂倒流。

图14-7 烙铁头清洁器

图14-8 专用台钳

⑤ 原材料、元器件、辅料等符合工艺文件要求，禁止使用超期材料和变更未批准的材料。

⑥ 清洗设备应保持清洁，及时更换清洗介质，以免给产品带来多余物和二次污染。

⑦ 使用的设备、仪器、工装、工具等要在检验有效期内。

⑧ 关键工序设置专检点，以加强控制和检验。

⑨ 部件、PBC、分机、整机装配后可按工艺要求进行工艺振动，振动后检查紧固件，应无松动、内部无多余物。

⑩ 在装配过程中和装配完毕后需要及时进行清洁处理，可用吸尘器，但不可用高压气枪吹。

⑪ 对于需要返修的连接器，在装配前需要用半干的无水乙醇棉球清洁连接器的接插部位。

⑫ 单独导线的端头处理工作应尽量远离 PCB、分机、整机，防止多余物溅入产品内部。

⑬ 螺纹连接的电连接器安装前，需要对尾罩与壳体进行磨合，并在磨合后进行清洁处理，去除金属屑。

⑭ 电缆在短接、跨接、接地连接时，应控制助焊剂的使用量，完成后进行清洗以去除助焊剂残渣和各种污物。

⑮ 电缆连接器的接和面在焊接过程中应使用保护盖或胶带进行保护，防止飞溅物进入产品，焊接后应彻底清除多余助焊剂，不能有焊料粘到或溅到连接器上。

⑯ 在装配过程中，一般不允许再机械加工，如果必须补充加工，则应规定专门的工艺措施及加工场地，以及预防和控制多余物的方法。

⑰ 在装配过程中，要尽量减少拆装次数，对于易产生金属粉末的软金属，装配后不允许拆装。

⑱ 螺钉胶液要适量点涂在螺纹上，避免胶液过多，滴落在产品中产生多余物。

⑲ 在对产品进行返工、返修时，应制定返工、返修过程中多余物的控制措施及检验要求，对于容易产生多余物的操作，应采取有效措施。

⑳ 报废的零部件、元器件由检验人员做标记并放入专用的柜子中存放；多余的零部件、元器件等由专人回收，不要出现在生产现场，避免和在制品材料混淆形成多余物。

3．灌封、粘固及涂覆操作过程中的多余物控制

（1）灌封、粘固及涂覆前必须对产品的不得接触、覆盖胶黏剂和涂料部位（如接插件、非密封继电器、螺纹、按键、集成电路插座、电位器、测试孔、螺钉孔及电气接触的连接部位等）用专用胶带等进行有效的保护，如图 14-9 所示，避免胶黏剂或漆液的污染。

图 14-9　用专用胶带进行有效的保护

（2）灌封前对产品可能漏胶的孔、缝隙等进行有效的保护（如对后续调试过程中不会用到的焊接孔进行锡封，避免漏胶）。

（3）粘固前对粘接面进行粗化处理（如打磨），产生的屑末要及时清理，不得污染产品其他表面或胶黏剂。

（4）待完成整个固化过程后，保护材料等要及时清理干净，小心清除产品上多余的胶黏剂和涂料，不得损伤 PCB 及元器件。

对于装配后无法进行检查的部位，应实行双岗制，并有检验人员在场，执行随检制度，经共同确认无多余物后才可进行装配。

产品在不操作时要用清洁防尘布盖好，以随时保持产品周转设备的清洁，防止给产品带来多余物。

在生产过程中，如果丢失了物品（如螺钉、螺母、弹簧垫圈、平垫圈、导线头、元器件引线等）且该物品在产品中有可能成为多余物，则应停止工作，并着手寻找物品，直到该物品被找到或有充足的证据证明该物品不在产品内，才能停止查找工作。如果寻找后没有找到该物品，则应对情况进行说明并做好记录，同时报告质检部门。

4．产品周转、存储过程中的多余物控制

（1）产品包装设计符合产品要求。

（2）产品在周转、存储时要采取有效的防护措施。

（3）PCB 组件在周转、存储时，必须用符合要求的防静电袋保护，PCB 组件平放在周转箱中，必要时用清洁的防尘布进行遮盖保护，避免引入多余物。

（4）电缆组件可用塑料包装袋进行防护，若有防护帽，则在连接器上加装防护帽，在扣帽前要检查连接器内是否有多余物，确认无误后进行周转、存放，对于没有自带防护帽的连接器，可用塑料袋封好，避免连接器内进入多余物。

（5）产品交接要履行交接手续，并检查产品中有无多余物。

14.2　多余物的检查方法

为了防止携带多余物的产品流入下一道工序，应对产品进行多余物检查。传统多余物检测方法依靠目视检查、借助放大镜检查，通常需要借助一定的光源，此方法主要对宏观多余物进行检查，也是最常用的基本手段。另外，还可以通过晃动或滚动，用耳听多余物响声的方法检查，此方法受视觉、听觉及外部环境影响较大，仅能检测较大活动多余物，灵敏度较低，无法实现多余物的自动检测。

除了目视检查和放大镜检查，现有的多余物检测装置还有手摇式和电动摆动式检测台。手摇式检测台提供的力学试验条件有限，无法满足具有大质量、大体积特点产品的检测要求，人工摇动工作强度大、检测效率低，且手摇式检测台运行不平稳，产生的机械干扰对多余物的检查有影响。电动摆动式检测台采用连杆传动，结构复杂、传动效率低，对制造、安装误差敏感度高，高速转动时将引起较大的振动，惯性力难以平衡，稳定性较差。

目前，还有三维视频检测设备和 X-ray 检测设备，分别如图 14-10 和图 14-11 所示。三维视频检测设备的放大倍数为 50~200，主要应用于较小间距内的较小多余物的检测，检测效率较高；X-ray 检测设备一般应用于盒体内部多余物的检测，在不移动产品的情况下，可多方位检测盒体内的多余物。这两款设备适用于组件、分机及小体积产品多余物的检查，不适用于大体积、大质量产品（如整机）多余物的检查。这两种检测设备均能照相留存比对，照相检查不仅是重要的检查方法，还为复查提供了依据。

图 14-10　三维视频检测设备

图 14-11　X-ray 检测设备

产品多余物的检查方法应符合以下要求。
（1）在领取、交接产品时，应对接收的产品、零部件进行多余物检查。
（2）根据文件中规定的检验点进行多余物检查。
（3）在不通电的情况下检查多余物。
（4）整机检查多余物可以在安静的环境中进行，在工作台上铺上白色防尘布，采取相应的晃动的方法或多余物检测设备检查。
（5）若产品中有异响，则必须打开外壳进行检查，直至找到异响原因。
（6）装配完成后应及时清理多余物并清点工具及零部件的数量。
（7）学习先进的检验技术和手段并引入实际工作当中。

练　习　题

填空题

1．多余物按其常规特性可分为（　　）多余物、（　　）多余物和（　　）多余物。
2．在装配过程中，一般不允许再（　　），如果必须补充加工，则应规定专门的（　　）及（　　），以及预防和控制多余物的方法。
3．对于装配后无法进行检查的部位，应实行（　　），并有检验人员在场，执行（　　）制度，经共同确认无多余物后才可进行装配。
4．产品包装应采用（　　）造成多余物的设计，预防产品在存储和运输期间产生多余物。
5．在装配过程中，要尽量减少（　　），对于易产生（　　）的软金属，装配后不允许（　　）。
6．在进行精密零部件的装配时，要在（　　）或（　　）上进行。

第14章 多余物控制

7. 在生产过程中,如果丢失了物品且该物品在产品中有可能成为（　　　）,则应（　　）工作,并着手寻找物品,直到（　　　　　　　）证明该物品不在产品内,才能停止查找工作。如果寻找后没有找到该物品,则应对情况进行说明并做好（　　　）,同时报告（　　　　）。

8. 生产过程中剪下的引线、线头、棉纱、酒精棉球等多余物应存放在专用（　　　）内,每天（　　）处理。

9. 在焊接开关、插头、插座等非密封器件时,要（　　　）使用助焊剂,但助焊剂不允许流入器件内部（　　　　）,焊接时可以借助专用台钳夹住器件,并使器件端子（　　　　）,防止助焊剂倒流。

10. 螺纹连接的电连接器安装前需要将尾罩与壳体进行（　　　）,并在磨合后进行（　　　），去除金属屑。

简答题

1. 生产全过程多余物控制标准化要求有哪些?

2. 简述产品周转、存储过程中的多余物控制要求。

答　案

填空题

1. 宏观、微观、随机
2. 机械加工、工艺措施、加工场地
3. 双岗制、随检
4. 不易
5. 拆装次数、金属粉末、拆装
6. 洁净间、洁净台
7. 多余物、停止、该物品被找到或有充足的证据、记录、质检部门
8. 多余物盒、集中
9. 少量、接触面、向下倾斜45°
10. 磨合、清洁处理

简答题

1. 生产全过程多余物控制标准化要求有哪些?

答：(1) 制定生产加工过程中的具体控制措施。

(2) 对发现的多余物进行分析和记录。

(3) 生产现场物品分区放置,责任到人。

（4）及时清理生产过程中产生的多余物。

2．简述产品周转、存储过程中的多余物控制要求。

答：（1）产品包装设计符合产品要求。

（2）产品在周转、存储时要采取有效的防护措施。

（3）PCB 组件在周转、存储时，必须用符合要求的防静电袋保护，PCB 组件平放在周转箱中，必要时用清洁的防尘布进行遮盖保护，避免引入多余物。

（4）电缆组件可用塑料包装袋进行防护，若有防护帽，则在连接器上加装防护帽，在扣帽前要检查连接器内是否有多余物，确认无误后进行周转、存放，对于没有自带防护帽的连接器，可用塑料袋封好，避免连接器内进入多余物。

（5）产品交接要履行交接手续，并检查产品中有无多余物。

参考文献

[1] 王天曦，李鸿儒. 电子技术工艺基础[M]. 北京：清华大学出版社，2000.

[2] 王卫平. 电子产品制造技术[M]. 北京：清华大学出版社，2005.

[3] 陈振源. 电子产品制造技术[M]. 北京：人民邮电出版社，2007.

[4] 陈强，吴劲松，周炜，等. 电子技术实训[M]. 2版. 北京：机械工业出版社，2009.

[5] 陈强等. 电子设备装接工（基础知识）[M]. 北京：中国劳动社会保障出版社，2009.

[6] 陈强，吴劲松，周炜，等. 电子设备装接工（初级、中级、高级）[M]. 北京：中国劳动社会保障出版社，2010.

[7] 王卫平. 电子工艺基础[M]. 3版. 北京：电子工业出版社，2011.

[8] 李晓麟. 整机装联工艺与技术[M]. 北京：电子工业出版社，2011.

[9] 李茗. 机械零部件测绘[M]. 北京：中国电力出版社，2011.

[10] 沈百渭，刘进峰，陈光华，等. 无线电装接工（初级、中级、高级）[M]. 2版. 北京：中国劳动社会保障出版社，2014.

[11] 阎石. 数字电子技术基础[M]. 6版. 北京：高等教育出版社，2016.

[12] 高小梅，龙立钦. 电子产品结构及工艺[M]. 北京：电子工业出版社，2016.

[13] 梁娜，王薇，杨晓波，等. 电子产品制造工艺[M]. 北京：电子工业出版社，2019.

[14] GB 4723—2017 印制电路用覆铜箔酚醛纸层压板.

[15] GB 4724—2017 印制电路用覆铜箔环氧纸层压板.

[16] GB 4725—201X 印制电路用覆铜箔环氧玻纤布层压板.

[17] GB 12630—90 一般用途的薄覆铜箔环氧玻璃纤维布层压板（制造多层印制板用）.

[18] GB 5489—2018 印制板制图.

[19] GB 4588.3—2002 印制板的设计和使用.

[20] GB 4588.4—2017 刚性多层印制板分规范.

[21] GB/T 4721—92 印制电路用覆铜箔层压板通用规则.

[22] GB/T 13555—2017 挠性印制电路用聚酰亚胺薄膜覆铜箔.

[23] GB/T 13556—2017 挠性印制电路用聚酯薄膜覆铜箔.

[24] GB/T 13557—2017 印制电路用挠性覆铜箔材料试验方法.

[25] GB/T 3131—2001 锡铅钎料.

[26] GB/T 15463—2018 静电安全术语.

[27] GJB 5296—2004 多余物控制要求.

[28] QJ 201B—2012 航天用刚性单双面印制电路板规范.

[29] QJ 831B—2011 航天用多层印制电路板通用规范.

[30] QJ 832B—2011 航天用多层印制电路板试验方法.

[31] QJ 2600A—99 航天电子电气产品波峰焊接工艺技术要求.
[32] QJ 603A—2006 线缆组件制作通用技术条件.
[33] QJ 2633—94 模压式压接连接通用技术条件.
[34] QJ 3012—98 航天电子电气产品元器件通孔安装技术要求.
[35] QJ 3085—99 坑压式压接连接通用技术要求.
[36] QJ 3267—2006 电子元器件搪锡工艺技术要求.
[37] QJ 3171—2003 航天电子电气产品元器件成形技术要求.
[38] QJ 1717A—2001 生产过程质量跟踪卡的编制要求.
[39] QJ 2850A—2011 航天产品多余物预防与控制.
[40] QJ 3117A—2011 航天电子电气产品手工焊接工艺技术要求.
[41] QJ 2711A—2014 静电放电敏感器件安装工艺技术要求.
[42] QJ 165B—2014 航天电子电气产品安装通用技术要求.
[43] QJ/Z 146—85 导线端头处理工艺细则.
[44] IPC-A-610F CN 电子组件的可接受性.
[45] IPC-A-620A—2006 线缆及线束组件的要求与验收.

反侵权盗版声明

电子工业出版社依法对本作品享有专有出版权。任何未经权利人书面许可，复制、销售或通过信息网络传播本作品的行为，歪曲、篡改、剽窃本作品的行为，均违反《中华人民共和国著作权法》，其行为人应承担相应的民事责任和行政责任，构成犯罪的，将被依法追究刑事责任。

为了维护市场秩序，保护权利人的合法权益，我社将依法查处和打击侵权盗版的单位和个人。欢迎社会各界人士积极举报侵权盗版行为，本社将奖励举报有功人员，并保证举报人的信息不被泄露。

举报电话：（010）88254396；（010）88258888
传　　真：（010）88254397
E-mail：　dbqq@phei.com.cn
通信地址：北京市海淀区万寿路173信箱
　　　　　电子工业出版社总编办公室
邮　　编：100036